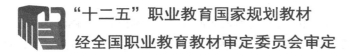"十二五"职业教育国家规划教材

经全国职业教育教材审定委员会审定

单片机应用技术

（C51 语言版）

（第 4 版）

刘华东　主　编

吴文昌　副主编

张亚华　主　审

电子工业出版社

Publishing House of Electronics Industry

北京·BEIJING

内 容 简 介

本书以 MCS-51 系列单片机为核心，全面系统地介绍单片机的系统结构、存储器结构、指令系统、C51 语言基础、汇编语言和 C51 语言程序设计方法；单片机资源以及应用所需的资源，简单介绍单片机应用系统的设计和单片机新技术。全书还包含有丰富的应用实例，其中 C51 语言实用程序部分可为读者在开发软件时提供捷径。书中结合应用实例向读者介绍一些新型器件，本书在第 3 版的基础上修改和新增加 30% 的内容，保留第 3 版的基本框架和精华，重点增加了单片机项目教学内容，采用项目导向，任务驱动，理实一体任务式教学，也反映当代最新技术及其发展成果，尽可能地照顾到各层次的读者群体。

本书阐述简洁透彻、清晰，可读性好，实例较多、程序翔实、实用性强。知识系统全面，注重应用操作和实践能力培养。本书可作为高职高专院校电子信息类及计算机类专业的教材，也适宜于从事单片机应用，特别是计算机外设、家用电器、测量技术、数控技术、自动控制系统和智能仪器等领域的工程技术人员阅读。

图书在版编目（CIP）数据

单片机应用技术（C51 语言版）/ 刘华东主编. —4 版. —北京：电子工业出版社，2014.12
ISBN 978-7-121-25267-9

Ⅰ. ①单…　Ⅱ. ①刘…　Ⅲ. ①单片微型计算机　Ⅳ. ①TP368.1

中国版本图书馆 CIP 数据核字（2014）第 303427 号

策　　划：陈晓明
责任编辑：郭乃明
印　　刷：北京七彩京通数码快印有限公司
装　　订：北京七彩京通数码快印有限公司
出版发行：电子工业出版社
　　　　　北京市海淀区万寿路 173 信箱　邮编：100036
开　　本：787×1092　印张：18　字数：461 千字
版　　次：2003 年 9 月第 1 版
　　　　　2014 年 12 月第 4 版
印　　次：2023 年 6 月第 9 次印刷
定　　价：46.00 元

凡所购买电子工业出版社图书有缺损问题，请向购买书店调换。若书店售缺，请与本社发行部联系，联系及邮购电话：（010）88254888。

质量投诉请发邮件至 zlts@phei.com.cn，盗版侵权举报请发邮件至 dbqq@phei.com.cn。

服务热线：（010）88258888。

前　言

近年来，电子技术和计算机技术应用领域不断扩大，单片机应用技术已成为电子技术领域中的一个新的亮点，使单片机技术成为电子类工作者必须掌握的专业技术之一。

单片机应用技术是一门综合应用技术，是电子技术改造的重要技术手段之一，各高校学生在课程设计、毕业论文设计、电子设计大赛中都提倡使用单片机技术。单片机类的书籍很多，有些是手册式的说明书、有些是教材。本书以"淡化理论、够用为度、培养技能、重在应用"为原则，以适应社会需要为目标，提高技术应用能力为主线，加强素质培养为目的，采用理实一体任务式教学方式，编写了这本适合作为高职高专院校电子技术类、机电类、计算机应用类专业的教材。

本书分为 7 章，介绍 MCS-51 系列单片机基础知识、单片机结构、指令系统、汇编语言程序设计、C51 语言基础、C51 语言程序设计方法、系统扩展、接口技术、开发设备和软件、单片机应用系统开发基础和单片机新技术，精心安排了基于工作过程的应用项目，可采用任务驱动，理实一体化教学。本书由湖北职业技术学院刘华东为主编，宁波工程学院吴文昌为副主编。程胜华、彭登峰、龚太元、樊建芳、熊莹、覃东红参加了本书部分章节的编写。全书由刘华东统稿，河南机电高等专科学校张亚华老师主审了全书。书中程序经郭和伟老师上机校验。

限于水平和经验，书中的缺点和不足之处在所难免，希望使用本教材的学校和广大师生提出批评和建议，内容请发邮件至：xglhd@163.com 和 1187908013@qq.com，在此对大家的支持表示感谢。

编　者
2014 年 7 月

目　　录

第 1 章　MCS-51 单片机结构及原理

主要内容

单片机从硬件角度看由中央处理器 CPU、程序存储器及数据存储器、多种输入/输出口（I/O）组成，从软件的角度看通过程序控制单片机各部分的运行，本章重点介绍 MCS-51 系列单片机中央处理器、各种存储器、寄存器、输入/输出口、复位方法等。这些都是与程序有关的基础知识。

1.1　单片机

1.1.1　单片机的概念

随着大规模集成电路技术和计算机技术的飞速发展，把计算机的运算器和控制器（即 CPU），存储器（程序存储器和数据存储器）和多种接口集成在一块芯片上，称为微处理器（Microprocessor），也叫微控制器，在我国习惯上又叫单片机。

微型计算机问世 20 年来，发展速度之迅猛，应用范围之广泛是以往任何技术都无法比拟的。单片机作为嵌入式微控制器其应用非常普及，是电类专业需要掌握的一门常用电子技术。

1．单片机的组成

一个最基本的微型计算机通常由以下几部分组成：

（1）中央处理器（CPU），包括运算器、控制器和寄存器组。

（2）存储器，包括 ROM（只读存储器）和 RAM（静态可读/写存储器）。

（3）多种输入/输出（I/O）接口，与外部输入/输出设备连接。

随着计算机微型化的发展，把上述微型计算机的基本功能部件全部集成在一块半导体芯片上，使得一块集成电路芯片就是一个单片机，单片机除了具备一般微型计算机的功能外，为了增强实时控制能力，绝大部分单片机的芯片上还集成有定时器/计数器，某些单片机带有 A/D（模拟量转换成数字量）转换器，D/A 转换，串行接口等功能部件，使单片机能够满足多功能控制技术要求。

单片机结构上的设计重点是面向控制的需要，因此，它在硬件结构、指令系统和 I/O 能力等方面均有其独特之处，其显著的特点之一就是具有非常有效的控制功能。单片机不但与一般的微机结构一样是有效的数据处理机，而且还是一个功能很强的过程控制机。只要加上较少的、所需要的输入/输出设备或驱动电路，就可以构成一个实用的系统，满足各种应用领域的需要，并且也可把有些硬件功能软件化。如图 1.1 所示是一单片机实验电路，其中较大的一块集成电路是 AT89C51 单片机，上部是 6 个数码管显示电路。

图 1.1 单片机实验电路图

2．单片机的特点

单片机具有集成度高、体积小、功耗低、系列齐全、功能扩展容易、使用灵活方便、抗干扰能力强、性能可靠、价格低廉等特点，即性价比高。

3．单片机的发展概况

单片机自从 1975 年诞生以来，经历了近 30 年的发展。目前单片机的产品已达 60 多种系列，300 多种型号，每年还有很多新型号产生。就字长而言，单片机主要有 4 位、8 位、16 位和 32 位等多种。这里所说的"位"指 CPU 一次能处理、传送的二进制数位数。

1.1.2 单片机的应用领域

由于单片机具有体积小、使用灵活、成本低、易于产品化等的特点，特别是有强大的、面向控制的能力，使它在工业控制、智能仪表、外设控制、家用电器、机器人、军事装置等方面得到了广泛的应用。

单片机的主要应用领域有以下几方面。

1．智能化产品

单片机与传统的机械产品相结合，使传统的机械产品结构简单化，控制智能化，构成新一代的机电一体化产品。目前，广泛用于工业自动控制，如数控机床、可编程顺序控制、电机控制、工业机器人、离散与连续过程自动控制等；家用电器，如微波炉、电视机、录像机、音响设备、游戏机等；办公设备，如传真机、复印机、数码相机等；电信技术，如调制解调器、声像处理、数字滤波、智能线路运行控制。在电传、打印机设计中由于采用了单片机，取代了近千个机械部件；用单片机控制空调机，使制冷量无级调节的优点得到了充分的发挥，并增加了多种报警与控制功能；用单片机实现了通信系统中的实时监控、自适应控制、频率合成、信道搜索等，构成了自动拨号无线电话网、自动呼叫应答设备及程控调度电话分机等。

2．智能化仪表

单片机引入到已有的测量、控制仪表后，能促进仪表向数字化、智能化、多功能化、综合化、柔性化发展，并使监测、处理、控制等功能一体化，使仪表重量大大减轻，便于携带和使用。同时由于其成本低，提高了性价比，长期以来测量仪器中的误差修正、线性化处理等难题也可迎刃而解。单片机智能仪表的这些特点不仅使传统的仪器、仪表发生根本性的变革，也给传统的仪器、仪表行业技术改革带来了曙光。

3．智能化测控系统

测控系统的特点是工作环境恶劣，各种干扰繁杂，而且往往要求控制实时，要求检测与控制系统工作稳定、可靠、抗干扰能力强。单片机最适合应用于工业控制领域，可以构成各种工业检测控制系统。例如，温室人工气候控制、电镀生产线自动控制系统等。在导航控制方面，如在导弹控制、鱼雷制导、智能武器装置、航天导航系统等领域中也发挥着不可替代的作用。

4．智能化接口

通用计算机外部设备上已实现了单片机的键盘管理、打印机、绘图仪、扫描仪、磁盘驱动器、UPS 等，并实现了图形终端和智能终端。

在计算机应用系统中，除通用外部设备（键盘、显示器、光电鼠标、打印机）外，还有许多外部设备和接口全部由主机管理，势必造成主机负担过重、运行速度降低，并且不能提高对各种接口的管理水平，现在一般采用单片机专门对接口设备进行控制和管理，使主机和单片机能并行工作，不仅大大提高系统的运算速度，而且单片机还可以对接口处进行预处理，如数字滤波、线性化处理、误差修正等，减少主机和接口界面的通信密度，极大地提高了接口控制管理的水平。例如，在通信接口中采用单片机可以对数据进行编码解码、分配管理、接收/发送控制等工作。

如要开发单片机的应用产品，不但要掌握单片机硬件和软件方面的知识，而且还要深入了解各应用产品系统的专业知识，只有将这两方面的知识融会贯通并有机结合，才能设计出优良的应用系统。

1.1.3　单片机的产品介绍

Intel 公司在单片机的早期开发中，一直处于领先地位。因此我们以 Intel 公司的产品为例，介绍其较流行的三种系列产品的功能。当然其他公司也有性价比很高的产品。

1．MCS-48 系列单片机

MCS-48 系列单片机是 Intel 公司 1976 年以后陆续开发的第一代 8 位单片机系列产品。本系列单片机有很广泛的应用，对后来单片机的发展影响深远，它包括基本型：8048/8748/8035；强化型：8049/8749/8039 和 8050/8750/8040；简化型：8020/8021/8022；专用型：UPI-8041/8741 等。

2．MCS-51 系列单片机

MCS-51 系列单片机是 Intel 公司 1980 年推出的高档 8 位单片机系列产品。该系列包括基本型，8051/8751/8031；强化型，8052/8032；改进型，8044/8344/8744，超级型，83C252/87C252/80C252 等。

基本型采用 HMOS 工艺，片内集成有 8 位 CPU；片内驻留 4K 字节 ROM（8031 片内无ROM）和 128 字节 RAM 以及 21 个特殊功能寄存器；片内还包括两个 16 位定时器/计数器、1 个全双工串行 I/O 口（UART）、32 条 I/O 端口线、5 个中断源和两级中断，寻址能力达 128K字节（其中程序存储器 ROM 和数据存储器 RAM 各 64K 字节）。指令系统中设置了乘、除运算指令、数据查找指令和位处理指令等。当主机时钟频率为 12MHz 时，大部分指令执行周期只需 1μs 或 2μs，乘除指令也仅需 4μs。

强化型 8052 是 1982 年 Intel 公司推出的产品，与基本型 8051 不同的是片内 ROM 增加到 8K 字节，RAM 增加到 256 个字节，16 位的定时器/计数器增加到 3 个，串行接口（UART）的通信速度比基本型快 6 倍。

改进型 8X44 系列是在基本型上用一种新的串行接口 SIU 取代 UART。SIU 是一个HDLC/SDLC 通信控制器，属于 SIO 的通信标准，通信软件已固化在器件内。由于 SIU 是有两根 I/O 线的串行通信方式，因而最适宜远距离通信和网络接口。

采用 CMOS 工艺的 8XC51 系列，其基本结构和功能与基本型相同。87C51 和 8XC252还具有两级程序保密系统，可禁止外部对片内 ROM 中的程序进行读取，为用户提供了一种保护软件不被窃取的有效手段。由于采用 CMOS 工艺，功耗极低。

超级型 8XC252 系列是超级 8 位单片机。它们的结构、引脚和指令与 MCS-51 系列完全相同，但又具有 MCS-96 系列单片机的高速输入/输出（HIS/O）功能和脉冲宽度调制功能PWM，1 个可加可减计数的定时器。

51 系列单片机由 Intel 公司转让技术给 Philips 公司后，也生产了很多个型号，产品性能也有大幅度提高。

ATMEL 公司生产了 AT89C51、AT89C52 和 AT89C1051、AT89C2051、AT89S2051 等，这些单片机片内除采用 51 内核外，还增加了加密闪速程序存储器，性能优良，性价比极高，在我国单片机应用产品中被大量使用，也是我们将来课程设计和产品开发的首选芯片之一。其他新产品，如 AT89S51 系列以后的产品还支持在线更新程序功能（ISP）。我国台湾也在生产 51 内核的单片机。

总之，51 系列单片机资料很多，实验开发设备较为普及，各高校都有长期的教学经验和相应的师资力量，从教学和自学的角度看，教育系统已形成共识，认为 51 系列单片机最适合初学者学习。

3．MCS-96 系列单片机

Intel 公司于 1983 年研制出 MSC-96 系列 16 位单片机。它与 8 位机比较，主要有两个特点：第一，集成度高。它的内部除了有常规 I/O 口、定时/计数器、全双工串行口外，还有高速 I/O 部件、多路 10 位 A/D 转换、脉宽调制输出以及监视定时器；第二，运算速度快。MCS-96具有丰富的指令系统、先进的寻址方式和带符号运算等功能，使运算速度大大提高，它的 16

位运算器不但可以对字或字节操作，还可以进行带或不带符号数的乘除运算。

MCS-96 系列单片机有 809X(外接 ROM)、839X(内驻掩膜 ROM)和 879X(内驻 EPROM)机种，其总体结构是相同的。按其内部是否带 A/D 转换器，每类机种又可分两种机型，其中 BH 型芯片可由用户设定，使外部数据总线为 16 位长或 8 位长，内部带 A/D 转换器的 BH 型芯片还具有采样保持电路。MCS-196 系列单片机也常有所见。

各种不同系列的单片机由于其内部功能单元组成及指令系统不尽相同，表现出各种不同的特点，从用户使用角度来看应当有所选择。在各种系列的单片机中，片内 ROM 的配置状态通常有以下 4 种形式：

（1）片内驻留掩模 ROM。这种单片机（如 MCS-51 系列中的 8051）是由厂家用掩模技术把应用程序写入片内 ROM 中。用户无法自行改写片内的程序，或采用 PROM（可一次性写入的程序存储器），其优势是价格低廉，适用于大批量生产。

（2）片内驻留 EPROM。这种单片机（如 MCS-51 系列中的 8751）可由用户把应用程序写入片内 EPROM 中。需要修正程序时，用紫外线擦除后又能重新写入程序。

（3）片内无 ROM。这种单片机（如 MCS-51 系列中的 8031）必须外接 EPROM 芯片作为程序存储器，其容量可视需要来灵活配置。这是目前学校教学中使用最广泛的一种单片机，其不仅价格低廉，而且可供用户灵活使用。

（4）片内带闪速可编程电可擦除只读存储器（如 AT89S51）。当前较好的产品可在线方便地更新程序，这是目前应用产品开发中使用最多的一类单片机系列。

1.1.4 单片机的学习方法

单片机的应用与开发作为一个系统性很强的当代技术，涉及到的知识点较多，只有全面、系统地掌握相关内容，并且多记忆、多理解、多练习，才能灵活使用单片机，单片机作为一种现代电子技术，必须掌握合理的、相应的学习方法。

（1）要学习别人成熟的设计思想，首先，掌握基本原理、规律、各知识点的应用方法和内在联系，教学上采用"授人以渔"的方法，学习上要了解外国人的思维方式，主动地采取研究式的学习。最终要求灵活运用知识，举一反三。

（2）单片机中很多内容可采用：记忆→理解→练习使用→再理解记忆→最后熟练使用的过程，如：专用寄存器和指令系统，第一次接触时只能被动地记忆、理解，当我们在编程练习，系统设计中多次使用后，才能较好地理解和掌握它们，最后才能较好地使用它们。

（3）当前单片机相关产品系列和型号很多，摆在初学者面前的问题是学习什么机型、怎样学习效果更好。由于单片机技术都是建立在计算机技术之上，系统结构和技术大同小异，但又不能通用，本书建议读者选取资料多、应用较广的一种系列芯片的单片机进行研究，掌握相应的技术后再学习别的单片机则会事半功倍。

1.2 MCS-51 系列单片机的结构和引脚

MCS-51 系列单片机是在一块芯片上集成了 CPU、RAM、ROM、定时器/计数器和多功能 I/O 口等基本功能部件的一台计算机。单片机必须配备部分外围元件才能使用，其系统核心是单片机芯片，本课程今后将围绕 8051 芯片讲解单片机原理和应用。

1.2.1 MCS-51 引脚及功能说明

生产厂家生产出硅芯片后，通常用工程材料包装，同时制定芯片的名称、封装和引脚名称。8051 单片机的外形采用 40 条引脚双列直插封装（DIP）或 LCC/QFP 封装。DIP 封装的引脚和逻辑符号如图 1.2 所示。

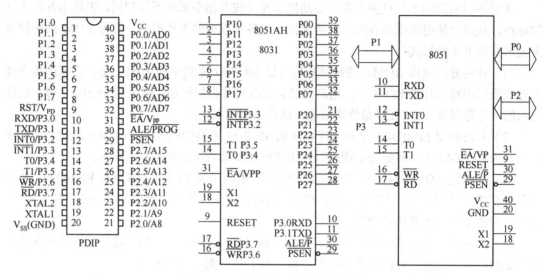

图 1.2　DIP 封装的引脚和逻辑符号

MCS-51 因为受到集成电路芯片引脚数目的限制，所以有许多引脚具有双功能。现对各引脚功能简要说明如下：

（1）主电源引脚 V_{CC} 和 V_{SS}。V_{CC} 接电源输入端，为单片机提供工作电源和编程校验电源，（8051/8751）电压为+5V。

V_{SS}（GND）接共用地端，每个电路芯片都少不了直流电源，也叫地线。

（2）4 个 8 位 I/O 端口——P0，P1，P2 和 P3。

I/O 端口的内部结构及其特点。每个端口都是双向的 I/O 口，端口的每一位都有一个锁存器（特殊功能寄存器 P0～P3 的确切含意是指每一位中的锁存器），一个输出驱动器（场效应三极管）和一个输入数据缓冲器。其中，位锁存器为 D 触发器，在 CPU 控制下，可对端口 P0～P3 进行读/写操作或对引脚进行读操作。8051 的 P0～P3 端口每位内部结构如图 1.3～图 1.6 所示。

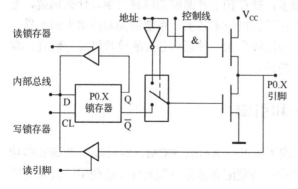

图 1.3　单片机 P0 口结构（一位引脚）

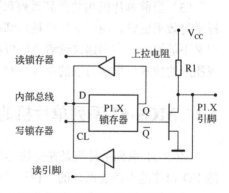

图 1.4　单片机 P1 口结构

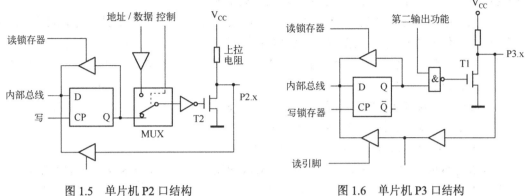

图 1.5　单片机 P2 口结构　　　　　图 1.6　单片机 P3 口结构

MCS-51 单片机具有 4 个 8 位双向并行 I/O 端口，共 32 条引脚线，每位均有自己的锁存器、输出驱动器和输入缓冲器。

1. I/O 端口的特点

I/O 端口具有如下特点：

（1）4 个并行 I/O 端口都是双向的。P0 口为漏极开路驱动；P1，P2，P3 口均具有内部上拉电阻驱动，它们有时被称为准双向口。

（2）所有 32 条并行 I/O 线都能独立地用做输入或输出，还可以进行位操作。

（3）当并行 I/O 线作为输入时，该口的锁存器必须先写入"1"，这是一个重要条件，否则，输出口锁存器让口线为"0"，而使输入不能为 1，从而使输入可能无效（可能读入全 0）。即当外电路输入 1 时，读入的是锁存器输出的 0。

P0 口（P0.0～P0.7）——第一功能是一个 8 位漏极开路型的双向 I/O 口。这时 P0 口可看成是用户数据总线。第二功能：在访问外部存储器时，分时先提供低 8 位地址和再提供 8 位双向数据总线，即先作为地址总线再作为数据总线，在对 8751 片内 EPROM 进行编程和校验时，P0 用于数据的输入和输出。引脚的分时复用是计算机芯片节省引脚的基本方法，这样的情况后面还有很多，同样的引脚在不同的时间或不同的地方作不同的用途，初学者应注意这个用法。

在 P0 口和 P2 口的位结构中，有一个 2 选 1 转换器 MUX 访问外部存储器时，由内部控制信号，通过 MUX 将端口驱动器与地址(内部地址)或数据线连接起来（开关上或下）。

从图 1.4 可以看出，P1 口的内部结构和 P0 口稍有不同，P1～P3 口具有内部上拉电阻（由耗尽型场效应管构成）。当端口用做输入时，必须通过指令将端口的位锁存器置"1"，以关闭输出驱动场效应管，这时 P1～P3 口的引脚由内部上拉电阻拉为高电压，同样也可以由外部信号拉为低电平。只有在这种情况下，才能保证引脚信号的正确读入，否则可能读入出错。例如，如果位锁存器原来的状态为 0，则通过反相器加到场效应管栅极的信号为 1，使该管导通，引脚对地呈低阻状态，它会使从引脚输入的高电平信号（"1"信号）受到影响而变低，这样可能使引脚信号出错。

这种通过固定的上拉电阻而将引脚拉为高电平的端口结构，称为"准双向口"，由于这种端口结构，P1～P3 端口都能由集电级或漏极开路所驱动，在与外部器件连接时，无须再接上拉电阻。在实际使用时也可接上拉电阻,用于调节驱动电流大小。

P0 口则不同,它没有内部上拉电阻,在驱动场效应管时上方有一个提升场效应管,它只是在对外部存储器进行读/写操作时,用做地址/数据线时才起作用。在其他情况下,上拉场效应管处于截止状态,因而 P0 口线用做输出时为开漏极输出,如果这时向位锁存器写入"1",可使它成为真正的双向口。

(4)端口的负载能力。P0 口作为输出口可带动 8 个 TTL 门输入,P0 口在写入"1"后浮空,输出驱动管都截止,这时可用做高阻输入。

P1,P2,P3 口的输出缓冲器能驱动 4 个 LSTTL。

HMOS 器件的端口能由一般的 TTL 或 NMOS 电路所驱动。HMOS 和 CHMOS 引脚都能由开集电极或开漏输出所驱动,但应注意,信号电平从 0 到 1 的跳变不能太快。

(5)端口的读-修改-写特性。8051 的端口结构,决定了 8051 对端口的读/写操作有两种不同的形式:对端口锁存器的读/写操作和对引脚的读/写操作。在 CPU 发出写锁存器信号时,内部总线上的数据送到锁存器;在 CPU 发出读锁存器信号时,锁存器的输出 Q 被送到内部总线上;在 CPU 发出读引脚信号时,端口引脚上的电平信号被传送到内部总线上。

读锁存器与读引脚的指令是不同的。读锁存器指令的操作是先读入锁存器的值,经过运算,然后把运算结果重新写入锁存器。这类指令称为读-修改-写指令。

2. 各口功能

MCS-51 单片机属总线型结构,这样在系统结构上增加了灵活性。通过总线,可使用户根据应用需要扩展不同功能的应用系统。8031 和 8032 芯片没有片内程序存储器,它的应用系统必定是扩展系统。

在扩展系统中,P0 口用于输出外部程序存储器或外部数据存储器的低 8 位地址,并分时复用(从 P0 先输出地址,接着传送数据)为外部程序存储器的数据线或外部数据存储器的 8 位数据线。P0 口的地址为 80H,P0.0~P0.7 的位地址为 80H~87H。

P2 口(P2.0~P2.7)——第一功能是一个内部带提升电阻的 8 位准双向 I/O 口。第二功能是在访问外部存储器时,输出高 8 位地址。在对 8751 片内 EPROM 进行编程和校验时及扩展外部存储器时,P2 口用于接收和发出高 8 位地址。

表 1.1 P3 口各位的第二功能

P3 口引脚	第 二 功 能
P3.0	RXD(串行输入口)
P3.1	TXD(串行输出口)
P3.2	$\overline{INT0}$(外部中断 0 输入端)
P3.3	$\overline{INT1}$(外部中断 1 输入端)
P3.4	T0(计数器 0 外部输入)
P3.5	T1(计数器 1 外部输入)
P3.6	$\overline{WR}$(外部数据存储器写脉冲输出端)
P3.7	$\overline{RD}$(外部数据存储器读脉冲输出端)

P2 口用于输出外部程序存储器或外部数据存储器的高 8 位地址,也可用做普通 8 位数据线,即当一般 I/O 口使用。P2 口的地址为 A0H,P2.0~P2.7 的位地址为 A0H~A7H。

P3 口(P3.0~P3.7)——第一功能是一个内部带上拉电阻的 8 位准双向 I/O 口。在系统中,这 8 个引脚都有各自的第二功能。P3 口各位的第二功能如表 1.1 所示。

P3 口的每一位都可独立地定义为第一功能 I/O 或第二功能使用。P3 口的第一功能和 P1 口一样可作为输入/输出端口,同样具有字节操作和位操作两种方式,在位操作模式下,每一位均可定义为输入或输出。P3 口的第二功能涉及串行口、外部中断、定时器,它们与特殊功能寄存器有关，它们的结构、功能等在后面章节中再作进一步介绍。P3 口的地址为 B0H，对应 P3.0～P3.7 的位址为 B0H～B7H。P3 口为准双向口，为适应引脚的第二功能的需要，增加了第二功能控制逻辑，在真正的应用电路中，第二功能显得更为重要。由于第二功能信号有输入和输出两种情况，我们分别加以说明。

对于第二功能为输出引脚，当作为 I/O 口使用时，第二功能信号线应保持高电平，与非门开通，以维持从锁存器到输出口数据输出通路畅通无阻。而当作为第二功能口线使用时，该位的锁存器置高电平，使与非门对第二功能信号的输出是畅通的，从而实现第二功能信号的输出。对于第二功能为输入的信号引脚，在口线上的输入通路增设了一个缓冲器，输入的第二功能信号即从这个缓冲器的输出端取得。而作为 I/O 口线输入端时，取自三态缓冲器的输出端。这样，不管是作为输入口使用还是第二功能信号输入，输出电路中的锁存器输出和第二功能输出信号线均应置"1"。

P1 口（P1.0～P1.7）——是一个内部带提升电阻的 8 位准双向 I/O 口。在对 8751 片内 EPROM 编程和校验时，P1 口用于接收低 8 位地址。AT 系列通过 P1 口完成 ISP 在线下载。

P1 口作为一般输入/输出口。P1 口的地址为 90H，P1.0～P1.7 的位地址为 90H～97H。由于系统没有使用 P1 口，编程人员可随意使用，所以又称用户口。

8051 有 4 个引脚完成控制信号功能、它们是 RST/V$_{PD}$、ALE/$\overline{PROG}$、$\overline{PSEN}$ 和 $\overline{EA}$/Vpp。由于单片机很多引脚使用方法相同或相近，常把这些引脚分为控制总线、地址总线、数据总线，总线指一类在使用方法上功能相同的引脚。这里讲到的 4 条引脚可看成是控制总线（ALE/RST/$\overline{EA}$/$\overline{PSEN}$）。当其中某条引脚起作用时，单片机将完成某控制操作。

RST/V$_{PD}$——RST 为复位信号输入端。在电源 V$_{CC}$ 正常时，当 RST 端保持两个机器周期（24 个时钟周期）以上的高电平时，使单片机完成复位操作。V$_{PD}$ 为内部 RAM 的备用电源输入端。当主电源 Vcc 一旦发生断电或电压降到一定值时，可通过 V$_{PD}$ 为单片机内部 RAM 提供电源，以保护片内 RAM 中的信息不丢失，使 V$_{CC}$ 上电后能继续正常运行。ALE/$\overline{PROG}$——ALE 为地址锁存允许信号，在访问外部存储器时，ALE 用来锁存 P0 口送出的低 8 位地址信号。在不访问外部存储器时，ALE 也以时钟振荡频率的 1/6 的固定速率输出，因而它又可用做外部定时脉冲源或其他需要。注意：每当访问外部数据存储器时，将跳过一个 ALE 脉冲。ALE 能驱动 8 个 LS TTL 门输入电路。$\overline{PROG}$ 是对 8751 内部 EPROM 编程时的编程脉冲输入端。

$\overline{PSEN}$——外部程序存储器的读选通信号。当访问外部 ROM 时，$\overline{PSEN}$ 产生负脉冲作为外部 ROM 的选通信号；在访问外部 RAM 或片内 ROM 时，不会产生有效的 $\overline{PSEN}$ 信号。$\overline{PSEN}$ 可驱动 8 个 LS TTL 门输入端。

$\overline{EA}$/V$_{PP}$——访问外部程序存储器控制信号。对于 8051 和 8751，它们的片内有 4KB 的程序存储器。当 $\overline{EA}$ 为高电平时，CPU 访问程序存储器有两种情况：一是，访问的地址空间在 0～4KB 范围内，CPU 访问片内程序存储器；二是，访问的地址超出 4KB 时，CPU 将自动执行外部程序存储器的程序。对于 8031，$\overline{EA}$ 必须接地，只能访问外部 ROM。V$_{PP}$ 为 8751 片内 EPROM 的 21V 编程电源输入端。

1.2.2 MCS-51 引脚及应用电路

例如，单片机引脚传送数据功能简单分析，I/O 口传送数据教学参考图如图 1.7 所示。图 1.7 中使用 P0 口和 P2 口传送地址和数据、用到控制线/$\overline{PSEN}$ 和地址锁存信号 ALE。单片机

P0 口接到锁存器输入端 D0~D7，也接到程序存储器 2764 的程序数据输出端。

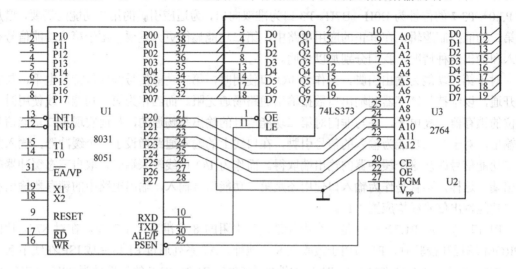

图 1.7　单片机的引脚功能及使用参考简图

按照 Intel 公司的方法是把单片机的引脚按功能分成三类：数据总线、地址总线、控制总线，本例中 8 位数据总线是 P0 口，连接到存储器数据端 D。16 位地址总线是 P0、P2 口。P0 口输出的地址经 373 锁存后再送存储器地址端 A，高 8 位地址由 P2 口直接送到存储器。这时 8 个引脚的功能相同，只是在应用时传送不同的数据位或地址位。计算机中把一个 2 位十六进制数叫 8 位数，实际上是指 8 位二进制数，如数 68H（十六进制数，H 是标志符号）可等同二进制数 0110 1000B（B 是二进制数标志符号），在实际使用中这 8 个二进制数分别从 P0 口的 8 个引脚传送，P0 口的 8 位又可叫做 P00/P01/P02/P03/P04/P05/P06/P07，同样的 P1、P2、P3 每个口也可类似分成 8 位。控制总线是：ALE 为地址锁存信号，单片机用它通知锁存器把低 8 位地址接收过去。$\overline{PSEN}$ 通知程序存储器传送指令码到 P0 口。我们简单描述单片机读取程序的过程：首先 P0、P2 口输出低、高共 16 位地址，控制信号 ALE 通知锁存器接收 P0 的低 8 位地址，这时由锁存器和 P2 口给程序存储器提供 16 位地址高 3 位未用，$\overline{PSEN}$ 通知程序存储器传送该地址的指令码经 2764 的 D0~D7 传到 P0 口内，完成读指令过程。对于位的意义我们已经知道：数字化的一条线的电平有高低两种，计算机中简单地用两种状态：1 和 0 表示。实际上这就是一个二进制位，因此就把一根线称之为一 "位"，用 bit 表示。字节的含义：一根线可以表示 0 和 1，两根线可以表达 00，01，10，11 四种状态，也就是可以表示 0 到 3，而三根可以表示 0~7，计算机中通常用 8 根线放在一起，同时计数，就可以表示 0~255，一共 256 种状态。这 8 根线或者 8 位就称之为一个字节（byte）。实际上，人们经常把这样的 8 位数写成 2 位十六进制数。十六进制的 16 个数用 0、1、2、3、4、5、6、7、8、9、A、B、C、D、E、F 表示。十六进制数同二进制数的对应关系如下：

十进制数	二进制数（B）	十六进制数（H）	十进制数	二进制数（B）	十六进制数（H）
15	1111	F	16	1 0000	10
14	1110	E	31	1 1111	1F
13	1101	D	32	10 0000	20

12	1100	C	63	11 1111	3F
11	1011	B	64	100 0000	40
10	1010	A	127	111 11111	7F
9	1001	9	255	1111 1111	FF
8	1000	8	256	1 0000 0000	100
7	0111	7	511	1 1111 1111	1FF
6	0110	6	512	10 0000 0000	200
5	0101	5	1023	11 1111 1111	3FF
4	0100	4	1024	100 0000 0000	400
3	0011	3	2047	111 1111 1111	7FF
2	0010	2	2048	1000 0000 0000	800
1	0001	1	4095	1111 1111 1111	FFF
0	0000	0	65535	1111 1111 1111 1111	FFFF

当把二进制数 $D_3D_2D_1D_0$ 的各位按 $D_3 \times 8 + D_2 \times 4 + D_1 \times 2 + D_0 \times 1 = XH$，结果很容易把二进制数转换成十进制数或十六进制数，多位二进制数以四位为单位和十六进制数的一位对应，从低位到高位进行转换，按 8421 方式互相转化。如 1 1000 1101 0110B=18D6H。

1.3 单片机最小系统电路制作

根据职业技术教育特点，本教材每章都开辟了理实一体化教学部分，采用项目导向、任务驱动模式完成单片机常用技术训练。根据单片机应用的教学目标，该训练首先从基本的技术入手，然后扩展到常用技术各方面。

（1）单片机显示任务，包括发光二极管显示、数码管显示、点阵显示、液晶显示等内容。

（2）输入和输出任务，包括普通键盘、扫描键盘、脉冲输入和输出、交直流及功率驱动。

（3）单片机特色技术应用，包括串行 I^2C 芯片应用、AD 和 DA 应用、其他新技术应用等内容，注重同一类型项目开发的连惯性，按照先简单，后复杂，软件和硬件对照，给出基本地和关键地操作环节，在训练中处理细节问题，发现问题并解决技术难题。

本节制作一个单片机最小系统（硬件电路），用单片机制作流水（循环）灯电路，如图 1.8 所示，当前有关单片机的电子元件容易购买到，普通元器件就能满足本实训要求。

该电路由 7.5 V 变压器、整流桥 BP206、滤波电容 C1 和 C2、三端稳压器 7805、发光二极管 LED、限流电阻 R11～R18、复位按键 S1、石英晶体 Y1、单片机 89S52 组成。该电路结构比较简单，用孔板手工就能焊接成功，如图 1.9 所示是用孔板焊接的 32 路循环灯电路，即除了在 P0 口连接 8 个发光二极管外，P1～P3 口也同样各连接 8 个发光二极管。该电路元件要求不高，其中变压器选择 3～5W/7.5～9 V，普通 1～2A 电流的整流桥，滤波电容 C1 和 C2 选几百微法左右，普通 5V 三端稳压器，可以不带散热器，发光二极管选择高亮 LED，限流电阻 R11～R18 选择 220～510Ω，复位按键 S1 用按钮开关，功能是按下时接通，松手时断开，R1 选 100～200Ω，R2 选 2～10kΩ，C3 选 10～22μF，本处石英晶体 Y1 选择 6MHz、单片机 89C51 至 89S52 都行，附带有 40 针插座，如果需要经常拔出，可用高质量卡座。注意事项：有关 220V 接头必须包装紧密结实，防止触电。其他电路也不可长时间短路，如果有多人一起做，个别人可先做一个样品，试用后再推广。

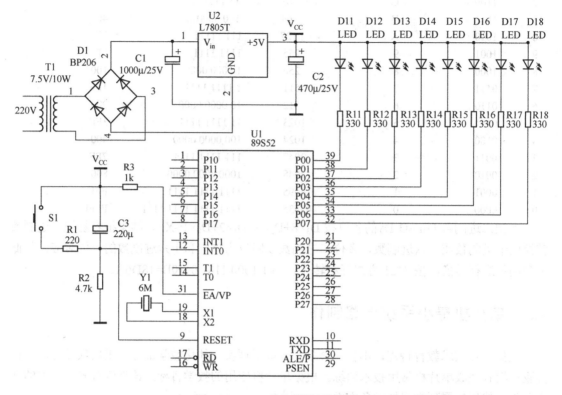

图 1.8　89S52 单片机循环灯电路

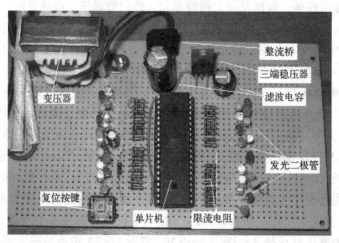

图 1.9　89S52 单片机循环灯电路实物图

1.4　MCS-51 单片机的结构方框图

1.4.1　MCS-51 的核心电路

MCS-51 系列单片机的典型芯片是 8051。其内部结构方框图如图 1.10 所示，它包含如下功能部件：

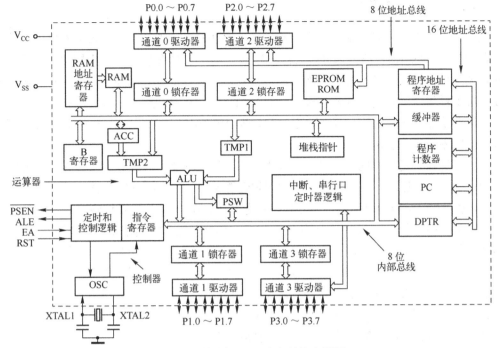

图 1.10　单片机 8051 内部结构方框图

（1）一个 8 位 CPU。

（2）一个片内振荡器和时钟电路。

（3）4K 字节片内部程序存储器 ROM。

（4）128 字节片内部数据存储器 RAM。

（5）可寻址 64KB 外部程序存储器。

（6）可寻址 64KB 外部数据存储器。

（7）21 个特殊功能寄存器（专用寄存器）。

（8）32 条可编程的 I/O 线（4 个 8 位并行 I/O 端口）。

（9）两个 16 位定时器/计数器。

（10）一个可编程全双工串行口。

（11）具有 5 个中断源，两个优先级嵌套中断结构。

单片机各功能部件由内部总线联系在一起。MCS-51 单片机简化结构方框图如图 1.11 所示。

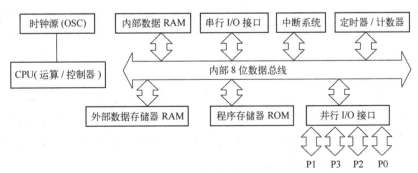

图 1.11　MCS-51 单片机简化结构方框图

1.4.2　中央处理单元 CPU

CPU 是单片机的核心部件，如图 1.10 所示，各方框表示功能部件，可以看出本单片机是 8 位数据宽度的处理器，能处理 8 位二进制数或代码，CPU 负责控制、指挥和调度整个单元系统协调工作，完成各种运算，实现对单片机各功能部件的指挥和控制任务，它由运算器和控制器等部件组成。各功能部件实际上是 CPU 的有机组成部分，它们通过运行程序相联系，很难用语言描述其工作过程，但这里还是简单地给出说明。注意各部分通过内部总线相联系，各部件的联系用箭头表示。

（1）运算器。运算器的功能是进行算术运算和逻辑运算，它还包含一个布尔处理器，用来处理位的操作。运算器模块包括算术和逻辑运算部件 ALU、布尔处理器、累加器 ACC、B 寄存器、暂存器 TMP1 和 TMP2、程序状态字寄存器 PSW 和十进制数调整电路等。

累加器 ACC 是一个最常用的专用寄存器。大部分单操作数据指令的操作数取自累加器。很多双操作数指令中的一个操作数也取自累加器。加、减、乘、除算术运算指令的运算结果都存放在累加器 A 或 AB 组成的寄存器对中。指令系统中用 A 作为累加器的助记符。

B 寄存器，有人把 B 寄存器称为乘法寄存器。在乘除操作中，乘法指令的两个操作数分别取自 A 和 B，其结果存放在 B（高 8 位）和 A（低 8 位）寄存器中。除法指令中，被除数取自 A，除数取自 B，商数存放于 A，余数存放于 B。

程序状态字 PSW 用于记录程序状态信息，反映程序运算结果的特征，它是一个 8 位寄存器。其中 PSW 的 1 位未用，格式如下：（按 D7～D0 顺序排列）

Cy	AC	F0	RS1	RS0	OV	－	P

Cy（PSW.7）——进位标志。在执行某些算术和逻辑指令时，当运算结果的最高位有进位或借位时，Cy 将被硬件置位，否则就被清零。不同的是在布尔处理机中，它被认为是位累加器，可由软件置位或清零。

AC（PSW.6）——辅助进位标志。在进行加法或减法操作中，当低 4 位数向高 4 位数有进位或借位时，AC 将被硬件置位，否则就被清零。AC 被用于十进制数调整。

F0（PSW.5）——用户定义标志。可由用户让其记录程序状态，用做标记，即用软件使其置位或复位。

RS1、RS0（PSW.4，PSW.3）——工作寄存器组选择控制位。可以用软件置位或清零，以确定当前工作寄存器组。

OV（PSW.2）——溢出标志位。在对有符号数作加减运算时，用 C6 表示 D6 位向 D7 位的进位或借位，用 C7 表示 D7 位向更高位的进位或借位，则 OV 标志可由下式求得：OV=C6 $\oplus$ C7。OV=1 表示加减运算的结果超出了目的寄存器 A 所能表示的带符号数的范围（–128～+127）。

无符号数乘法指令 MUL 的执行结果也会影响溢出标志。若置于累加器 A 和寄存器 B 的两个数的乘积超过 255 时（8 位数），OV=1，否则 OV=0。此积的高 8 位放在 B 内，低 8 位放在 A 内。因此，OV=0 时，只要从 A 中取得乘积即可，否则还要从 B 中取得乘积的高 8 位。

除法指令 DIV 也会影响溢出标志，当除数为 0 时，OV=1，否则 OV=0。

P（PSW.0）——奇偶标志。每个指令周期都由硬件来置位或清零，以表示累加器 A 中有 1 的位数的奇偶性。若 1 的位数为奇数，则 P 置位，否则清零。该标志位对串行通信中的数据传输有重要意义。这和数学中的数据本身的奇偶性有区别。当 A=10101000B 时，因数中是三个 1 使 P 置位。在数据传输时，当把一批数的 P 位和原 8 位放在一起构成 9 位数，这批 9 位数中 1 的个数应全为偶数。接收端如收到的数没有偶数个 1 则认为出错。

（2）控制器。控制器部件是由指令寄存器、程序计数器 PC、定时与控制电路等组成的。

① 指令寄存器和译码：指令寄存器中存放指令代码。

② 程序计数器 PC：程序计数器 PC 用来存放即将要执行的指令地址，共 16 位，可对 64KB 程序存储器直接寻址。

③ 定时与控制电路：定时与控制电路是产生 CPU 操作时序的，它是单片机的心脏，可控制各种操作的时间。

8051 芯片内部有一个反向放大器所构成的振荡电路，XTAL1 和 XTAL2 分别为振荡电路的输入端和输出端。放大器可以产生自激振荡，此时时钟由内部方式产生。当 XTAL1 接地，XTAL2 接外部振荡器时，时钟由外部方式产生。

对 CPU 的操作或命令是通过对指令和寄存器编程来完成的，要学好 CPU 首先应学好存储器（寄存器）和指令。

1.5　MCS-51 单片机存储器结构

存储器是计算机的重要硬件之一，单片机存储器结构有两种类型：一种是程序存储器和数据存储器统一编址，属于普林斯顿结构；另一种是程序存储器和数据存储器分开编址的哈佛结构。MCS-51 采用的是哈佛结构。它的存储器结构与典型的微型计算机不同，结构也比较复杂，下面将从硬件结构和功能来分析。

存储器就是用来存放数据的地方。它是利用电平的高低来存放数据的，也就是说，它存放的实际上是电平的高低，我们把它作为数据看待，计算机中有数量众多的存储器，结构可看成如同一座大楼一样，为了方便找到每一个房间，或者住在房间的某人，给房间分配地址号码是比较简单的方法，如果再详细一点可能关心这人是工作人员还是客人？同样结构的房间又能叫办公室、工作间、客房等，存储器在使用时也出现了地址，也使用了别名：寄存器、程序存储器、数据存储器等名称。这样做的目的让我们直接从名称上可初步了解其作用。

1.5.1　存储器的特点

存储器具有的特点如下：

（1）程序存储器和数据存储器截然分开，各有自己的寻址系统、控制信号和特定的功能。程序存储器只存放程序和始终要保留的常数，数据存储器通常用来存放程序运行中所需要的大量数据。程序存储器一般为只读存储器 ROM 或 EPROM，数据存储器则一般采用静态随机存储器 RAM。

（2）单片机中与存储器有关的名称有：程序存储器和数据存储器、内部存储器和外部存储器、字节地址和位地址。存储器有一定的容量，常把一个 8 位二进制数作基本单位，称为字节。存储器有很多字节单元，也用二进制数来标识，称为地址。这些存储器空间的地址多数从零开始编址。8 位地址 00H～FFH，16 位地址 0000H～FFFFH。由于每一位十六进制数可直接换成 4 位二进制数（如 0H——0000B、9H——1001B、FH——1111B，其中 H 代表十六进制数标识符，B 代表二进制数标识符），以后我们把两位十六进制数说成是 8 位二进制数。

（3）工作寄存器以 RAM 形式组成，I/O 接口也采用存储器方式工作。工作寄存器、I/O 口锁存器和数据存储器 RAM 在单片机中统一编址。

（4）具有一个功能很强的布尔处理器，可寻址位空间有 256 位。

1.5.2　MCS-51 具有的存储器编址空间

MCS-51 单片机存储器结构分布图如图 1.12 所示。它有 6 个编址空间，有 4 个物理存储器空间：即由 PC 作地址指针的片内 4KB（0000H～0FFFH）程序存储器；片外 4K+60KB（0000H～FFFFH）程序存储器；由数据指针作地址的片外 64KB 数据存储器；片内 8 位地址的 128 字节 RAM（00H～7FH）和特殊功能寄存器（80H～FFH），这里数 0～9、A～F 表示十六进制的 16 个数。并且在以后用字母 A～F 表示数据最高位时，常在前面加 0，以区别于英文字母。

程序存储器，片内 4KB 程序存储器空间，其地址为 0000H～0FFFH，外部 EPROM 也从 0000H 开始编址。在地址 0000H～0FFFH 区间，地址有重叠，由 $\overline{EA}$ 引脚信号来控制内、外程序存储器的选择。

$\overline{EA}$ =0 时，不管 PC 值的大小，CPU 总是访问外部程序存储器。对于 8031 芯片，其内部没有程序存储器，必然外接 EPROM，所以 $\overline{EA}$ 必须接地，即 $\overline{EA}$ =0。外部程序存储器从 0000H 开始编址，寻址范围为 64KB。当 $\overline{EA}$ =1 时，先执行内部 4KB 程序，满 4KB 后接着执行外部程序。

程序存储器以 16 位的程序计数器 PC 作为地址指针可寻址 64K 字节空间范围，$\overline{PSEN}$ 作为程序存储器的读选通信号。

程序存储器也存放程序所需要的常数。单片机以不同的指令形式来区分是访问程序存储器，还是访问数据存储器，凡是从程序存储器的常数表中取数据时，都要用查表指令 MOVC 形式。

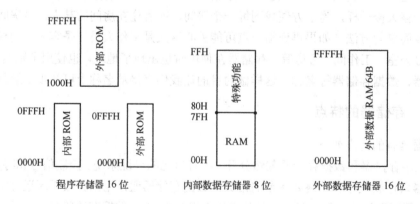

图 1.12　单片机 8051 存储器结构分布图

1.5.3　数据存储器

数据存储器用于存放运算过程中的结果，用做缓冲和数据暂存，以及设置特征位标志等。数据存储器又分为片内，片外两部分，内部 RAM 采用 8 位地址编址为 00H～FFH，容量为

256 字节，如表 1.2 所示。外部 RAM 采用 16 位地址编址为 0000H～FFFFH，容量为 65536 字节，这样地址有重叠，由不同的指令形式来区分它们。采用 MOV 指令时读/写内部数据存储器、特殊功能寄存器和位地址空间；采用 MOVX 指令时读/写外部数据存储器。每个 8 位或 16 位地址中都存放 1 个字节数据。

1．外部数据存储器

外部数据存储器以 16 位的 DPTR 和 @Ri 内容作为地址指针（高 8 位为默认地址），可寻址 64K 字节空间。RD/WR 作为数据存储器的读/写信通信号。

2．内部数据存储器

如表 1.2 所示。MCS-51 内部有 128 个字节的数据存储器 RAM，它们可以作为数据缓冲器、堆栈、工作寄存器和软件标志等使用。CPU 对内部 RAM 有丰富的操作指令。在编程时经常用到它们，内部 RAM 地址为 00H～7FH，不同的地址区域内，规定的功能不完全相同。这 128 字节地址空间的 RAM 中不同的地址区域功能分配为：工作寄存器区（00H～1FH）、位地址区（20H～2FH）、堆栈和缓冲区（30H～7FH），下面分别说明。

（1）工作寄存器区。单片机的内部工作寄存器以 RAM 形式组成，即工作寄存器包含在内部数据存储器中。地址为 00H～1FH 单元，内部 RAM 的低 32 字节分成 4 个工作寄存器区，每一个区有 8 个工作寄存器，编号为 R0～R7。工作寄存器和 RAM 地址对应关系如表 1.3 所示。

表 1.2　单片机 AT89S52 内部数据存储器结构（字节地址 00H～FFH）

															B
															ACC
															PSW
		TH2	TL2	RCAP2H	RCAP2L	T2MOD	T2CON								
							IP								P3
							IE		WDTRST				AUXR1		P2
						SBUF	SCON								P1
	AUXR	TH1	TH0	TL1	TL0	TMOD	TCON	PCON		DP1H	DP1L	DP0H	DP0L	SP	P0
7FH	7EH	7DH	7CH	7BH	7AH	79H	78H	77H	76H	75H	74H	73H	72H	71H	70H
6FH	6EH	6DH	6CH	6BH	6AH	69H	68H	67H	66H	65H	64H	63H	62H	61H	60H
5FH	5EH	5DH	5CH	5BH	5AH	59H	58H	57H	56H	55H	54H	53H	52H	51H	50H
4FH	4EH	4DH	4CH	4BH	4AH	49H	48H	47H	46H	45H	44H	43H	42H	41H	40H
3FH	3EH	3DH	3CH	3BH	3AH	39H	38H	37H	36H	35H	34H	33H	32H	31H	30H
2FH	2EH	2DH	2CH	2BH	2AH	29H	28H	27H	26H	25H	24H	23H	22H	21H	20H
1FH	1EH	1DH	1CH	1BH	1AH	19H	18H	17H	16H	15H	14H	13H	12H	11H	10H
0FH	0EH	0DH	0CH	0BH	0AH	09H	08H	07H	06H	05H	04H	03H	02H	01H	00H

每一个工作寄存器区都可被选为 CPU 的当前工作寄存器，用户可以通过改变程序状态字 PSW 中的 RS1、RS0 两位来任选一个当前工作寄存器区（组）、PSW 的状态和工作寄存器区

的对应关系，如表 1.3 所示。这一特点使 MCS-51 具有快速保护现场功能，这对于提高程序的效率和响应中断的速度是很有利的。但当前工作寄存器组只有一个，编程时 8 个当前工作寄存器有点太少。

表 1.3 工作寄存器和 RAM 地址对应关系

RS1	RS0	区号	R0	R1	R2	R3	R4	R5	R6	R7
0	0	0 区	00H	01H	02H	03H	04H	05H	06H	07H
0	1	1 区	08H	09H	0AH	0BH	0CH	0DH	0EH	0FH
1	0	2 区	10H	11H	12H	13H	14H	15H	16H	17H
1	1	3 区	18H	19H	1AH	1BH	1CH	1DH	1EH	1FH

（2）位寻址空间。CPU 不仅对内部 RAM 20H～2FH 这 16 个单元有字节寻址功能，而且具有位寻址功能（可以单独读/写某一位）。给这 128 位赋以位地址为 00H～7FH，CPU 能直接寻址这些位，其中字节 20H 中的 8 个位 D7～D0（以后我们用这表示字节的 8 位，其中 D0 是最低位）定义为位地址 07H～00H。

（3）堆栈和数据缓冲区。原则上 MCS-51 单片机的堆栈可以设在内部 RAM 的任意区域内，但是一般设在 30H～7FH 的范围内。栈顶的位置由堆栈指针 SP 指出，堆栈指针是 8 位的，而且堆栈是向上生成的。复位时 SP=07H，30H～7FH 也可作为数据缓冲区使用。在地址 00H～7FH 之间，所有工作寄存器、位地址、堆栈等没有用上的 RAM 空间都可作为数据缓冲区。

1.5.4 特殊功能寄存器 SFR（专用寄存器）

MCS-51 单片机内除程序计数器（PC）和 4 个工作寄存器区外，所有其他寄存器如 I/O 口锁存器、定时器、数据地址指针，各种控制寄存器都是以特殊功能寄存器（SFR）的形式出现的。如表 1.2 所示。8051 有 21 个特殊功能寄存器，它们离散地分布在 80H～FFH 的地址空间内，并允许像访问内部 RAM 一样方便地访问特殊功能寄存器。这些特殊功能寄存器和内部 RAM 一样，拥有大量的逻辑操作指令。两者之间也存在着明显区别，即对于特殊功能寄存器，只有直接寻址的指令。在 80H～FFH 内其他没用到的地址，后来开发的有些芯片中增加成为新的寄存器，如 T2。

特殊功能寄存器大致可以分为两类，一类与 I/O 有关，即 P0，P3；另一类做芯片内部功能控制用。其中有 11 个特殊功能寄存器既可字节寻址，又可位寻址。对应的位寻址如表 1.4 所示，可位寻址的特殊功能寄存器可对照表 1.5 中带#号部分。

表 1.4 单片机 51 系列全部位地址空间(8051)

字节地址	寄存器名	位 地 址							
F0H	B	F7H	F6H	F5H	F4H	F3H	F2H	F1H	F0H
E0H	ACC	E7H	E6H	E5H	E4H	E3H	E2H	E1H	E0H
D0H	PSW	D7H	D6H	D5H	D4H	D3H	D2H	D1H	D0H
	位名称：	Cy	AC	F0	RS1	RS0	OV	—	P

字节地址	寄存器名	位 地 址							
B8H	IP 位名称:	BFH	BEH	BDH	BCH	BBH	BAH	B9H	B8H
						PS	PT1	PX1	PT0	PX0
B0H	P3	B7H	B6H	B5H	B4H	B3H	B2H	B1H	B0H
A8H	IE 位名称:	AFH	AEH	ADH	ACH	ABH	AAH	A9H	A8H
		EA			ES	ET1	EX1	ET0	EX0
A0H	P2	A7H	A6H	A5H	A4H	A3H	A2H	A1H	A0H
98H	SCON 位名称:	9FH	9EH	9DH	9CH	9BH	9AH	99H	98H
		SM0	SM1	SM2	REN	TB8	RB8	TI	RI
90H	P1	97H	96H	95H	94H	93H	92H	91H	90H
88H	TCON 位名称:	8FH	8EH	8DH	8CH	8BH	8AH	89H	88H
		TF1	TR1	TF0	TR0	IE1	IT1	IE0	IT0
80H	P0	87H	86H	85H	84H	83H	82H	81H	80H
2FH		7FH	7EH	7DH	7CH	7BH	7AH	79H	78H
2EH		77H	76H	75H	74H	73H	72H	71H	70H
2DH		6FH	6EH	6DH	6CH	6BH	6AH	69H	68H
2CH		67H	66H	65H	64H	63H	62H	61H	60H
2BH		5FH	5EH	5DH	5CH	5BH	5AH	59H	58H
2AH		57H	56H	55H	54H	53H	52H	51H	50H
29H		4FH	4EH	4DH	4CH	4BH	4AH	49H	48H
28H		47H	46H	45H	44H	43H	42H	41H	40H
27H		3FH	3EH	3DH	3CH	3BH	3AH	39H	38H
26H		37H	36H	35H	34H	33H	32H	31H	30H
25H		2FH	2EH	2DH	2CH	2BH	2AH	29H	28H
24H		27H	26H	25H	24H	23H	22H	21H	20H
23H		1FH	1EH	1DH	1CH	1BH	1AH	19H	18H
22H		17H	16H	15H	14H	13H	12H	11H	10H
21H		0FH	0EH	0DH	0CH	0BH	0AH	09H	08H
20H		07H	06H	05H	04H	03H	02H	01H	00H

为了适应控制领域的需要，MCS-51 具有一个功能很强的布尔处理器。位寻址空间的每一位都可以看成是软件触发器，由程序直接进行位处理，执行置位（即写 1）、清零、取反等操作。通常把各种程序的状态标志，位控制变量设在位寻址区内。这种功能提供了把硬件实现的逻辑式变为由软件实现，且不需要过多的数据传送，字节屏蔽和测试分支就能实现复杂的组合逻辑功能，其实现功能的方法更简单。

MCS-51 可直接位寻址空间 256 位。其中内部 RAM 的 20H～2FH 这 16 个单元具有 128 个位地址，赋以地址 00H～7FH；另一部分在特殊功能寄存器中，凡是能被 8 整除的字节单元都可位寻址，表 1.5 中标有#的寄存器既可字节寻址，也可位寻址。实际上只用了 11 个字节，赋以地址在 80H～FFH 区间。有些位还有单独的名称，具体内容见表 1.4 所示。

尽管位地址和字节地址有重叠，读/写位地址空间时也采用 MOV 指令形式，但所有的位操作指令都是以进位标志 Cy 作为另一个操作数，指令中所指的操作数地址为位地址。也就是说位操作使用单独的指令系统，单片机的位操作功能很强。

表 1.5 特殊功能寄存器地址对照表

寄存器符号	寄存器中文名称	字节地址
# B	B 寄存器	F0H
# ACC	累加器	E0H
# PSW	程序状态字节	D0H
# IP	中断优先级控制寄存器	B8H
# P3	P3 口锁存器	B0H
# IE	中断允许控制寄存器	A8H
# P2	P2 口锁存器	A0H
SBUF	串行口数据缓冲器	99H
# SCON	串行口控制寄存器	98H
# P1	P1 口锁存器	90H
TH1	定时器/计数器 1（高字节）	8DH
TH0	定时器/计数器 0（高字节）	8CH
TL1	定时器/计数器 1（低字节）	8BH
TL0	定时器/计数器 0（低字节）	8AH
TMOD	定时器/计数器 方式控制寄存器	89H
# TCON	定时器/计数器 控制寄存器	88H
PCON	电源控制寄存器	87H
DPH	数据地址指针（高字节）	83H
DPL	数据地址指针（低字节）	82H
SP	堆栈地址指针	81H
# P0	P0 口锁存器	80H

注：标有#的寄存器既可字节寻址，也可位寻址。

1.5.5 时钟和 CPU 时序

CPU 的功能总的来说，就是以不同的方式，执行各种指令。不同的指令其功能各异，有的指令涉及 CPU 各寄存器之间的关系；有的指令涉及单片机核心电路内部各功能部件的关系；有的则与外部器件（如外部存储器）有关系。CPU 是通过复杂的时序电路来完成不同的指令功能的。事实上，控制器按照指令的功能发出一系列在时间上有一定次序的电脉冲信号，控制和启动一部分逻辑电路，完成某种操作。在什么时刻发出什么控制信号，去启动何种部件动作，这就是 CPU 的时序。CPU 芯片设计一旦完成，"时序"就固定了，因而时序问题是 CPU 的核心问题之一。时钟可看成是主频，时序可看成是完成一个操作各部分电路产生的脉冲对照图。

1．振荡器和时钟电路

MCS-51 片内有一个高增益反相放大器，其输入端（XTAL1）和输出端（XTAL2）用于外接石英晶体和微调电容，构成振荡器，如图 1.13 所示。电容 C2 和 C3 对频率有微调作用，电容容量的选择范围一般为 30pF±10pF。振荡频率的选择范围为 1.2～12MHz。当用 6MHz

晶体时，时钟周期为1/6μs。在使用外部时钟时，8051XTAL2用来输入外时钟信号，而XTAL1则接地。

2．CPU 时序

MCS-51 完成一个基本操作称为一个机器周期，其一个机器周期包含12个时钟周期，分为6个状态：S1～S6。每个状态又分为两拍：P1和P2。因此，一个机器周期中的12个时钟周期表示为S1P1，S1P2，…，S6P2。每个时钟单片机完成一拍操作，当用 6MHz 晶体时一个机器周期为 2μs。

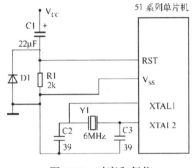

图 1.13　时序和复位

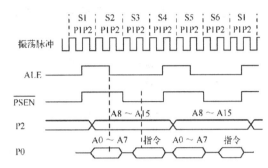

图 1.14　单片机程序存储器读时序

在 MCS-51 指令系统中，有单字节指令、双字节指令和三字节指令。每条指令的执行时间要占一个或几个机器周期。单字节指令和双字节指令都可能是单周期和双周期，而三字节指令都是双周期，只有乘除法指令占四周期。

每一条指令的执行都可以包括取指和执行两个阶段。在取指阶段，CPU 从程序存储器 ROM 中取出指令操作码及操作数，然后再执行这条指令的逻辑功能。对于绝大部分指令，在整个指令执行过程中，ALE 是周期性的信号。在每个机器周期中，ALE 信号出现两次：第一次在 S1P2 和 S2P1 期间，第二次在 S4P2 和 S5P1 期间。ALE 信号的有效宽度为一个 S 状态，每出现一次 ALE 信号，CPU 就进行一次取指操作。如图 1.14 所示，第一条虚线时 CPU 输出的低 8 位地址被锁存，第二条虚线期间 PSEN 有效后可能从 P0 口读入一个字节指令。图 1.14 中表示各引脚电平变化，P0 和 P2 双线条部分表示信号电平稳定在 0 或 1，实际上电平从一个状态到另一状态的变化有一个过渡时间，如图 1.15 所示的波形是某厂商给出的单片机程序存储器读时序图，各电平从变化到稳定有一个过渡时间差。

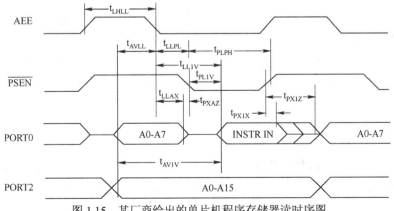

图 1.15　某厂商给出的单片机程序存储器读时序图

1.5.6 复位、掉电处理

1. 复位

为了保证 CPU 在需要时从已知的起点和状态开始工作，单片机安排了复位功能。8051 片内的复位电路如图 1.16 所示。复位引脚 RST/V_PP 通过片内斯密特触发器（滤除噪声）与片内复位电路相连。复位电路在每一个机器周期的 S5P2 去采样斯密特触发器的输出。欲使单片机可靠复位，要求 RST/V_PP 复位保持两个机器周期（24 个时钟周期）以上的高电平。复位后片内各寄存器的状态如下（X 为不确定）：

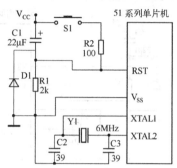

图 1.16　8051 片内的复位电路

PC	0000H	ACC	00H
B	00H	PSW	00H
SP	07H	DPTR	0000H
P0～P3	FFH	IP	XXX00000B
IE	0XX00000B	TMOD	00H
TCON	00H	TH0	00H
TL0	00H	TH1	00H
TL1	00H	SCON	00H
SBUF	不确定		
PCON	0XXXXXXXB（HMOS）		0XXX0000B（CHMOS）

复位不影响内部 RAM 中的数据。复位后，PC=0000 指向程序存储器 0000H 地址单元，使 CPU 从首地址 0000H 单元开始重新执行程序，所以单片机系统在运行出错或进入死循环时，可按复位健重新启动。

RST/V_PP 端的外部复位电路有两种工作方式：上电自动复位和按键手动复位，如图 1.13 和图 1.16 所示，上电复位是利用 RC 充电来实现的，利用 RC 微分电路产生正脉冲，参数选取应保证复位高电平持续时间大于两个机器周期（图 1.12 中参数适合 6MHz 晶振）。图 1.15 中开关 S1 为手动复位，按下 S1 时即合上开关，RST 得到高电平，松手后 CPU 完成复位，并从 0000H 开始执行程序。

2. 掉电处理

单片机系统在运行过程中，可设计一个掉电保护电路，当检测到即将发生电源故障时，立即通过 $\overline{INT0}$ 或 $\overline{INT1}$ 引脚来中断 CPU，把系统中有关的重要数据送到内部 RAM 中保存起来，并在 V_CC 降到 CPU 工作电源电压所允许的最低下限之前，保证备用电源有足够的时间（约 10ms）加到内部 RAM 上，等到电源正常后能完成复位操作，然后重新开始正常运行。

3. 低功耗方式

CHMOS 型单片机有两种低功耗方式：待机方式和掉电方式。在低功耗方式，备用电源由 V_CC 端输入。相关控制寄存器是电源控制寄存器 PCON，其各位如下：

PCON	D7	D6	D5	D4	D3	D2	D1	D0
（87H）	SMOD1	SMOD0	—	POF[2]	GF1	GF0	PD	IDL

SMOD：波特率倍增位，在串行口的工作方式 1、2、3 下，当 SMOD=1 时，波特率倍增。

D6～D4：保留位。

GF1 和 GF0：通用标志位，可由软件置位或清零，可用做用户标志。

PD：掉电方式位。当 PD=1 时进入掉电方式。

IDL：待机方式位。当 IDL=1 时进入待机方式。如果 PD 和 IDL 同时等于 1，则先进入掉电方式。复位时 PCON 中有定义的位都清零，即 00XX0000B。

在待机方式下，V_{CC}=5V，电流由 24mA 降为 3mA，提供给 CPU 的时钟被切断，但其全部状态（SP/PC/PSW/ACC/Rn 等）都被保留，时钟继续供给中断、串行口和定时器。可由中断终止待机方式。CPU 接着执行待机方式前未能完成的指令。

掉电方式：当用一条指令使位 PD=1 时单片机进入掉电方式，此时时钟停止工作，所有功能全部停止，只有片内 RAM 和特殊功能寄存器的内容不变。电源电压可以降到 2V，耗电电流仅 50μA，退出掉电方式的唯一方法是复位。

1.6 单片机应用系统应用操作

单片机是一种理论性强，重点在应用的技术，因此学习过程中的实践操作必不可少。如果在学校学习，本节课堂的任务就是熟悉单片机相关实训设备的操作使用，具体内容见学校的实训设备操作手册。如果说是自学，则应当自制或邮购实训设备，一般在线下载 USB 口的电路板不超过 200 元，配套资料也比较齐全，网购比较方便，例如，慧净电子，网址为 http://www.hjmcu.com/，还有郭天祥十天学会单片机等都值得使用。他们都能提供丰富的学习资料，具体操作参考对应设备。

本 章 小 结

1. 单片机的概念，单片机的系统：中央处理器 CPU，程序和数据存储器、输入和输出口等部分。

2. 51 系列单片机中 8051 的典型封装是 DIP40，其中输入/输出（I/O）口有 4 个 8 位口 P0/P1/P2/P3 共 32 条引脚，电源和时钟各 2 条，控制线 4 条 RST/ALE/$\overline{EA}$/$\overline{PSEN}$，单片机引脚多可定义第二功能，使用灵活。

3. 51 系列单片机从使用角度看最重要的是硬件和软件，软件主要是指程序，而程序的操作对象是存储器，8051 单片机片内有 4KB 程序存储器、片外有 64KB（60KB+4KB）程序存储器（内外共 64KB）、片外有 64KB 数据存储器、片内有 256 字节数据存储器，分为 128 字节（00H～7FH）数据存储器和 21 个专用寄存器，其中又规定了工作寄存器 R0～R7 和位地址空间，地址是 00H～FFH。在 CPU 中有特殊用途的存储器称为寄存器。

4. 单片机时序和复位，注意复位后各寄存器的值，掉电处理。实训任务是认识单片机芯片及常用配套外围电路及元器件。

习 题 1

一、填空题

1.1 8031 单片机芯片共有_____个引脚，MCS-51 系列单片机为_____位单片机。

1.2 MCS51 系列单片机有 4 个物理存储空间。它们是_____，_____，_____和_____。

1.3 单片机 8051 有 21 个专用寄存器，写出下列寄存器的中文名称：PSW 表示_____，DPTR 表示_____，TL0 表示_____，IP 表示_____，SBUF 表示_____。

1.4 单片机 8051 的内部硬件结构包括了：_____、_____、_____和_____以及并行 I/O 口、串行口、中断控制系统、时钟电路、位处理器等部件，这些部件通过_____相连接。

1.5 MCS-51 单片机的 P0~P3 口均是_____ I/O 口，其中的 P0 口和 P2 口除了可以进行数据的输入、输出外，通常还用来构建系统的_____和_____，在 P0~P3 口中，_____为真正的双向口，_____为准双向口，_____口具有第二引脚功能。

1.6 完成下列不同数制间的转换：10100101B =_____D；58D=_____B。

1.7 寄存器 PSW 中的 RS1 和 RS0 的作用是_____。

1.8 在只使用外部程序存储器时，单片机的_____管脚必须接地。

1.9 单片机复位后，堆栈指针 SP 和程序计数器 PC 的内容分别为_____和_____。

1.10 P1 口在作为输入口使用时，在读取数据之前，通常要先向 P1 口送数据_____。

1.11 8031 内部数据存储器的地址范围是_____，位地址空间的字节地址范围是_____，对应的位地址范围是_____，外部数据存储器的最大可扩展容量是 64K。

二、单选题

1.12 十进制数 126 对应的十六进制数可表示为（   ）。

    A. 8FH   B. 8EH   C. FEH   D. 7EH

1.13 二进制数 110010010 对应的十六进制数可表示为（   ）。

    A. 192H   B. C90H   C. 1A2H   D. CA0H

1.14 CPU 主要的组成部分为（   ）。

    A. 运算器、控制器   B. 加法器、寄存器

    C. 运算器、寄存器   D. 运算器、指令译码器

1.15 INTEL 8051CPU 是（   ）位的单片机。

    A. 16   B. 4   C. 8   D. 准 16

1.16 对于 INTEL 8031 来说，$\overline{EA}$ 脚总是（   ）。

    A. 接地   B. 接电源   C. 悬空   D. 不用

1.17 单片机应用程序一般存放在（   ）。

    A. RAM   B. ROM   C. 寄存器

1.18 单片机上电后或复位后，工作寄存器 R0 是在（   ）中。

    A. 0 区 00H 单元   B. 0 区 01H 单元

    C. 0 区 09H 单元   D. SFR

1.19 进位标志 CY 在（   ）中。

    A. 累加器   B. 算述逻辑运算部件 ALU &n bsp

C. 程序状态字寄存器 PSW   D. DPTR

1.20 8031 单片机中既可位寻址又可字节寻址的单元是（   ）。

    A. 20H   B. 30H   C. 00H   D. 70H

1.21 8031 片内可用做缓冲区的 RAM 共有（   ）字节。

    A. 128   B. 256   C. 4K   D. 64K

1.22 8051 单片机共有（   ）个中断源。

    A. 4   B. 5   C. 6   D. 7

1.23 判断是否溢出时用 PSW 的（   ）标志位，判断是否有进位时用 PSW 的（   ）标志位。

    A. CY   B. OV   C. P

    D. RS0   E. RS1

1.24 单片机复位后，SP、PC、I/O 口的内容分别为（   ）。

    A. SP = 07H，PC = 00H，P0 = P1 = P2 = P3 = FFH

    B. SP = 00H，PC = 0000H，P0 = P1 = P2 = P3 = 00H

    C. SP = 07H，PC = 0000H，P0 = P1 = P2 = P3 = FFH

    D. SP = 00H，PC = 00H，P0 = P1 = P2 = P3 = 00H

1.25 09H 位所在的单元地址是（   ）。

    A. 02H   B. 08H   C. 1H   D. 20H

三、简答题

1.26 何谓单片机？

1.27 单片机主要应用在哪些领域？你是否已有应用的目标？

1.28 MCS-51 系列单片机设有 40 个引脚，你能分类说出是什么引脚及其特点吗？

1.29 MCS-51 系列单片机通过什么信号来区别访问片内外程序存储器？

1.30 说明 MCS-51 单片机的存储器结构以及各部分的存储器容量。

1.31 简述 MCS-51 内部数据存储器的空间分配。访问外部数据存储器和程序存储器有什么本质区别？

1.32 MCS-51 系列单片机设置 4 组工作寄存器时，应如何选择工作寄存器组？

1.33 简述程序状态字 PSW 中各位的含义。

1.34 MCS-51 单片机有哪 21 个特殊功能寄存器？你能说出其名称吗？其中哪些寄存器可以位寻址？比较它们的字节地址。

1.35 简述 MCS-51 位地址的空间分配，内部 RAM 包含哪些位寻址单元？

1.36 简述 MCS-51 单片机的复位方法、掉电方式。

第 2 章　MCS-51 系列单片机指令系统

主要内容

1. MCS-51 系列单片机指令系统基础，汇编语言格式、常用符号，汇编语言对寄存器和标志位的影响，寻址方式等。

2. 为了读者以后能熟练掌握和使用指令编程，本章把 MCS-51 系列单片机的 111 条指令按功能分为五大类：数据传送、算术运算、逻辑运算、控制转移和布尔指令。对这些指令逐条分类讲解，并举例说明各条指令的使用方法。

一台单片机，如果只有硬件，没有任何软件是不能工作的。配上了各种软件，单片机才能发挥其运算和控制功能。单片机通过运行程序才能完成相应的任务，程序中最基础的部分是单片机的指令。在本章练习中给出了简单的程序，望大家由此学会用程序来指挥存储器、寄存器、安排 I/O 口，完成单片机的控制任务。

2.1　单片机指令系统基础

2.1.1　指令的概念

1．机器码指令与汇编语言指令

指令是指挥计算机工作的命令，也是计算机软件的基本单元。指令有以下两种表达形式：

（1）机器码指令。用二进制代码（或十六进制数）表示的指令称为机器码指令或目标代码指令。其实际上是送给 CPU 执行的程序编码。

（2）汇编语言指令。为了方便记忆，便于程序的编写和阅读，用英文助记符来表示每一条指令的功能。用助记符表示的指令不能被计算机硬件直接识别和执行，必须通过汇编把它变成机器码指令才能被机器执行。

例如，计算机执行操作：把数 3AH（H 表示十六进制标识符，标明 3A 是十六进制数）传送到累加器 A 中，实现这种操作的汇编语言指令形式为：

    MOV　A，#3AH　；A←#3AH

该汇编语言指令表示：把数 3AH 送 A 中，#3AH 的二进制码为 0011 1010B，B 为二进制标识符，其中"#"是数字 3AH 的标识符。这条指令的机器码为"743A"。

2．汇编语言指令格式

指令格式是指令的书面表达形式，汇编语言指令格式为：

    [标号：]操作码 [目的操作数，][源操作数][；注释]

每一部分构成汇编指令的一个字段，各字段之间用空格或规定的标点符号隔开，方括号内的字段有时可以省略。例如，

    LOOP：MOV   A，#3AH ；A←#3AH

各字段的意义如下：

标号——指令的符号地址。它通常代表一条指令的机器代码存储单元的地址，（如例中的LOOP）。一条语句之前是否要冠以标号，要根据程序的需要而定。当某条指令可能被调用或作为转移的目的地址时，通常要给该指令赋予标号。一旦给某条指令赋予了标号，该标号可作为其他指令的操作数使用。用字母和数字组成标号，其由编程人员自由给定。

操作码——表示指令进行何种操作，用助记符形式给出。助记符一般为英语单词的缩写（上例中的 MOV 意为传送）。操作码和操作数都按 Inter 的规定使用。

操作数——指令操作的对象。操作数分为目的操作数（上例累加器 A）和源操作数（上例中的 3AH）。目的操作数和源操作数的书写顺序不能颠倒。所有指令按英文习惯表达时先写目的操作数，即操作的结果在第一个操作数中，操作数可以是数字（地址、数据都用十六进制数表示），也可以是标号或寄存器的名称等，也有些指令不需要指明操作数。

注释——对指令功能的说明，便于程序的阅读和维护。它不参与计算机的操作（如上例中的；A←#3AH）。它也可用中文注释。符号"；"后面的内容为注释，它也可单独占据一行。

汇编指令各字段之间的标点符号应严格按照规定格式书写，软件中一般用半角符号。

机器码指令的格式分为两部分：操作码和操作数，都用十六进制数表示。

机器码指令按其指令的字节长度划分为以下三种：

（1）单字节指令。只有一个字节的操作码，实际上操作数隐含在其中。如机器码 04H 的指令是"INC A"。其功能为 A 的内容加一，A 为操作数。

（2）双字节指令。由一个字节的操作码和一个字节的操作数组成，如指令"ADD A，#22H"，其操作码为 24H，操作数为 22H，目的操作数隐含在操作码中。这条指令的机器码为 2422H，在程序存储器中占用两个字节。

（3）三个字节指令。其由一个字节操作码和两个字节操作数组成。如指令"MOV 3AH，4BH"，该指令执行时把 4BH 地址单元的内容送到 3AH 地址单元中去。其机器码为853A4BH，在程序存储器中占用三个字节。

3．指令系统

单片机中所有指令的集合称为指令系统。指令系统与计算机硬件逻辑电路有着密切关系，它是表征计算机性能的一个重要指标，不同微机的指令系统是不同的，同一系列不同型号的微处理器其指令系统基本相同。

MCS-51 系列单片机使用 44 种助记符，有 51 种基本操作，通过助记符及指令的源操作数和目的操作数的不同组合构成了 MCS-51 的共 111 条指令。

MCS-51 的指令系统按字节数分为：单字节指令 49 条；双字节指令 46 条；三字节指令16 条。按指令执行的周期划分：一周期指令有 57 条；二周期指令 52 条；四周期指令 2 条（乘法和除法）。当主频为 12MHz 时，完成一条单周期指令的执行时间为 1μs。

MCS-51 指令系统中有一个处理位变量的指令子集。这些指令在处理位变量时非常灵活、方便，使 MCS-51 更适合于工业控制。

2.1.2　51 单片机指令系统说明

1．常用符号

在 MCS-51 汇编语言指令系统中，规定了一些对指令格式描述的常用符号。现将这些符号的标记和含义说明如下：

Rn——选定当前工作寄存器区的寄存器，为 R0～R7 其中之一。

@Ri——通过寄存器 R0 和 R1 间接寻址的 RAM 单元。@为间接寻址前缀符号，i=0 或 1。

direct——直接地址，一个内部 RAM 单元地址（8 位二进制数）或一个特殊功能寄存器。

#data——8 位或 16 位常数，亦称立即数。#为立即数前缀标志符号。

Addr16——16 位目的地址，供 LCALL 和 LJMP 指令使用，用于标示目标程序所在地址。

Addr11——11 位目的地址，供 ACALL 和 AJMP 指令使用。

rel——8 位带符号偏移量（以二进制补码表示），常用于相对转移指令。

bit——位地址。1 位二进制数所在地址（用 8 位二进制数表示）。

/——位操作前缀，表示该位内容求反。

（x）——表示以 x 为地址单元中的内容。

（（x））——表示以 x 地址单元中的内容为地址的单元中的内容。

$——当前指令的地址。

←——数据传输方向，用于指向目的操作数。

2．指令对标志位的影响

MCS-51 指令系统中有些指令的执行结果要影响 PSW 中的标志位，现将影响标志位的指令示例如表 2.1 所示。

表 2.1　影响标志位的指令示例

指令助记符	标　志　位			指令助记符	标　志　位		
	C	OV	AC		C	OV	AC
ADD	√	√	√	CLR C	0		
ADDC	√	√	√	CPL C	√		
SUBB	√	√		ANL C, bit	√		
MUL	0	√		ANL C, /bit	√		
DIV	0	√		ORL C, bit	√		
DA	√		√	ORL C, /bit	√		
RR　C	√			MOV C, bit	√		
RL　C	√			CJNE	√		
SETB C	1						

注：√代表影响，其值可能是 0 或 1。

另外，对 PSW 或 PSW 的位进行的操作也会影响标志位。

2.1.3　51 单片机寻址方式

指令的一个重要组成部分是操作数，由它指定参与运算的数据、数据所在的存储器单元地址、寄存器、I/O 接口的地址。指令中所规定的寻找操作数的方式就是寻址方式。每一种计算机都具有多种寻址方式，寻址方式越多，计算机的功能就越强大，灵活性也越大。寻址方式的多少及寻址功能是反映指令系统优劣的主要因素之一。要掌握指令系统也可从寻址方式入手。

MCS-51 指令系统的寻址方式有 7 种：立即寻址（#data）、寄存器寻址（Rn）、寄存器间接寻址（@Ri、@DPTR）、直接寻址（direct）、变址寻址（A+@PC）、相对寻址（rel）和特定寄存器寻址（A）。有些书中把 A 当寄存器寻址，把位寻址单独作为一种寻址方式，不管怎么分类其目的也是为了便于学习、记忆、掌握这 111 条指令。

1．立即寻址（#data）

操作数包含在指令字节中，操作数直接出现在指令中，并存放在程序存储器中，这种寻址方式称为立即寻址。

立即寻址指令的操作数是一个 8 位或 16 位的二进制常数，它前面以"#"号标识，例如，ADD A，#56H，这条指令完成把数#56H 与累加器 A 的内容（设为 31H）相加，且结果（87H）存于累加器 A 中。这条指令的机器码为 2456H。

2．寄存器寻址（Rn）

由指令指出某一个寄存器中的内容作为操作数，这种寻址方式称为寄存器寻址。在这种寻址方式中，指令的操作码中包含了参加操作的工作寄存器 R0～R7 的代码（指令操作码字节的低 3 位指明所寻址的工作寄存器）。例如，

  ADD A，Rn

该指令中的 Rn，指令完成把 A 的内容加上 Rn 的内容，结果放在 A 中。当 n 为 0、1、2 时，操作码分别为 28、29、2A。

3．间接寻址（@Ri/@DPTR）

由指令指出某一个寄存器的内容作为操作数的地址。该地址中的内容参入操作。这种寻址方式称为寄存器间接寻址。访问外部 RAM 时，只可使用 R0，R1 或 DPTR 作为地址指针，寄存器间接寻址用符号"@"表示。例如，

  MOV A，@R0（机器码是 E6）

该指令是指：若 R0 内容为 66H（内部 RAM 地址单元 66H），而 66H 单元中内容是 27H，则指令的功能是将 27H 这个数送到累加器 A 中。

4．直接寻址（direct）

在指令中直接给出操作数所在存储单元的地址（一个 8 位二进制数，书写成 2 位十六进制数，如 36H），称为直接寻址。在指令表中直接地址用 direct 表示，直接寻址方式中操作数

所在存储器的空间有 3 种：

（1）内部数据存储器的 128 个字节单元（内部数据存储器地址 00H～7FH）。例如，

    MOV A，36H

该指令是将直接地址 36H 单元的内容送寄存器 A 中。

（2）位地址空间（有些书把这种寻址方式单独作为一种寻址方式）。例如，

    MOV C，57H

该指令是将位地址 57H 的内容送位累加器 C 中。

（3）特殊功能寄存器，特殊功能寄存器只能用直接寻址方式进行访问。例如，

    MOV P1，69H（或 MOV 90H，69H）

该指令是将直接地址 69H 的内容送 P1 口锁存器（机器码都为 859069），其中 P1 为特殊功能寄存器，在机器码中以直接地址 90H 出现。

5．基址加变址寻址（@A+PC/@A+DPTR）

以 16 位寄存器（DPTR 或 PC）作为基址寄存器，加上地址偏移量（累加器 A 中的 8 位无符号数）形成操作数的地址，该地址的内容参予操作。

基址加变址寻址方式有以下两类：

（1）以程序计数器的值为基址，例如，

    MOVC A，@A+PC；   ；（A）←（（A）+（PC））

该指令的功能是先使 PC 指向本指令下一条指令地址（本指令已完成操作），然后 PC 内容与累加器的内容相加，形成变址寻址的单元地址，该地址的内容（内容为单字节）送 A。如本指令下一条指令地址为 2100H，A 的内容为 35H，程序地址 2135H 单元的内容为 68H，则执行指令后 A 的内容为 68H。注意地址为 16 位，数据为 8 位。

（2）以数据指针 DPTR 为基址，以数据指针内容和累加器的内容相加形成地址。例如，

MOV DPTR #4200H	；给 DPTR 赋值
MOV A，#10H	；给 A 赋值
MOVC A，@A+DPTR	；变址寻址方式（A）←（（A）+（DPTR））

这三条指令的执行结果是将程序存储器 4210H 地址单元的内容送 A 中。

6．相对寻址（rel）

以程序计数器 PC 的当前值为基址，加上相对寻址指令的字节长度，再加上指令中给定的偏移量 rel 的值（rel 是一个 8 位带符号数，用二进制补码表示），形成相对寻址的地址。例如，

    JNZ rel   （如果 rel = 23H，则该指令的机器码为 7023）

当 A≠0 时，程序跳到这条指令后面，相距 23 个字节的程序地址运行下一条指令。

7．特定寄存器寻址

累加器 A 和数据指针 DPTR 这两个使用最频繁的寄存器又称为特定寄存器。对特定寄存

的操作指令，指令不再需要指出其地址字节，指令码本身隐含了操作对象 A 或 DPTR。例如，

INC	A	（指令码 04）	；累加器加 1，其中 A 的机器码被隐含
MOV	A，#12H	（指令码 7412）	；数 12 送累加器
INC	DPTR	（指令码 A3）	；数据指针 DPTR 的内容加 1

综上所述，寻址方式与存储器结构有着密切关系。一种寻址方式只适合于对一部分存储器进行操作，在使用时要加以注意。

2.2　数据传送类指令

MCS-51 单片机的指令系统按功能可分为五大类：数据传送类指令、算术运算类指令、逻辑运算类指令、控制转移类指令和布尔操作类指令。

数据传送类指令又分片内、片外数据传送；数据交换；堆栈操作 4 个部分，本节学习的目的是要求我们尽快记忆，掌握它们，并开始学习应用指令编程。因此下面详细介绍这些指令。

2.2.1　片内数据传送指令

1．内部 RAM 数据传送

如表 2.2 所示给出了在内部 RAM 中进行数据传送的基本操作及其在不同方式下的指令格式。下面按指令的功能，对指令的基本操作分别叙述。

一般数据传送指令。

指令：MOV　<dest>，<src>　；dest 表示目的操作数字节，src 为源操作数。

功能：字节变量传送。

说明：将第二个操作数（源操作数）指定的字节变量传送到由第一个操作数（目的操作数）（以后的指令多按英文的习惯把运行的结果存放在第一个操作数中，并把第一个操作数叫目的操作数）所指定的地址单元中，不改变源字节的内容，不影响 PSW 中的标志位。

此类指令参入的源操作数和目的操作数有#data/A/Rn/@Ri/direct 5 个，其不同组合，共有 16 条指令，详见表 2.2。一般数据传送类指令按操作数的这种组合形式分类。其主要目的是便于记忆，仅供读者学习时参考，读者也可使用其他方法进行分类。

表 2.2　数据传送类指令（共 29 条）

类　型	指　　令	机　器　码	字节数	执行周期	功　能　注　释
片内 RAM 数据 传送	MOV　A，#data	74data	2	12	把数 data 送 A 寄存器中
	MOV　A，Rn	E8～EF	1	12	把 Rn 的内容送 A 寄存器中
	MOV　A，@Ri	E6/E7	1	12	把@Ri 的内容作地址单元的内容送 A 寄存器
	MOV　A，direct	E5+direct	2	12	直接地址 direct 的内容送 A 寄存器中
	MOV　direct，#data	75+dir+ data	3	24	把数 data 送直接地址 direct 中
	MOV　direct，Rn	88～8F direct	2	24	把寄存器 Rn 的内容送直接地址 direct 中
	MOV　direct，@Ri	86/87 direct	2	24	@Ri 的内容作地址单元的内容送直接地址中
	MOV　direct，direct	85+dir+dir	3	24	直接地址的内容送另一直接地址中
	MOV　direct，A	F5 direct	2	12	A 的内容送直接地址 direct 中
	MOV　Rn，#data	78-7Fdata	2	12	把数 data 送寄存器 Rn 中

类 型	指 令	机 器 码	字节数	执行周期	功 能 注 释
	MOV Rn, direct	A8~AFdirect	2	24	直接地址的内容送寄存器 Rn 中
	MOV Rn, A	F8~FF	1	12	A 的内容送寄存器 Rn 中
	MOV @Ri, #data	76/77 data	2	12	把数 data 送寄存器@Ri 指定的地址单元中
	MOV @Ri, direct	A6/A7direct	2	24	直接地址的内容送寄存器@Ri 指定的地址中
	MOV @Ri, A	F6/F7	1	12	A 的内容送寄存器@Ri 指定的地址中
	MOV DPTR, #data16	90+data16	3	24	16 位数送地址指针 DPTR 中
片外 RAM	MOVX A, @Ri	E2/E3	1	24	@Ri 指定的片外地址单元的内容送 A 中
	MOVX A, @DPTR	E0	1	24	@DPTR 指定的片外地址单元的内容送 A 中
	MOVX @Ri, A	F2/F3	1	24	A 的内容送@Ri 指定的片外 RAM 地址单元中
	MOVX @DPTR, A	F0	1	24	A 的内容送@DPTR 指定的片外 RAM 地址单元中
ROM	MOVC A, @A+PC	83	1	24	@A+PC 相加后的 16 位地址单元的内容送 A
	MOVC A, @A+DPTR	93	1	24	@A+ DPTR 相加后的 16 位地址单元的内容送 A
数据 交换	XCH A, Rn	C8~CF	1	12	A 的内容和 Rn 的内容互换
	XCH A, @Ri	C6/C7	1	12	A 的内容和@Ri 指定的地址单元的内容互换
	XCH A, direct	C5 direct	2	24	A 的内容和 direct 的内容互换
	XCHD A, @Ri	D6/D7	1	12	A 的内容和@R 指定的地址的内容低 4 位互换
	SWAP A	C4	1	12	A 的高 4 位和 A 的低 4 位内容互换
堆栈	PUSH direct	C0 direct	2	24	把直接地址的内容压入堆栈中
	POP direct	D0 direct	2	24	堆栈中的内容弹出到直接地址单元中

① 以累加器 A 为目的操作数,有 4 种寻址方式的组合(源操作数是@Ri/Rn/direct/ #data)结果 8 位数送入 A 中。符号";"后面是对指令的说明。

```
MOV  A, #4DH        ;立即寻址,将数 4DH 传入 A 中
MOV  A, 3FH         ;直接寻址,3F 单元的内容传入 A 中, (A)←(3FH)
MOV  A, @R0         ;间接寻址,R0 的内容作地址单元的内容传入 A 中
MOV  A, R7          ;寄存器寻址,R7 的内容传入 A 中
```

② 以@Ri 或 Rn 为目的操作数,各有三种寻址方式的组合。源操作数是(A/#data/direct),注:两个 R 寄存器之间没有数据传送指令。

```
MOV  Rn, A          ;累加器,A 的内容送寄存器 Rn 中
MOV  Rn, #data      ;立即寻址,把数据 data 送寄存器 Rn 中
MOV  Rn, direct     ;直接寻址,地址 direct 的内容送寄存器 Rn 中
MOV  @Ri, A         ;A 的内容送到寄存器 Ri 的内容为地址的单元中
MOV  @Ri, #data     ;数据 data 送到寄存器 Ri 的内容为地址的单元中
MOV  @Ri, direct    ;地址 direct 的内容送到寄存器 Ri 的内容为地址的单元中
```

例如,指令:MOV @R0, 36H ;当 R0 的内容为 47H,地址 36H 的内容为 58H,则该指令把数 58H 送到地址 47H 单元中去。当指令是:MOV R0, 36H,则指令把数 58H 送 R0 中。

③ 在两个片内 RAM 单元或专用寄存器 SFR 之间传送数据。此类指令的目的操作数是直接地址(direct),源操作数有 A/#data/Rn/@Ri/direct,结果是 8 位数送入地址 direct 中。

```
MOV  direct, #4DH    ;立即寻址,数 4DH 送到地址 direct 中
MOV  direct, A       ;特殊寄存器寻址,A 的内容送到地址 direct 中
MOV  direct, @R0     ;间接寻址,R0 间址的内容送到地址 direct 中
MOV  direct, R7      ;寄存器寻址,R7 的内容送到地址 direct 中
```

MOV direct, direct ; 直接寻址，一地址单元内容送到另一地址单元中

【例 2.1】 内部数据传送指令练习。

MOV	3EH，#3FH	; 数 3FH 传送入 3EH 地址单元中
MOV	3DH，A	; A 的内容传送入 3DH 单元中
MOV	3BH，@R1	; R1 的内容作地址单元的内容到 3BH 单元中
MOV	3CH，R4	; 寄存器 R4 的内容传送入 3CH 单元中
MOV	39H，3AH	; 3AH 单元内容送到 39H 单元中
MOV	A，3FH	; 3FH 单元的内容送到 A 寄存器中
MOV	PSW，#08H	; 定义工作寄存器区 1，RS0=1、RS1=0，PSW 为直接地址
MOV	30H，#32H	; 立即数 32H 送到 30H 存储器地址单元中
MOV	R7，3FH	; 3FH 单元的内容送到指定的 R7 寄存器中
MOV	R0，#30H	; 立即数 30H 送到指定的 R0 寄存器中，下面 R0 的内容为 30H
MOV	40H，@R0	; R0 间接寻址的 30H 单元的内容送到直接地址 40H 单元中
MOV	@R0，#20H	; 立即数 20H 送到 30H 单元中，因 R0 的内容为 30H
MOV	@R0，20H	; 20H 单元内容送到地址 30H 单元中，R0 的内容为 30H

显然 MCS-51 的数据传送类指令比较丰富，但寻址方式只有 7 种，内部数据传送指令只用其中的 5 种寻址方式。助记符也不多，大家可经比较而掌握这些指令，下面给出一个片内数据存储器传送指令记忆图如图 2.1 所示，以方便大家学习和记忆这些指令。16 个箭头表示用 MOV 写出的片内数据传送有 16 条指令，方块内是寻址方式。

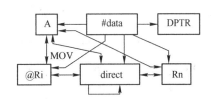

图 2.1 片内数据存储器传送指令记忆图

【例 2.2】 设内部 RAM30H 单元内容为 40H，40H 单元的值为 10H，P1 口作为输入口，其输入的数据为 0CAH，试判断下列程序连续执行的结果。

机器码	指　　　令	注　　释
7830H	MOV R0，#30H	; 数据 30H 送到 R0 中
E6H	MOV A，@R0	; 地址单元 30H 中的内容 40H 送到 A 中
F9H	MOV R1，A	; A 的内容 40H 送到寄存器 R1 中
87F0H	MOV B @R1	; 地址 40H 的内容 10H 送到 B 寄存器中
A790H	MOV @R1，P1	; P1 口的内容 0CAH 送到地址 40H 中
85A090H	MOV P2，P1	; P1 口锁存器内容 0CAH 送到 P2 中

执行结果：（R0）=30H，（A）=（R1）=40H，（B）=10H，（40H）=0CAH，（P2）=0CAH

④ 指令：MOV DPTR， #data16

功能：把 16 位常数装入数据指针，执行操作（DPTR）←data$_{16}$。

说明：注意这条三字节指令的编码形式。第一字节为操作码（90H），第二字节为数据高 8 位将存放入 DPH，第三字节为数据低 8 位存放入 DPL。以后这个 16 位数将作为数据地址使用。

2．栈操作指令

① 指令：PUSH direct

功能：把程序的中间数据送入堆栈，称为进栈，其为直接寻址。

说明：首先栈指针自动加 1，执行（SP）←（SP）+1，将栈指针移向堆栈中无数据的地址单元，然后将直接地址（direct）单元的内容送入 SP 所指定的堆栈单元中，执行（SP）←（direct），不影响标志位。

【例 2.3】 设堆栈指针 SP 的内容为 09H，数据指针 DPTR 的内容为 0123H，试分析下列指令的执行结果。

        PUSH DPL
        PUSH DPH

执行第一条指令：（SP）+1=0AH→（SP）；（DPL）=23H→（0AH）把 23H 压入堆栈 0AH 中；
执行第二条指令：（SP）+1=0BH→（SP）；（DPH）=01H→（0BH）把 01H 压入堆栈 0BH 中；
执行结果为：（0AH）=23H，（0BH）=01H，（SP）=0BH 堆栈指针 SP 的内容为 0BH。

② 指令：POP direct

功能：把堆栈 SP 中的中间数据送入目的字节，称为出栈。和 PUSH 对应，出栈指令为：POP direct。

说明：读出由栈指针 SP 寻址的内部 RAM 单元内容。送到指定的直接寻址的字节单元，然后栈指针自动减 1，即执行操作：

        （direct）←（（SP）），（SP）←（SP）–1 ；指令执行不影响标志位

【例 2.4】 设（SP）=32H，单片机内部 RAM 的 31H，32H 单元中的内容分别为 23H，01H，试分析下列指令的执行结果。

        POP DPH ；（（SP））=（32H）=01H→（DPH）/（SP）–1=31H→（SP）
        POP DPL ；（（SP））=（31H）=23H→（DPL）/（SP）–1=30H→（SP）

执行结果为（DPTR）=0123H，（SP）=30H。

在执行栈操作时，应注意它们的操作对象。PUSH 和 POP 指令的执行过程中实际隐含着一个数据堆栈。PUSH 指令把堆栈作为目的地址，而 POP 指令则把堆栈作为源地址。进栈和出栈都是对堆栈而言的。SP 的内容是堆栈的地址。

3. 数据交换指令

① 指令：   XCH A, <byte>   ；byte 表示一个操作数字节

功能：交换累加器与字节变量中的数据。源操作数有 Rn/direct/@Ri。

说明：XCH 指令把指定字节的内容装入累加器 A 中，同时把累加器中原来的内容写入指定的字节中。源操作数有 Rn/direct/@Ri，目的操作数是 A，共有三条指令。

        XCH A, Rn   ； XCH A, R6 ，A 的内容和 R6 的内容交换
        XCH A, @Ri   ； XCH A, @R1 ，A 的内容和 R1 的内容为地址单元的内容交换
        XCH A, direct   ； XCH A, 37H ，A 的内容和 37H 单元的内容交换

【例 2.5】 设 R0 寄存器内容为 20H，累加器 A 的内容为 3FH，内部 RAM 的 20H 单元内容为 75H，若执行指令：

        XCH A,   @R0

则结果为：（20H）=3FH，（A）=75H。

② 指令：XCHD　A，@Ri

功能：低半字节数据交换，执行操作（A_{3-0}）←→（（Ri）$_{3-0}$）

说明：累加器 A 中的低 4 位与由寄存器@Ri 间接寻址的内部 RAM 单元的低 4 位数据进行交换。该指令不影响各寄存器的高 4 位，也不影响标志位。

【例 2.6】 设 R0 内容为 20H，累加器内容为 36H，内部 RAM 的 20H 单元内容为 75H，若执行以下指令：

    XCHD　A，@R0

其结果为：（20H）=01110110B=76H

           （A）=00110101B=35H

③ 指令：SWAP　A

功能：累加器高 4 位内容与低 4 位内容交换。

说明：把累加器 A 的高半字节（D7～D4）和低半字节（D3～D0）内容互换，可看做连续 4 位循环移位指令，不影响标志位。

SWAP A 指令主要用于有关 BCD 码数的转换操作中。A 的高 4 位和其低 4 位交换。例外如：当 A 的内容为 36H 时，执行指令 SWAP　A 后 A 的内容为 63H。

2.2.2　片外数据传送指令

1. 外部 RAM 数据传送

MCS-51 单片机专用于访问外部数据存储器的指令只有 4 条，它们属于同一种基本操作，可参见表 2.2。

    MOVX　A，@Ri　　　　；@Ri 内容为低 8 位地址的外部 RAM 单元把一个字节的数据传送到 A 中
    MOVX　@Ri，A　　　　；A 的内容送到@Ri 的内容为低 8 位地址的外部 RAM 单元中
    MOVX　A，@DPTR　　；DPTR 的内容为 16 位地址的外部 RAM 单元把一个字节的数据传送到 A 中
    MOVX　@DPTR，A　　；A 的内容送 DPTR 的内容为 16 位地址的外部 RAM 单元中

单片机与外部数据存储器之间的数据传送采用两种寻址方式，这两种寻址形式都是间接寻址。一种是单字节寻址@Ri，Ri 的内容为数据的低 8 位地址，另一种是双字节寻址@DPTR，DPTR 的内容为数据的 16 位地址，并且另一个操作数是 A，共有 4 条指令。

（1）选择单字节寻址，以当前寄存器区的 R0 或 R1 的内容作低 8 位地址，地址与数据分时从 P0 口输出，高 8 位地址由 P2 口默认给出，这种地址形式最多可访问 256 个外部 RAM 存储器单元。实际上也是 16 位地址在起作用。如果与存储器扩展电路相配合，用 P2 口输出高位地址。那么，使用单字节 MOVX 指令，也能在 64KB 地址范围内访问外部 RAM。

【例 2.7】设工作寄存器 R0 的内容为 21H，R1 的内容为 43H，（P2）=40H，外部 RAM4043H 单元内容为 65H，执行下列指令：

    MOVX　A，@R1　　　　；数 65H 送到 A 中（以 R1 寄存器间接寻址的 4043H 单元内容 65H 送到 A 中）
    MOVX　@R0，A　　　　；（21H）←数 65H，数 65H 送到外部 RAM 的 4021H 单元中

结果为把 65H 送入累加器 A 和外部 RAM 的 4021H 单元中。

（2）选择双字节地址。由数据指针产生外部 RAM 的 16 位地址，如前所述，P2 口输出高 8 位地址（DPH 内容），P0 口分时输出低 8 位地址（DPL 内容）和 8 位数据。这种地址形式可以访问 64KB 外部 RAM 存储器空间。

这两种地址形式可以混合使用，即通过@Ri 地址形式选择一个小的 RAM 阵列（256 字节）而通过@DPTR 地址选择较大的 RAM 空间，从而实现在外部 RAM 之间的数据传送。

【例 2.8】 某单片机系统配有 2KB 的外部 RAM，试设计一程序把第 250（0FAH）单元内容传送到 04FFH 单元。

```
MOV    P2, #00H          ; 确定地址 00FAH 高 8 位
MOV    R0, #0FAH         ; 置地址指针，当数据高位是字母时前面加 0 标识
MOVX   A, @R0            ; 读片外数据存储器地址 0FAH 单元内容到 A
MOV    DPTR, #04FFH      ; 置数据指针
MOVX   @DPTR, A          ; 将累计器中内容写入片外数据存储器 04FFH 地址单元中
```

在进行外部 RAM 的数据传送时，单片机将向外部发出读（RD）或写（WR）控制信号。

2．查表指令

8051 对程序存储器的访问，包括两类操作：一是从 PC 指向程序的某一地址处开始执行，转移指令及其他与 PC 有关的指令，专用于完成这一功能；二是读程序中的表格数据或常数，专用于这一操作的指令有两条，称为查表指令。

```
指令：  MOVC  A, @A+PC
        MOVC  A, @A+DPTR
```

功能：采用变址寻址的字节代码传送，执行读程序存储器操作。

说明：MOVC 指令的功能是把程序存储器中的单字节代码或常数装入累加器。助记符 MOVC 的含义为从程序存储器取常数。其寄存器可以是数据指针或当前程序计数器。程序存储器一般用只读存储器 ROM，所以这里只能读不能写。MOVC 指令主要用于访问程序存储器中的表格数据或常数，采用 DPTR 数据指针作为基址寄存器，可以访问多至 256 项（0～255）的表格，表格可以设置在 64KB 程序存储器的任何位置。在进行查表操作时，使 DPTR 指向表格的首址，表格的序号装入累加器，执行指令后就能把表格中的常数装入累加器 A 中。

以 PC 为基址寄存器的 MOVC 指令，其查表方法略为不同。表格位置设置有一定限制，只能设在查表指令操作码下的 256 个字节范围之内。如 A 的内容为 36H，DPTR 的内容为 3000H，程序存储器地址 3036 的内容为 58H，执行 MOVC A，@A+DPTR 后 A 的内容为 58H。

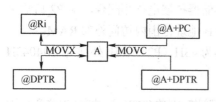

图 2.2　片外数据存储器和程序存储器
与片内数据传送

单片机和外部数据存储器、程序存储器数据传送指令共有 4+2 条，指令中有一个操作数是 A，分别用不同的助记符（MOVX/MOVC），如图 2.2 所示。

2.3 算术运算类指令

MCS-51 单片机算术运算指令包括：加法指令（ADD）、带进位加法（ADDC）和带借位减法指令（SUBB）、加 1 指令（INC）、减 1 指令（DEC）、十进制调整指令（DA）、乘法指令（MUL）和除法（DIV）指令，共 24 条，加减法指令中有两个操作数时目的操作数是 A，源操作数是@Ri/Rn/direct/#data 之一，其中 DPTR 有一条加 1 指令，参入乘法和除法的操作数只能是 A 和 B，如表 2.3 所示。

表 2.3　算术运算类指令

类　　别	指　　　令	机 器 码	字节数	执行周期	PSW 位	功 能 注 释
加法	ADD　A，Rn	28～2F	1	12	Cy OV AC	A←A+Rn
	ADD　A，@Ri	26/27	1	12	Cy OV AC	A←A+@Ri
	ADD　A，direct	25 direct	2	12	Cy OV AC	A←A+direct
	ADD　A，#data	24 data	2	12	Cy OV AC	A←A+ data
带进位加	ADDC　A，Rn	38～3F	1	12	Cy OV AC	
	ADDC　A，@Ri	36/37	1	12	Cy OV AC	A←A+C+Rn
	ADDC　A，direct	35 direct	2	12	Cy OV AC	带进位 C 加法
	ADDC　A，#data	34 data	2	12	Cy OV AC	
带借位减	SUBB　A，Rn	98～9F	1	12	Cy OV AC	
	SUBB　A，@Ri	96/97	1	12	Cy OV AC	A←A–C–Rn
	SUBB　A，direct	95 direct	2	12	Cy OV AC	带借位 C 减法
	SUBB　A，#data	94 data	2	12	Cy OV AC	
加 1	INC　A	04	1	12		
	INC　Rn	08～0F	1	12		A←A+1
	INC　@Ri	06/07	1	12		
	INC　direct	05 direct	2	12		操作数内容加 1
	INC　DPTR	A3	1	24		
减 1	DEC　A	14	1	12		
	DEC　Rn	18～1F	1	12		
	DEC　@Ri	16/17	1	12		操作数内容减 1
	DEC　direct	15 direct	2	12		
	MUL　AB	A4	1	48	OV	BA←A×B
	DIV　AB	84	1	48	OV	A←A/B 余数送 B
	DA　A	DA	1	12	Cy　　AC	十进制调整

2.3.1 加法指令

1．加法 ADD

说明：ADD 指令把源字节变量与累加器 A 的内容相加，结果存放在累加器 A 中，通常 8 位数据可用 $D_7D_6D_5D_4D_3D_2D_1D_0$ 表示。如果位 7（最高位 D7）或位 3（第 4 位 D3）向高位有进位，则分别将 PSW 的进位 Cy 和半进位 AC 标志位置 1；否则清 0。此外，ADD 指令还将影响标志位 OV 和 P。ADD 指令有 4 种源操作数寻址方式：寄存器、直接、寄存器间址和立即数。当有两个操作数时，其中有一个是 A，并且一定是目的操作数，见表 2.3。

无符号整数相加时，若 C 位为 1，说明和数有溢出（大于 255），在默认条件下，本单片机只能进行十六进制数运算，但由于日常需要进行十进制数或负数运算（以后叫带符号数），则可根据标志位的变化通过软件换算出结果，常把一个 8 位带符号数的最高位看成符号位，这样它只有 7 位有效数字，两个带符号数相加是否产生溢出，取决于和数位 D6 和位 D7 的进位情况。

【例 2.9】 设 A 的内容为十六进制数 98H，R0 的内容为十六进制数 56H，地址单元 56H 的内容为十六进制数 0B9H，不考虑上下指令的关系。

```
ADD   A, R0      ; 98H+56H=0 EEH，结果 A 的内容为 0EEH，进位 Cy 和 AC 都为 0
ADD   A, @R0     ; 98H+0B9H=1 51H，结果 A 的内容为 51H，进位 Cy 和 AC 都为 1
ADD   A, 56H     ; 98H+0B9H=1 51H，结果 A 的内容为 51H，进位 Cy 和 AC 都为 1
ADD   A, #5CH    ; 98H+5CH=0 F4H，结果 A 的内容为 0F4H，进位 Cy 为 0，AC 为 1
```

2. 带进位加法 ADDC

说明：ADDC 把指令中的源字节变量、低位来的进位 C 与累加器 A 的内容相加，结果存于累加器 A 中。该指令对标志位的影响，进位和溢出情况与 ADD 指令完全相同。

ADDC 指令有 4 种操作数寻址方式，相应的 4 条指令如表 2.3 所示。多字节数相加必须使用该指令，以保证低位字节的进位加到高位字节中。

【例 2.10】 设（A）=0C3H，（R0）=0AAH，当（C）=1 时，执行指令；ADDC   A, R0

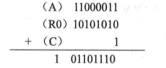

```
  (A)   11000011      ; 看成带符号数为-3DH（100H-0C3H），此为补码运算
  (R0) 10101010      ; 看成带符号数为-56H（-56H =00H-56H =0AAH）
+ (C)         1      ; 低位送来的进位为 1 或 C 的内容为 1
  1   01101110      ; 规定带符号数的最高位不是数 1，而是符号"负"
```

结果为：（C）=1，（OV）=1，（A）=6EH 或看成带符号数运算-3DH+（-56H）+1=-92H

本例操作结果的值，以及本单片机的其他算术运算，本来都是十六进制无符号数运算。但可根据操作数是无符号数还是带符号数，运算时的进位和溢出等情况进行判别，从而通过软件来进行带符号数运算，这里若操作数为无符号数，则结果为 366（十六进制数为 16EH），若是带符号数参入运算，因最高位为符号位，则结果为-146（-92H，补码是 16EH）。因已超出了 8 位带符号数表示范围（-128～127）。（10 0000 0000-0 1001 0010 = 1 0110 1110）或（200H-92H=16EH）结果是 9 位带符号数。注意：由负数的补码参入运算，结果也是补码，负数补码的最高位是 1，可看成符号位。

【例 2.11】 当把单片机中的数看成是带符号数时，最高位可看成符号位，因而只有 7 位有效数字。单片机本来进行的是十六进制无符号数运算，但可根据标志位的变化处理成带符号数运算。设累加器中有无符号数 40H（64），执行指令：ADD A, #7FH，结果和数为 191，大于 127，产生溢出。

    0100 0000+0111 1111=0 1011 1111

从结果中可以看出，如果 8 位数据用 $D_7D_6D_5D_4D_3D_2D_1D_0$ 表示，在对有符号数作加减运算时，用 C6 表示 D6 位向 D7 位的进位或借位，用 C7 表示 D7 位向更高位的进位或借位，则 OV 标志可由下式求得：OV=C6 ⊕ C7。位 D6 向 D7 的进位为 1，位 D7 向 Cy 的进位为 0，异或结果：OV=1。如果例 2.11 中参加运算的两个数换成带符号负数 –120 和 –100（补码分别为 10001000 和 10011100），执行加法运算，A 的结果为 24H 也会产生溢出。

由此可见，带符号整数相加时，OV 位等于 1 表示两个正数相加变成负数（D7=1）或两个负数相加变成正数（D7=0）。OV=1 表示加减运算的结果超出了目的寄存器 A 所能表示的带符号数的范围（–128～+127）。

至于在执行加法指令时，何时为带符号数，何时为无符号数，怎样判别处理呢？机器在运算时，总是把操作数据按位（包括符号位）直接相加，结果影响标志位，不做任何其他处理。所以编程者要根据参加运算的数据性质的约定，对有关标志位进行判断。如果程序中参与运算的都是无符号数，只需检查 C 的状态；如果参与运算的是带符号数，则须检查 OV 的状态，从而使单片机能完成带符号数运算。

3．加 1 指令 INC <byte>

说明：把指令中的字节变量加 1，结果仍存放在原字节中。若原字节变量为 0FFH，加 1 后将溢出为 00H。该指令不影响任何标志。

INC 指令有 4 种寻址方式。A 寻址、寄存器、直接和寄存器间址，共有 4 条指令。

```
INC   A              ；A 的内容加 1
INC   R1             ；R1 的内容加 1
INC   @R1            ；R1 的内容为地址单元的内容加 1
INC   32H            ；内部 RAM32H 地址单元的内容加 1
```

【例 2.12】 设（R0）=7EH，（7EH）=0FFH （7FH）=40H，执行下列指令：

```
INC   @R0            ；0FFH+1=00H→（7EH）
INC   R0             ；7EH+1=7FH→（R0）
INC   @R0            ；40H+1=41H→（7FH）
```

结果为：（R0）=7FH，（7EH）=00H，（7FH）=41H

另外，对于指令"INC direct"，当指令中的 direct 为端口地址 P0～P1 时，其功能是修改端口的内容，其操作过程是先读入端口的内容，然后在 CPU 中加 1，再输出到端口。注意：读入端口的值取自端口锁存器，而不是引脚。

4．指令 INC DPTR

功能：把 16 位数据指针内容加 1。执行 16 位无符号数加法，即先对数据指针的低 8 位 DPL 内容加 1，当有溢出时，再把 DPH 内容加 1，不影响任何标志。这是唯一的 16 位寄存器加 1 指令。

【例 2.13】 双字节加法，设在内部存储器 31H、30H 和 34H、33H 中分别存有一个 16 位数，其中低位在 30H 和 33H 中，设计一段程序把这两个数加起来，结果放在 37H、36H、35H 中。

分析：51 系列单片机只能处理 8 位数加法，编程序时应把多位数加法分成几个 8 位来解决。见下面竖式计算，注意这里都是十六进制数，并且加法的目的操作数是 A。

计算如下：　　　单元地址　　　对应数据例一　　　数据例二

31H、30H　　　　　98 8CH　　　　　24 36H

＋　　34H、33H　　　　＋ A5 B7H　　或　　＋　68 9DH

37H、36H、35H　　　01 3E 43H　　　　00 8C D3H

如果 31H、30H 单元内容分别是 9BH 和 87H，34H 和 33H 的内容为 89H 和 78H，即多字节数 9B87H 和数 8978H 相加，结果 01255FH，分为 01H，25H，5FH 分别存入 37H，36H，35H。

程序如下：

程序地址	机器码	汇编程序		注释
4000H	C3	CLR	C	；清进位，此处可省掉这条指令
4001H	E530	MOV	A，30H	；加低 8 位
4003H	2533	ADD	A，33H	
4005H	F535	MOV	35H，A	
4007H	E531	MOV	A，31H	；加高 8 位
4009H	3534	ADDC	A，34H	
400BH	F536	MOV	36H，A	
400DH	7400	MOV	A，#00H	；加进位
400FH	3400	ADDC	A，#00H	
4011H	F537	MOV	37H，A	

程序也可用其他指令编写如下：

CLR	C	；低 8 位不必加进位，此处可省掉这条指令
MOV	R0，#30H	；加数低 8 位
MOV	R1，#33H	
MOV	A，@R0	
ADD	A，@R1	；低 8 位相加
MOV	35H，A	
INC	R0	；加高 8 位
INC	R1	
MOV	A，@R0	
ADDC	A，@R1	；高 8 位相加，并加低位来的进位
MOV	36H，A	
MOV	A，#00H	；加进位
ADDC	A，#00H	
MOV	37H，A	；高 8 位的进位送 37H 单元

2.3.2　十进制调整指令

功能：对累加器 A 中的 BCD 码加法运算后的结果进行二–十进行调整。

说明：单片机运算指令是按十六进制加法设计，即 8 位二进制数运算之后，其结果（累加器 A 中的 8 位二进制数）可看成是 2 位十六进制数，而我们日常用的是十进制数，当把两个十进制数送单片机进行十六进制运算，该指令是把十六进制运算的结果化为十进制数，如运算 06H+07H=0DH 调整为十进制数为 13。也就是说两个十进制数的和应在 0～9 之间时，单片机中结果确是在 0～F 之间，"DA A"指令正是在这一前提下出现的。

"DA A"指令能够根据加法运算后累加器中的值和 PSW 中的 AC 和 Cy 标志位的状态，

自动选择一个修正值（00H，06H，60H，66H中的一个）和原运算结果相加，从而在任何情况下，都能获得正确的结果。这个过程称为二–十进制调整。"DAA"指令在执行过程中自动选择修正值的规则是：

若（$A_{3\sim0}$）>9 或（Ac）=1，则执行（$A_{3\sim0}$）+6→（$A_{3\sim0}$）

若（$A_{7\sim4}$）>9 或（C）=1，则执行（$A_{7\sim4}$）+6→（$A_{7\sim4}$）

【例2.14】 设累加器A的内容为56H，它表示十进制数56的压缩的BCD码数，寄存器R3的内容为67H，表示十进制数67的压缩的BCD码数，进位标志为1，注：运算前参入运算的是十进制数56和67，采用十六进制运算，执行下列指令：

```
ADDC    A，R3        ；56H+67H=0BEH，十六进制运算
DA      A           ；0BEH+66H=124H，其中A的内容为24，进位为1
```

可以看出，执行ADDC指令后，累加器中的和数为BEH，它不是所要获得的和数24（BCD）形式，故须再执行"DAA"指令，自动地将累加器的结果再加上66H，这样就得到了十进制数124的BCD码，取两位为24。应该注意：

（1）DA指令只能与加法指令配对出现，它不能简单地把累加器中的十六进制数变换为BCD码数。

（2）在调整前参与运算的是十进制数。

（3）不能用DA指令对十进制减法运算结果进行调整，但可利用DA指令，实现对累加器中压缩的BCD码做减1操作，即十进制减1操作。

【例2.15】 设累加器A中有十进制数30H（即30），因为单片机中只有十六进制加法，所以把十进制数30看成十六进制数30H参入运算，执行下列指令：

```
ADD    A #99H
DA     A
```

执行情况如下：

```
  00110000    30  BCD码       ；BCD（十进制数）
+ 10011001    99  BCD码       ；99也为十进制数
  11001001                    ；使用十六进制加法
+ 01100000    60H 调整值      ；修正值为60H
 100101001    129 BCD码       ；得到十进制数29在A中，进位1在C中
```

结果为（A）=29H，进位"1"丢失，相当于进行"30–1=29，从而实现了对累加器中的BCD码数减1操作。

2.3.3 减法指令

1. 带借位减指令 SUBB A, <byte>

功能：带借位减法，A=A–<byte>–C

说明：从累加器中减去指定的字节变量及进位标志（即减法的借位）的值，结果存放在累加器中。够减时，C复位，值为0；不够减时，需要借位，C位置1。当位3（D3、第4位）产生借位时，AC置位，否则复位。当位6（D6）及位7（D7）只有一个产生借位时OV标

志置位，否则复位。在带符号整数作减法时，当 OV 置位则说明，一个正数减去一个负数差为正数，即产生溢出。注：该运算本来是无符号数十六进制减法，但可根据标志位变化情况进行简单的带符号数运算，需要时通过单独编程处理。

SUBB 指令目的操作数是 A，源操作数有 4 种寻址方式：#data/Rn/@Ri/direct，4 条指令可参见表 2.3。

应该注意，MCS-51 的减法指令，只有带借位（即减法的借位）减法这一种形式，没有不带借位减的，这与某些微处理器的减法指令有所不同，它们具有两种形式（不带借位与带借位）的减法指令。因此，在使用减法指令前，若不知道 C 值，应先将 C 清 0。

【例 2.16】 设（A）=0C9H，（R2）=54H，（C）=1，执行指令：

  SUBB A，R2   ；0C9H-54H-1=74H

结果为：（A）=74H，（C）=0，（OV）=1。

可以看出，C 标志位是把两个操作数当成无符号运算时产生；OV 标志则是把两个操作数当成带符号运算时产生的，OV 值为 1，说明带符号数运算时产生了溢出，本例中 OV 位为 1，说明一个负数减去一个正数得到一个正数。因第 8 位是符号位，OV 标志位重点反映第 7 位向第 8 位借位情况。

2. 减 1 指令　DEC <byte>

功能：指定字节内容减 1，<byte> ← <byte> –1

说明：将指定字节 A，Rn，direcrt，@Ri 的内容减 1，结果存放在原指定字节中，若原字节内容为 00H，减 1 后将变为 0FFH。该指令不影响任何标志。

当用 DEC 指令修改端口 P0～P1 内容时，操作情况与 INC 指令相同。根据寻址方式的不同，DEC 指令共有 4 条，参见表 2.3。

【例 2.17】 设（R0）=7FH，在内部 RAM 中：（7EH）=00H，（7FH）=40H，执行下列指令：

  DEC @R0 ；（7FH）–1=40H–1=3FH→（7FH）
  DEC R0   ；（R0）–1=7FH–1=7EH→（R0）
  DEC @R0 ；（7EH）–1=00H–1=0FFH→（7EH）
  DEC 7EH ；（7EH）–1=0FFH–1=0FEH→（7EH）

结果为：（R0）=7EH，（7EH）=0FEH，（7FH）=3FH，当最高位数据为字母时，前面加 0 作数据标识符，实际这三个数还是指 8 位二进制数。

2.3.4　乘法和除法指令

1. 乘法指令　MUL AB

功能：8 位二进制数乘法。

说明：MUL 指令把累加器 A 和寄存器 B 中的 8 位无符号数相乘，16 位乘积的低 8 位放在累加器 A 中，高 8 位放在寄存器 B 中。进位标志总是为 0。如乘积大于 256（0FFH），寄存器 B 中的高 8 位不是"0"，则 OV 标志置 1。

乘法指令是 MCS-51 指令系统中执行时间最长的两条指令之一（另一条为除法指令），需要 4 个机器周期。

【例 2.18】 设（A）=50H（80，为十进制数），（B）=0A0H（160），执行如下指令：

    MUL　AB

结果为：（A）×（B）=3200H（十进制数为 12800），（B）=32H，（A）=00H，（OV）=1，（C）=0，B 中存放结果的高 8 位，A 中存放结果的低 8 位。

2. 除法指令　DIV AB

功能：8 位二进制数除法。

说明：DIV 指令把累加器中的 8 位无符号数除以寄存器 B 中的 8 位无符号数，商的整数部分存放在累加器 A 中，余数部分存在寄存器 B 中，C 和 OV 标志均为 0。

有一例外情况，即如果除数（B）原来为 00H，则操作结果（累加器 A 和寄存器 B 的值）不定，且 OV 标志置位，C 仍为 0。

【例 2.19】 设（A）=0FBH（251），（B）=12H（18），执行指令：

    DIV　AB

结果为：（A）=0DH（商为十进制数 13），（B）=11H（余数为 17），（OV）=0，（C）=0

算术运算指令可通过表 2.4 所示的方法简化记忆。后面讲其他指令时自己可寻找适当的方法规律和记忆。

表 2.4　算术运算指令记忆表

指令或助记符	目的操作数	源 操 作 数	注　　释
ADD/ADDC/SUBB	A	Rn/@Ri/#data/diret	两个操作数相加减
INC/DEC		Rn/@Ri/A/direct	单操作数加 1、减 1
INC DPTR DA A MUL　AB DIV　AB			DPTR 加 1 十进制调整 乘法 A 低/B 高 除法 A 商/B 余

2.4　逻辑运算及移位指令

MCS-51 的逻辑运算指令分为四大类：对累加器 A 的逻辑操作，对字节变量的逻辑与（ANL）、逻辑或（ORL）、异或（XRL）操作，详情如表 2.5 所示。

2.4.1　累加器的逻辑操作指令

直接对累加器进行清 0（助记符 CLR），求反（助记符 CPL），循环和移位操作（RL/RLC/RR/RRC），都是单字节指令。

1. 清 0 指令：CLR　A

功能：累加器 A 内容清为 0（每一位都置位 0），不影响标志位。

【例2.20】 设（A）=31H，执行指令：CLR A
结果为：（A）=00H

2．取反指令：CPL A

功能：累加器内容每一位取反，即原来是1变为0，原来是0变为1，不影响标志位。

【例2.21】 设（A）=5CH（0101 1100B），执行指令：CPL A
结果为：（A）=0A3H（1010 0011B）

3．左循环移位指令： RL A

指令：RLC A
功能：RL指令使累加器中的内容逐位向左循环移动1位，D_7循环移入D_0的位置，不影响标志位。

RLC指令使累加器的8位连同进位标志一起向左循环移1位，D_7移入进位标志C，进位标志C的原状态移入D_0位置，不影响其他标志。

表2.5 逻辑运算指令

类别	指令	机器码	字节数	执行周期	功能注释
与	ANL A，Rn	58～5F	1	12	A←A∧Rn
	ANL A，@Ri	56/57	1	12	A←A∧(Ri)
	ANL A，direct	55direct	2	12	A←A∧(direct)
	ANL A，#data	54data	2	12	A←A∧data
	ANL direct，A	52direct	2	12	(direct)←(direct)∧A
	ANL direct，#data	53+	3	24	(direct)←(direct)∧data
或	ORL A，Rn	48～4F	1	12	A←A∨Rn
	ORL A，@Ri	46/47	1	12	A←A∨(Ri)
	ORL A，direct	45direct	2	12	A←A∨(direct)
	ORL A，#data	44data	2	12	A←A∨data
	ORL direct，A	42direct	2	12	(direct)←(direct)∨A
	ORL direct，#data	43+	3	24	(direct)←(direct)∨data
异或	XRL A，Rn	68～6F	1	12	A←A⊕Rn
	XRL A，@Ri	66/67	1	12	A←A⊕(Ri)
	XRL A，direct	65direct	2	12	A←A⊕(direct)
	XRL A，#data	64data	2	12	A←A⊕data
	XRL direct，A	62direct	2	12	(direct)←(direct)⊕A
	XRL direct，#data	63+	3	24	(direct)←(direct)⊕data
取反	CPL A	F4	1	12	A 的内容取反
	CLR A	E4	1	12	A 的内容清成00H

类 别	指 令	机器码	字节数	执行周期	功 能 注 释
循环	RL A	23	1	12	A的内容循环左移一位
	RLC A	33	1	12	A带进位循环左移一位
	RR A	03	1	12	A的内容循环右移一位
	RRC A	13	1	12	A带进位循环右移一位

说明：指令 ANL direct, #data 的机器码是 53 direct data 三个字节。

【例 2.22】 设（A）=0C5H（11000101B），（C）=0

若执行指令：RL A

则（A）=8BH（10001011），（C）=0，标志位不受影响。

若执行指令：RLC A

则（A）=8AH（10001010B），（C）=1

4. 右循环移位指令：RR A 和指令：RRC A

功能：RR A 指令使累加器中的数据位逐位右移 1 位，D_0 位右移入 D_7 位。

RRC A 指令使累加器中的数据位连同进位标志逐位右移 1 位，D_0 移入 C，C 原状态移入 D_7，不影响其他标志。

【例 2.23】 设（A）=0C5H（11000101B），（C）=0

若执行指令：RR A

则（A）=0E2H（11100010B），（C）=0

若执行指令：RRC A

则（A）=62H（01100010B），（C）=1

【例 2.24】 设有 16 位二进制数存放在 8031 单片机内部 RAM 的 50H 及 51H 单元中，要求将其算术左移 1 位（即原数各位均向左移 1 位，最低位移入 0）后仍存放在原单元。试编制相应的程序。（5672H=01010110 01110010→10101100 11100100=ACE4H）

分析：由于 MCS-51 系列单片机的指令系统只有 8 位二进制数的算术移位指令，而无 16 位二进制数的算术移位指令。因此，要实现 16 位数的算术左移 1 位，只能分两次进行。开始时将进位标志 C 清 0，先进行低 8 位带进位循环左移，将低 8 位中的原最高位移至 C，而 C 原来的 0 移至最低位。然后进行高 8 位带进位循环左移，原低 8 位中最高位经 C 移至高 8 位中的最低位。这样就实现了 16 位二进制数算术左移 1 位。

程序如下：

```
程序地址      机器码          汇编程序
4000         ORG             4000H
4000         C3       BIHROL: CLR C                    ；C清零
4001         E551            MOV      A，51H           ；低8位左环移1位
4003         33             RLC      A
4004         F551            MOV      51H，A
4006         E550            MOV      A，50H，          ；高8位左环移1位
4008         33             RLC      A
4009         F550            MOV      50H，A
400B                        END
```

本程序共有 7 条指令占用 11 个字节的程序存储器空间。汇编语言程序给单片机运行时须转换成机器码指令，并且以字节为单位放在程序存储器中，本程序给出了这三者的关系，可以看出单字节指令占据一个程序地址，双字节指令都占据两个字节程序地址。

2.4.2 逻辑运算指令

1. 逻辑与指令：ANL<byte1>, <byte2>

功能：字节变量的逻辑与（ANL）。

说明：执行指令 ANL 时两个字节变量之间以对应位进行逻辑与操作，结果存到目的字节中，不影响源字节和任何其他标志。两个操作数可以有 4 种寻址方式的 6 种不同组合，可见表 2.5。当目的字节<byte1>为累加器时，源操作<byte2>可以是工作寄存器、直接地址、寄存器间接地址和立即数寻址。当目的字节为直接地址时，源操作数只能是累加器或立即数。ANL 指令可用于对累加器 A、对由直接地址所指定的内部 RAM 单元，以及对特殊功能寄存器进行清 0 操作，甚至对指定的位进行清 0（即屏蔽某些位），决定使哪些位清 0 的控制字，可以是指令中的常数或运行时累加器的值。

【例 2.25】 设累加器内容为 0C3H，寄存器 R0 的内容为：0AAH，执行指令：

  ANL A, R0

$$
\begin{array}{rll}
 & (A) & 11000011 \\
\text{ANL} & (R0) & 10101010 \\
\hline
 & (A) & 10000010
\end{array}
$$

结果：（A）=82H。

当直接地址为 P0~P3 端口时，也遵循"读-修改-写"端口的原则执行本指令。

【例 2.26】 欲修改 P1 口输出内容（原内容为 35H），使其高 4 位输出为 0，低 4 位保持不变，可执行指令：ANL P1 #0FH，结果 P1 口内容变为 05H（屏蔽掉高 4 位"3"或 0011，低 4 位保持"5"不变）。

2. 逻辑或指令 ORL<byte1>, <byte2>

功能：字节变量的逻辑或。

说明：ORL 在指定的两个字节变量之间执行以位为基础的逻辑或操作，结果存放到目的字节中，不影响源字节和任何标志位。

ORL 指令的操作数寻址方式及组合情况与 ANL 指令类似，也有 6 条指令，可见表 2.5，作用可使操作数指定位置 1。

【例 2.27】 设（A）=0F0H，（R0）=0FH，执行指令：

  ORL A, R0

结果：（A）=0FFH

【例 2.28】 试将累加器 A 中的低 3 位内容传送到 P1 口，并保持 P1 口高 5 位的数据不变。

  ANL A, #07H   ; 屏蔽 A 中的高 5 位

ANL P1，#0F8H   ；保持 P1 口的高 5 位
ORL P1，A   ；A 中的低 3 位和 P1 口的高 5 位数据组合

3．逻辑异或指令：XRL<byte1>，<byte2>

功能：字节变量的逻辑异或。

说明：XRL 在指定的两个字节变量之间执行以位为基础的逻辑异或操作，结果放到目的字节中，不影响任何标志。即如果 byte2 中某位为 1，则 byte1 中对应位取反。

XRL 有 6 条指令，4 条指令以累加器 A 为目的地址，两条指令以直接字节为目的地址，指令详见表 2.5。

该指令可用于对直接字节或专用寄存器的指定位取反。决定取反位的控制字可以是指令中的常数或累加器的值。

【例 2.29】 执行指令：XRL P1，   #00110001B
结果：P1.5、P1.4、P1.0 的输出取反，其他位不变。

【例 2.30】 试分析下列程序执行结果。

MOV A，#0FFH   ；（A）=0FFH
ANL P1，#00H   ；P1 口清 0
ORL P1，#55H   ；P1 口内容为 55H
XRL P1，A   ；P1 口的内容为 0AAH，P1 口的所有位都被取反

注意：
（1）ANL，ORL，XRL 都是双操作数指令。
（2）上述三种基本操作用于 P0～P3，端口操作时，遵循"读–修改–写"端口的特性要求。

2.5 控制转移指令

转移指令是用来改变程序计数器 PC 的值，使 PC 有条件地，或者无条件地，或者通过其他方式，从当前的位置转移到一个指定的地址单元去，从而改变程序的执行方向。转移类指令分为 4 大类：无条件转移指令、条件转移指令、调用指令及返回指令，如表 2.6 所示。

表 2.6 控制转移类指令

类别	指　　令	机　器　码	字节数	执行周期	功　能　注　释
无条件转移	LJMP　addr16	02 add16	3	24	跳到地址 addr16
	AJMP　addr11	X1＊＊	2	24	PC←addr11
	SJMP　rel	80 rel	2	24	PC←PC+2+rel
间转	JMP　@A+DPTR	73	1	24	PC←A+DPTR
无条件调用和返回	LCALL　addr16	12 addr16	3	24	调用子程序 addr16
	ACALL　addr11	Y1＊＊	2	24	调用子程序 addr11
	RET	22	1	24	子程序返回
	RETI	32	1	24	中断子程序返回

类别	指　　　令	机　器　码	字节数	执行周期	功　能　注　释
条件转移	JZ　　rel	60 rel	2	24	A 为 0 转 PC←PC+rel
	JNZ　　rel	70 rel	2	24	A 不为 0 转 PC←PC+rel
	CJNE　A，#data，rel	B4 data rel	3	24	比较不相等转到相对地址
	CJNE　A，direct，rel	B5 direct rel	3	24	比较 A 和 direct 不相等转 rel
	CJNE　Rn，#data，rel	B8~BFdata rel	3	24	比较 Rn 和#data 不相等转 rel
	CJNE　@Ri，#data，rel	B6/B7 data rel	3	24	比较@Ri 和#data 不相等转 rel
	DJNZ　Rn，rel	D8~DF rel	2	24	Rn 减 1 不等于 0 转到相对地址
	DJNZ　direct，rel	D5 direct rel	3	24	direct 减 1 不等于 0 转到 rel
空操	NOP	00	1	12	空操作

说明：当目的地址是 addr11(a_{10}~a_0)时，指令 AJMP　addr11 的机器码是 $a_{10}a_9a_8$00001 a7~a0，指令 ACALL　addr11 的机器码是 $a_{10}a_9a_8$10001 a7~a0，共 2 个字节。

2.5.1　无条件转移指令

无条件转移指令包括：无条件转移指令、调用指令和返回指令，可参见表 2.6。

（1）指令：LJMP　addr16

功能：长距离无条件转移指令。L 表示英文长，JMP 表示转移、跳转。

说明：这是一个三字节指令，LJMP 转移的目的地址是一个 16 位地址常数。它直接将指令中的 16 位常数装入 PC（程序存储器高地址字节内容装入 PCL），使程序无条件转移到指定的地址处执行。长转移是指可以转移到 64KB 程序存储器的任何地址，不影响标志位。

【例 2.31】　设 PC 当前值为 0123H，试分析执行在此地址处的指令 LJMP3456H 的过程。

其执行过程是：在 PC 的当前地址 0123H，开始到 0125H 的连续 3 个单元存放指令的操作码和操作数，存放顺序是：程序地址 0123H 中放操作码（02）、程序地址 0124H 中放高字节（34H）、程序地址 0125H 放低字节（56H）。指令执行时，将转移目的地址 34H、56H 分别装入 PCH 和 PCL，即转移到程序地址（3456H）处开始执行下一指令序列。

（2）指令　AJMP　addr11

功能：在 2K 字节存储区域的转移，称为绝对转移。

说明：AJMP 指令转移到指定的地址执行。

① 转移地址的形式：把指令中给出的 addr11（a_{10}~a_0）作为转移目的地址的低 11 位码，把 AJMP 指令的下一条指令的首址（即 PC 当前值加 2）的高 5 位作为转移目的地址的高 5 位，拼装成转移地址，其操作为：

(PC) ← (PC) +2；(PC$_{10-0}$) ←a_{10-0}；PC a_{15-11} 不变

② 转移范围：转移目的地址的高 5 位与（PC 当前值+2）的值有关，它决定了程序在 64KB 存储区的哪一个 2KB 区域内无条件转移，这个值是不变的。转移地址的低 11 位是可变的。11 位地址码可以区分 2KB 区域内的存储单元，转移地址只能在 2KB 区域内移动，即转移地址必须与 PC 当前值加 2 形成的地址在同一个 2KB 区域内。

③ 指令编码的形成：该指令为双字节指令，操作码与转移地址有关。a7~a0 为页内编址（256 个字节为一页），a10~a8 为页编址，2KB 区域共 8 页，$a_{10}a_9a_8$00001 共同构成 8 位操作码。当前程序地址在机器码中隐含，两字节编码为 $a_{10}a_9a_8$00001 $a_7a_6a_5a_4a_3a_2a_1a_0$。

应该注意的是，在使用 AJMP 指令时，必须保证转移地址与 PC 当前值加 2 所形成的地址在同一个 2KB 区域内，64KB 存储区可分为 32 个 2KB 区域。32 个区域由 PC15～11 编码，从第 0 个 2KB 到第 31 个 2KB 区域。如果上述两个地址在同一个 2KB 区域的话，则它们的高 5 位编码必定相同。由此可以对 AJMP 的转移地址是否正确做出判断。

【例 2.32】 试分析下列转移指令是否正确。

地　　址	指　　令
389AH	AJMP　3ABCH
37FEH	AJMP　3DEFH
3456H	AJMP　3BCDH

第一条：（PC）+2=389CH，与转移地址 3ABCH 的高 5 位均为 00111B，它们在同一个 2KB 区域内，转移正确。

第二条：（PC）+2=3800H，与转移地址 3DEFH 的高 5 位均为 00111，在同一个 2KB 内，转移正确。

同理可以看出第三条指令是不正确的。3458H 高 5 位为 00110，3BCD 高 5 位为 00111。

【例 2.33】 试确定指令 AJMP　2A23H 的机器代码。

将转移地址的 $a_{10\sim8}$（010）与 00001 拼装成操作码第 1 字节 41H，转移地址的 $a_{7\sim0}$ 为第 2 字节 23H，故该指令的机器码为 4123H。因目的地址为 2A23H（0010 1010 0010 0011），本指令机器码为 4123H（0100 0001 0010 0011），注：画线部分为低 11 位目的地址。

（3）指令：SJMP　rel

功能：短距离无条件转移，相对转移。

说明：SJMP 指令是双字节指令，它采用相对寻址方式，控制程序转移到由相对偏移量 rel 所决定的目的地址去。转移目的地址为当前指令的下一条指令的地址（PC 当前值加 2）与相对偏移量 rel 之和，所以 SJMP 的转移地址范围在（（PC）+2）地址的值的–128～+127 之间，即：转移目的地址=PC 当前值+2+rel=下一条指令地址+ rel，因而又可得：rel=目的地址–（PC+2），PC 为当前程序地址，加 2 后为执行完本指令后的程序地址。

在实际使用 SJMP 指令时，大多数情况并不采用"SJMP rel"形式，而是采用"SJMP ××××H"形式即在指令中直接给出转移地址。转移地址可以是 4 位十六进制数，也可以是一个标号地址。如果对程序进行手工汇编，则必须计算出 rel 值，填入指令第 2 字节，如果是机器汇编，机器将自动完成上述操作。

【例 2.34】 设 PC 现行地址为 0101H，标号 ADR 代表地址 0123，执行指令：SJMP ADR。

结果为：程序转向 0123H 单元，计算出相对偏移量的值为：rel=0123H–（0101H+2）=20H，将 rel 值填入指令码第 2 字节，该指令的机器码为 8020。

【例 2.35】 设 rel=（0FEH）为补码表示的数，其实际值为–2，JADR 代表任一地址，执行指令：

JADR：SJMP　JADR

机器码为 80FE，即 rel=JADR–（JADR+2）=（0FEH），结果：程序在原处无限循环。执行完这条指令后本应执行下一条指令，但它向后跳动两个字节，实际上又回来执行这条指令。

综上所述，关于无条件转移指令，应注意以下三点：

① 这三条无条件转移指令转移到目的地址的方式不同，允许转移的范围不同，指令的字节数也不同，使用时应注意它们的区别。LJMP 和 AJMP 指令直接给出转移地址，又称绝对地址，因此在修改程序存放的地址时必须修改指令中的转移地址。而 SJMP 指令给出的是相对转移地址，因此在修改程序存放的地址时，只要相对偏移量不变，就无须做任何修改，正是由于这个原因，在程序中提倡使用相对转移指令。

② 这三条指令，如果不关心它们在机器中如何编码，可以采用助记符 "JMP" 格式。它们都可以采用两种方法在汇编语言程序中表示转移地址；一个标号或一个 16 位常数。机器在对程序汇编时能够按照给定的指令格式产生正确的机器码。如果目的地址超出该指令允许的转移区间，将给出 "目的地址超过区域" 之类的错误提示信息。

③ AJMP 指令（以及下面的 ACALL 指令）是为了和 MCS-48 指令系统兼容而给出的，初学者可少使用它，不过这条指令是双字节指令，所占程序地址空间少。

（4）指令：JMP   @A+DPTR

功能：间接转移。

说明：JMP 指令把累加器 A 中的 8 位无符号数与数据指针的 16 位数相加，其和放到 PC 中，形成控制程序转移的目的地址，加法运算不改变累加器和数据指针的内容，不影响任何标志位。

间接转移指令的转移地址不是在指令中直接给出的，而是随累加器中数据的变化在以 DPTR 为起始的 256 个字节范围内变化。这是它与无条件转移指令的不同之处，基于这一特点，又称该指令为散转移指令。散转移指令常用于分支程序结构中，它可以在程序的运算过程中，由 A 的内容动态地决定程序的分支走向，即构成所谓散转程序。

【例 2.36】 设按键的值在累加器 A 中（键值为 00H，01H，02H，…），要求按不同的按键时执行不同的程序，试编制按键值处理的键盘处理程序，当键值为 00H 时，转移到 KYE0、键值为 01H 时，转移到 KYE1 去处理程序等。

程序为：

```
MOV     DPTR，#DYEG            ；散转表入口地址送到 DPTR
MOV     B，#03H               ；LJMP 指令长度是 3 字节，计算指令间隔
MUL     AB                   ；扩展子程序地址表的间隔（4100、4103、4106）
JMP     @A+DPTR              ；跳转到相应程序入口地址（4100H、4103H、4106H）
程序地址和机器码    …          ；省略的程序
4100H   024320   DYEG：LJMP   KYE0   ；散转子程序入口地址
4103H   024536        LJMP   KYE1   ；每条指令占据 3 个字节程序地址
4106H   024632        LJMP   KYE2   ；占据 4106H～4108H 三个字节程序地址
4009H            …                  ；省略的程序
```

2.5.2 调用指令

调用指令用于调用子程序，有长调用和短调用两种。

1. 指令：LCALL addr16

功能：长距离调用，CALL 有呼叫的意思。

说明：LCALL 指令调用位于指定地址（addr16）处的子程序。指令长度为 3 字节，子程序可以在全部 64KB 存储空间的任何地方。其不影响任何标志位，指令的操作如下：

（PC）←（PC）+3	；获得当前指令下一条指令地址
（SP）←（SP）+1	；修改堆栈指针，指向下一堆栈地址
（（SP））←（PC$_{7\sim0}$）	；把下一条指令地址的低字节推入堆栈保存
（SP）←（SP）+1	；修改堆栈指针，指向下一堆栈地址
（（SP））←（PC$_{15\sim8}$）	；保存下一条指令 PC 地址的高字节
（PC）←addr16	；目的地址送 PC，程序转向子程序处执行

可以看出，子程序调用指令的主要功能是：获得返回地址（即该调用指令的下一条指令地址，也是完成子程序后回来执行的指令），并把下一条指令的地址压入堆栈保存，以便完成子程序后回到主程序时能准确地执行下一条指令；PC 指向子程序首地址处执行。

【例 2.37】 设堆栈指针初始化为 07H，程序地址指针 PC 当前值为 2100H，子程序首地址为 3456H，试分析如下指令的执行过程：LCALL　3456H

获得返回地址 PC+3=2103；把返回地址压入堆栈区 08H 和 09H 单元；PC 指向子程序首地址 3456H 处开始执行。执行完成子程序后，回来执行地址 2103H 处的指令。

执行该指令的结果为：（SP）=09H，（08H）=03H，（09H）=21H，（PC）=3456H。

2. 指令：ACALL addr11

功能：2KB 存储区域内的绝对调用。

说明：无条件地调用由 addr11 所构成首地址的子程序。双字节指令，其指令码的产生，转移目的地址的形成及地址转移范围均与 AJMP 指令相同，不再重述，该指令不影响标志位。其两字节指令编码包含 11 位地址，该双字节指令格式如下：

a10	a9	a8	1	0	0	0	1	a7	a6	a5	a4	a3	a2	a1	a0

a$_{10\sim8}$ 为页编址，故 ACALL 指令的操作码也有 8 个页面。

返回指令用于子程序中，使子程序执行完毕能自动返回到主程序。其有两种返回指令，即 RET 和 RETI。

3. 指令 RET 和指令 RETI

功能：RET 为子程序返回指令。RETI 为中断子程序返回指令。

说明：RET 指令用在子程序结束处。当子程序执行至 RET 指令时，，将自动返回到主程序中调用指令的下一条指令处继续执行主程序，也就是把调用开始时压入堆栈保存的返回指令地址值送到 PC。RET 指令不影响标志位。

RETI 指令用在中断服务程序结束处。因为中断是在主程序执行过程中随机产生的，因此中断发生在主程序中的地址不是固定的，它是主程序中被中断指令的下一条指令地址。该指令不影响标志位，但如果主程序和子程序都用到 PSW，从子程序返回时 PSW 不能恢复到中断前的状态，应由编程人员在子程序中编程保护 PSW。例如，中断发生时 C=1，子程序中改变了 C，中断返回时 C=0，这可能影响主程序的结果。

RET 和 RETI 的返回操作过程是相同的，都是将堆栈中保存的返回地址值送到 PC 中去，然后继续执行被中断的主程序。其操作为：

（PC$_{15\sim8}$）←（（SP）） 　　　　　；返回地址高字节送到程序地址指针 PCH

（SP）←（SP-1）	；修改栈指针
（PC$_{7\sim0}$）←（（SP））	；返回地址低字节进程序地址指针 PCL
（SP）←（SP-1）	；修改栈指针

RET 和 RETI 指令的不同之处在于它们的转移方式。子程序调用是受主程序控制的，而中断转移是由外部因素决定的。因此可以说，子程序的返回地址是事先已知的，而中断返回地址是在程序执行过程中产生的。

注意：RET 指令必须和调用指令成对出现，而 RETI 指令只能在中断服务程序中出现。

【例 2.38】 设堆栈指针内容为 0BH，内部 RAM 中的（0AH）=23H，（0BH）=01H，执行指令：RET

结果为：（SP）=09H，（PC）=0123H（返回主程序地址）。

4．空操作指令：NOP

功能：不执行任何操作，仅使 PC 加 1，继续执行下一条指令。除 PC 外，不影响其他寄存器和标志位。

该指令执行时间为 1 个机器周期，它主要用于程序的延时。

【例 2.39】 试设计程序，从 P2.7 输出持续时间为 5 个机器周期的低电平脉冲。

因为简单的 SETB/CLR 指令序列可产生一个机器周期的脉冲，故须加入 4 个额外的周期。其程序为：

```
CLR    P2.7        ；将 P2.7 清 0，输出低电平
NOP                ；每个空操作延时一个周期
NOP
NOP
NOP
SETB   P2.7        ；将 P2.7 置 1，低电平结束
```

2.5.3　条件转移指令

条件转移指令用于实现按照一定的条件决定程序转移（分支）的方向。MCS-51 的条件转移指令分三种类型：判零转移（2 条）；比较转移（4 条）；循环转移（2 条），可参见表 2.6。

1．判零转移指令

指令： JZ　　rel

指令：JNZ　　rel

功能：JZ 指令为判零转移。如果累加器 A 的每一位为 0，则转向指定的地址；否则顺序执行下一条指令。J 表示"转移"，Z 表示"0"，N 表示"不"，即 A 为 0 转移。

JNZ 为判非零转移。如果累加器的任一位为 1，则转向指定的地址，否则顺序执行下一条指令，即 A 不为 0 转移。

这两条指令的转移目的地址都是先把 PC 值加 2（本指令为两个字节），然后再加上指令第 2 字节的相对偏移量 rel 构成新的 PC 值。执行上述指令均不改变累加器的值，也不影响任何标志位。

条件转移指令和其他转移指令一样，在汇编程序中一般并不直接给出相对偏移量 rel 的

值。通常也是采用标号地址或十六进制数的形式给出转移地址。

【例 2.40】 将外部 RAM 的一个数据块（首址为 DATA1）传送到内部数据 RAM（首址为 DATA2），遇到传送的数据为零时停止。

子程序：

```
START: MOV   R0，#DATA2        ; 置内部 RAM 数据指针
       MOV   DPTP，#DATA1      ; 置外部 RAM 数据指针
LOOP1: MOVX  A，@DPTR          ; 将外部 RAM 单元内容送到 A
       JZ    LOOP2             ; 判传送数据是否为零，为零则转移到结束处
       MOV   @R0，A            ; 当传送数据不为零时，将数送内部 RAM
       INC   R0                ; 修改内部 RAM 地址指针
       INC   DPTR              ; 指向外部 RAM 下一数据地址
       SJMP  LOOP1             ; 继续传送
LOOP2: RET                     ; 结束传送，返回主程序
```

2. 比较转移指令：CJNE <byte1>，<byte2>，rel

功能：比较两个字节变量的值，如果不相等，则转移。

指令的操作过程包括：

（1）比较两个字节变量的大小。其实质是进行减法操作，但不保存差值，也不改变操作数的值，只影响标志位。如果它们的值不相等，则程序转移。助记符中的 C 表示"比较"，E 表示"相等"，N 表示"不"，J 表示"转移"。

（2）转移目的地址的形成。首先使 PC 指向下一条指令的起始地址（CJNE 为 3 字节指令，故为（PC）+3），然后再把 rel 加到 PC 值上。

（3）对标志位的影响：如果目的字节的无符号整数值小于源字节的无符号整数值，则使 C 置位；否则 C 清 0。不改变任何一个操作数的值。

CJNE 的指令前面两个操作数允许 4 种寻址方式组合。累加器可以和任何直接寻址字节或立即数比较；而任何间接 RAM 单元或工作寄存器只能与立即数比较。

CJNE 指令具有比较和判断转移两种功能。通常利用 CJNE 指令的比较操作和它对标志位 C 的影响来实现程序的分支结构。另外，对两个操作数不等这一分支，又可以根据 C 的状态产生第二次分支，如图 2.3 所示。

【例 2.41】 当 P1 口输入数据为 55H 时，程序继续执行下去，否则等待，直至 P1 口出现 55H。

程序为：

```
      MOV  P1，#0FFH
      MOV  A，#55H
WATT: CJNE A，P1，WATT
      …
```

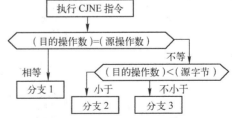

图 2.3 用 CJNE 指令实现程序分支结构图

3. 循环转移指令：DJNZ 〈byte〉，rel

功能：字节减 1 不等于零循环转移。

说明：DJNZ 把指定字节的内容减 1。如果结果值为零则顺序执行下一条指令。不为零则

程序转到由 rel 所形成的转移地址，转移的目的地址为 PC 当前值加上 DJNZ 指令本身的字节数（2 字节或 3 字节），再加上 rel 值。助记符中 D 表示"减 1"，Z 表示"零"。

DJNZ 有两种编码形态：

    DJNZ Rn,   rel
    DJNZ direct,   rel

DJNZ 指令在程序中的主要用途是进行程序的循环控制，实现软件减 1 计数。

【例 2.42】 将 8031 内部 RAM 的 40H～4FH 单元置初值为 A0H～AFH。

程序为：

```
START:  MOV  R0, #40H      ; R0 赋值，指向数据单元
        MOV  R2, #10H      ; R2 赋值，为传送字节数，十六进制数
        MOV  A, #0A0H      ; 给 A 赋值
LOOP:   MOV  @R0, A        ; 开始传送
        INC  R0            ; 修改地址指针，准备传下一数地址
        INC  A             ; 修改传送数据值
        DJNZ R2, LOOP      ; 如果未传送完，则继续循环传送
        RET                ; 当 R2 的值减为 0 时，则传送结束
```

2.6 布尔变量操作指令

MCS-51 单片机中有一个布尔指令子集，它是构成布尔处理器的一部分，用于完成单片机的位操作。布尔指令子集是由布尔处理器的硬件逻辑执行的。布尔（位操作）指令共有 17 条，包括位传送、条件转移、位运算（置位、清 0、取反、逻辑或、逻辑与等）。所有的位访问均是直接寻址。布尔指令子集如表 2.7 所示。"布尔"是首先提出位操作运算的科学家。

表 2.7　布尔（位操作）指令子集

类别	指　令	机 器 码	字 节 数	执行周期	功 能 注 释
位传送	MOV C, bit	A2bit	2	12	位地址 bit 的内容送 C
	MOV bit, C	92bit	2	12	C 的内容送位地址 bit
位清零取反置位	CLR C	C3	1	12	C 清零即 C←0
	CLR bit	C2 bit	2	12	位 bit 清零
	CPL C	B2	1	12	C 取反
	CPL bit	B2 bit	2	12	位 bit 取反
	SETB C	D3	1	12	把 C 置 1
	SETB bit	D2 bit	2	12	位 bit 置 1
位逻辑	ANL C, bit	82 bit	2	24	C←C∧(bit)　　　相与
	ANL C, /bit	B0 bit	2	24	C←C∧(bit)的反
	ORL C, bit	72 bit	2	24	C←C∨(bit)　　　相或
	ORL C, /bit	A0 bit	2	24	C←C∨(bit)的反
判位转移	JC rel	40 rel	2	24	C=1 转 rel
	JNC rel	50 rel	2	24	C=0 转 rel
	JB bit, rel	20 bit rel	3	24	bit=1 转 rel
	JNB bit, rel	30 bit rel	3	24	bit=0 转 rel
	JBC bit, rel	10 bit rel	3	24	bit=1 转 rel 且 bit←0

如前第 1 章所述，51 系列单片机位寻址的空间分为两部分。MCS-51 内部 RAM 中地址为 20H～2FH 的 16 个字节，其中每个字节的每位都可位寻址，它们的位地址为 00H～

7FH，共 128 个位地址。专用寄存器中可位寻址的字节地址的低 3 位均为 000B，即地址能被 8 整除的字节。特殊功能寄存器中有 11 个可位寻址的寄存器，实际定义了 83 个可寻址位，位地址在 80H～FFH。详细内容见第 1 章位地址表格。

MCS-51 中的位地址，有以下几种表示方法：

（1）直接使用位地址，即从 00H～FFH。

（2）位寄存器定义名，如 C，OV，F0 等。

（3）用字节寄存器名后加位数表示，如 PSW.1，P0.5，ACC.2（寻址累加器中的位必须用 ACC.0～ACC.7）等。

（4）用字节地址和位数表示，如位 0 到位 7 可写成 20H.0～20H.7，位 08H 到位 0FH 可写成 21H.0～21H.7。译成机器码时都只能是直接位地址。指令 CLR E1H 和 CLR ACC.1 及 CLR E0H.1 的机器码都是 C2E1H。

2.6.1 位传送指令

指令：MOV <目的位>，<源位>

功能：把第二操作数指定的位变量的值送到第一操作数指定的位单元中。其中一个操作数必须是进位标志 C，另一个可以是任何直接寻址位。不影响任何其他寄存器和标志位，本操作指令只有两条，MOV C，bit 和 MOV bit，C

【例 2.43】 将位地址 30H 的内容送到位地址 20H 中，这样的传送须通过进位标志 C 来进行，本处要求设法保留 C 的值。

程序段为：

```
MOV    10H，C        ；暂存 C 的内容
MOV    C，30H        ；C←（30H）
MOV    20H，C        ；（20H）←C
MOV    C，10H        ；恢复 C 的值
```

2.6.2 位状态控制指令

1. 指令：CLR bit 和 CLR C

功能：CLR 将指定的位清 0，它可对进位标志或任何直接寻址位进行操作，不影响其他标志位。

2. 指令：SETB bit 和 SETB C

功能：将指定的位置 1，它对进位标志或任何直接寻址位进行操作，不影响其他标志位。

【例 2.44】 设 P1 口原来的数据为 00001111B，执行下列程序：

```
CLR  C                    ；C 清 0
MOV  P1.0，C              ；P1.0 位清 0
SETB C                    ；C 置位
```

结果使 P1 的内容变为 0000 1110B。

3. 指令：CPL　bit 和 CPL　C

功能：将指定的位取反，即位的内容原来为 1 则变为 0，原来为 0 则变为 1。它也能对进位标志或任何直接寻址位进行操作，不影响其他标志位。

【例 2.45】 编程通过 P1.0 端口线连续输出 256 个宽度为 5 个机器周期长的方波。每次循环占时 5 个机器周期，输出电平也发生变化。其程序为：

```
        MOV     R0，#00H     ；置循环计数器初值，共 256 次循环
        CLR     P1.0        ；P1.0 清 0
LOOP：  CPL     P1.0        ；P1.0 取反，并延时 1 个机器周期，形成方波
        NOP                 ；空操作延时 1 个机器周期
        NOP                 ；空操作延时 1 个机器周期
        DJNZ    R0，LOOP     ；判断是否到循环 256 次，并延时两个机器周期
```

2.6.3　位逻辑操作指令

1. 指令：ANL C，<源位>

功能：位变量逻辑与。

说明：将源位的布尔值，或它的逻辑非值（/bit）与进位标志的内容进行逻辑与操作。如果源位的布尔值是逻辑 0，则进位标志清 0；否则进位标志保持不变。该操作不影响源位本身，也不影响别的标志位。源位可以是一个直接位或它的逻辑非（/bit），该操作的指令有两条：ANL C，bit 和 ANL C，/bit。

【例 2.46】 当 P1.0=1，ACC.7=1，且 OV=0 时，执行下列程序：

```
MOV     C，P1.0      ；C 置 1
ANL     C，ACC.7     ；C 值不变，仍为 1
ANL     C，/OV       ；C 值还是为 1
```

结果使 C 置位。

2. 指令：ORL　C，<源位>

功能：位变量逻辑或。

说明：将源位的布尔值或其逻辑非值（/bit）与进位标志 C 的内容进行逻辑或操作。如果源位的布尔值为逻辑 1，则置位进位标志；否则进位 C 保持原来状态。该操作不影响源位本身，也不影响其他标志位，该操作指令有两条。

【例 2.47】 试用软件实现如图 2.4 所示的 P1 端口 P1.0～P1.3 之间的逻辑运算。程序如下：

```
MOV     C，P1.1      ；（C）← （P1.1）
ORL     C，P1.2      ；（C）← （P1.1）∨ （P1.2）
```

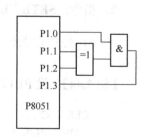

图 2.4　例 2.47 的逻辑图

```
ANL    C，P1.0      ；（C）←[（P1.1）∨（P1.2）]∧(P1.0)
MOV    P1.3，C      ；（P1.3）←（C）
```

【例2.48】 设 M，N，K 都代表位地址，试编写程序完成 M，N 内容的异或操作，结果存于 K，即 K=$\overline{M}$·N+M·$\overline{N}$，程序如下：

```
MOV   C，N              ；C←N
ANL   C，/M             ；C←M̄·N
MOV   K，C              ；K←C（暂存K位中）
MOV   C，M              ；C←M
ANL   C，/N             ；C←M∧N̄
ORL   C，K              ；C←M̄·N+M·N̄
MOV   K，C              ；K←C
```

从以上可知，利用位逻辑运算指令，可用软件方法实现组合电路的逻辑功能。

2.6.4 位条件转移指令

布尔条件转移指令有 5 条，分别对布尔变量 C（PSW 中的进位标志）和直接寻址位进行测试，并根据其状态执行转移。

1．判布尔累加器 C 的值转移

指令：JC   rel   ；C 的内容为 1 转移
指令：JNC   rel   ；C 的内容为 0 转移

功能：JC 判进位标志 C 的值为 1 转移；JNC 判进位标志为 0 转移（可理解为不为 1 转移），否则顺序执行下一条指令。程序转移的地址为当前 PC 值加 2（本指令为 2 字节），再加上 rel 的值（rel 在指令码第 2 节中），不影响任何标志。位累加器 C 表示进位标志内容。

其操作过程是：（PC）←（PC）+2，如果 C=1（或 C=0），则（PC）←（PC）+rel。

【例2.49】 比较内部 RAM 的 30H 和 40H 单元中的两个无符号数的大小，将大数存入 20H 单元，小数存入 21H 单元，若两数相等则使内部 RAM 可寻址位 75H 置 1。

程序为：

```
START: MOV  A，30H          ；A←（30H）
       CJNE  A，40H，LOOP1   ；（30H）=（40）？不等则转移到 LOOP1
       SETB  75H            ；相等，使 75H 位置 1
       RET                  ；返回
LOOP1: JC LOOP2             ；若（30H）小于（40H），则转移 LOOP2
       MOV  20H，A           ；当（30H）大于（40H）时（20H）←(30H)
       MOV  21H，40H         ；（21H）←（40H），（40H）中为较小数
       RET
LOOP2: MOV  20H，40H         ；较大数（40H）存 20H 单元
       MOV  21H，A           ；较小数（30H）存 21H 单元
       RET                  ；返回
```

本例利用 CJNE 和 JC 指令实现了如图 2.3 所示的程序三分支结构。

2. 判位变量转移指令

指令：JB bit，rel ；如果位为 1 则转移

指令：JBC bit，rel ；如果位为 1 则转移，并将该位清 0

指令：JNB bit，rel ；如果位为 0 则转移

功能：如果指定位的值满足条件则转移，否则顺序执行下一条指令。转移地址为 PC 当前值加 3（本处指令都是 3 字节），再加上 rel 值（在指令码第 3 字节中），不影响任何标志位。对于操作 JBC（50），还多一项操作，即不论何种情况，均将该位清 0。助记符中的 B 表示位地址。一般跳转指令中都用到字母"J"表示转移。N 为"不"的意思。

【例 2.50】 试判断累加器中数的正负，若为正数，存入 20H 单元；若为负数则存入 21H 单元。程序 1 如下：

```
START:  JB      ACC.7，LOOP     ；累加器符号为 1，转至 LOOP
        MOV     20H，A          ；否则为正数，存入 20H 单元
        RET                     ；返回
LOOP:   MOV     21H，A          ；负数存入 21H 单元
        RET                     ；返回
```

同一个问题可用不同的编程方法完成任务，如程序 2 所示：

```
START:  MOV     R0，A           ；累加器的值送 R0
        ANL     A，#80H         ；保留符号位的值
        JNZ     LOOP1          ；符号位不为零，则为负数
LOOP:   MOV     20H，R0         ；符号位为零，则为正数存 20H
        SJMP    LOOP2
LOOP1:  MOV     21H，R0         ；存负数
LOOP2:  RET
```

【例 2.51】 多字节无符号数减法，R0 作为被减数地址指针，R1 作为减数地址指针，R3 记录字节数，从低位开始减，结果存于 R0 指示的地址中，当 C=0，结果为正；C=1 结果为负（补码）。程序如下：

```
START:  CLR     07H            ；设正负数标志
        MOV     A，R0           ；保存地址指针到 R2
        MOV     R2，A
        MOV     A，R3           ；保存字节数于 R7
        MOV     R7，A
        CLR     C              ；先清借位标志 Cy
LOP0:   MOV     A，@R0          ；相减
        SUBB    A，@R1
        MOV     @R0，A
        INC     R0             ；指向下一字节
        INC     R1
        DJNZ    R7，LOP0        ；所有字节没减完转 LOP0
        JNC     LOP1           ；减完则设置正负标志
        SETB    07H
```

```
LOP1:      MOV       A，R2              ；恢复首地址于 R0
           MOV       R0，A
           RET
```

2.7　指令部分学习方法小结

到目前为止，51 系列单片机 111 条指令已经学习完成，现介绍和总结几种快速记忆 MCS-51 指令的方法，仅供读者参考。

大家都知道，汇编语言指令由操作码、操作数两部分组成。MCS-51 使用汇编语言指令，它共有 44 个操作码助记符，33 种功能，其操作数有#data、direct、Rn、@Ri、A 等。学习时应多比较，首先注意一类指令中与 A 的关系，如算术运算类指令当有两个操作数时其中一个是 A，且为目的操作数。其次也要注意不存在的指令，上面 5 个操作数之间的数据传送指令，在两个操作数之间，只有两 R 之间没有传送指令。#data 也不能作目的操作数。这里先介绍指令助记符及其相关符号的记忆方法。

1．助记符号的记忆方法

（1）表格列举法：把 44 个指令助记符按功能分为 5 类，每类列表记忆，见前面各指令表。

（2）英文还原法：单片机的操作码助记符是该指令功能的英文缩写，将缩写还原成英语原文，再对照汉语有助于理解其助记符含义，从而加强记忆。例如，

增量 INC－Increment	减量 DEC－Decrement
加法 ADD－Addition	除法 DIV－Division
乘法 MUL－Multiplication	空操作 NOP－No operation
短转移 SJMP－Short jump	长转移 LJMP－Long jump
交换 XCH－Exchange	绝对转移 AJMP－Absolute jump
左环移 RL－Rotate left	进位左环移 RLC－Rotate left carry
右环移 RR－Rotate right	进位右环移 RRC－Rotate right carry
比较转移 CJNE－Compare jump not equality	进位为一转移 JC－jump　carry
减一转移 DJNZ－Decrement jump not　zero	位内容为一转移 JB－jump　bit

（3）功能模块记忆法：单片机的 44 个指令助记符，按所属指令功能可分为五大类，每类又可以按功能相似原则分为 2～3 组。这样，化整为零，各个击破，实现快速记忆。

数据传送组	加减运算组
MOV 内部数据传送	ADD 加法
MOVC 程序存储器传送	ADDC 带进位加法
MOVX 外部数据传送	SUBB 带进位减法
逻辑运算组	子程序调用组
ANL 逻辑与	LCALL 长调用
ORL 逻辑或	ALALL 绝对调用
XRL 逻辑异或	RET 子程序返回

2. 指令的记忆方法

（1）指令操作数的有关符号。MCS-51 的寻址方式共有 6 种：立即数寻址、直接寻址、寄存器寻址、寄存器间接寻址、变址寻址、相对寻址。我们必须掌握其表示的方法。

① 立即数与直接地址。#data 表示 8 位立即数，#data16 表示是 16 位立即数，data 或 direct 表示直接地址。

② Rn(n=0～7)、A、B、Cy、DPTR 表示寄存器寻址变量。

③ @R0、@R1、@DPTR、SP 表示寄存器间接寻址变量。

④ A+DPTR、A+PC 表示变址寻址的变量。

⑤ PC+rel（相对量）表示相对寻址变量。

记住指令的助记符，掌握不同寻址方式的指令操作数的表示方法，为我们记忆汇编指令打下基础。MCS-51 指令虽多，但按功能可分为 5 类，其中数据传送类 29 条，算术运算类 24 条，逻辑操作类 24 条，控制转移类 17 条，布尔位操作类 17 条。在每类指令里，根据其功能，抓住其源、目的操作数的不同组合，再辅之以下方法，是完全能记住的。我们约定，可能的操作数按（#data/direct/A/Rn/@Ri）顺序表示。

对于 MOV 指令，其目的操作数按 A、Rn、@Ri、direct 的顺序书写，则可以记住 MOV 的 15 条指令。前面章节中采用了本方法，例如，以累加器 A 为目的操作数，可写出如下 4 条指令：

      MOV   A，#data /Rn/@Ri/direct

依次类推，写出其他指令。

      MOV   Rn，#data/direct/A
      MOV   direct，#data /A/Rn/@Ri/direct
      MOV   @Ri，#data /A/direct

（2）指令图示记忆法。图示记忆法是把操作功能相同或相似。但其操作数不同的指令，用图形和箭头将目的、源操作数的关系表示出来的一种记忆方法。例如，由助记符 MOV、MOVX、MOVC 组成的送数组指令，前面在讲解数据传送指令时已采用过本方法。

由助记符 CJNE 形成的 4 条指令，也可以用图示法表示。

      CJNE A，#data，rel   CJNE A，direct，rel
      CJNE Rn，#data，rel   CJNE @Ri，# data，rel

另外，对于由（ANL、ORL、ARL）形成的 18 条逻辑操作指令，有关 A 的 4 条环移指令，也可以用图示法或表格法表示，请读者自行画出记忆。

（3）相似功能归类法。在 MCS-51 指令中，我们发现部分指令其操作码不同，但功能相似，而操作数则完全一样。相似功能归类法就是把具有这样特点的指令放在一起记忆，只要记住其中的一条，其余的也就记住了。如加、减法的 12 条指令，与、或、非的 18 条指令，现列举如下：

      ADD/ADDC/SUBB   A，#data /Rn/@Ri/direct
      ANL/ORL/XRL   A，#data /Rn/@Ri/direct

ANL/ORL/XRL   direct，#data/a

上述每一排指令，功能相似，其操作数都相同。其他的如加 1（INC）、减 1（DEC）指令也可照此处理。

（4）口诀记忆法。对于有些指令，可以把相关的功能用精练的语言编成一句话来记忆。如 PUSH   direct 和 POP   direct 这两条指令。初学者常常分不清堆栈 SP 的变化情况，为此编成这样一句话：（SP 的内容）加 1（direct 的内容）再入栈，（SP 的内容）弹出（到 direct 单元）SP 才减 1。又如乘法指令中积的存放，除法指令中被除数和除数以及商的存放，都可以编成口诀记忆如下。乘、除法指令各只有一条，也可单独记忆，比如通过学习例题计算时记忆。

MUL   AB   高位积（存于）B，低位积（存于）A
DIV   AB   A 除以 B，商（存于）A 余（数存于）B

上面介绍了几种快速记忆单片机指令的方法，希望能起到抛砖引玉的作用，相信读者在学习单片机的过程中能找到适合自己的方法来记忆。但是，有了好的方法还不够，还需要实践，即多读书上的例题和别人编写的程序，自己再结合实际编写一些程序。只有这样，才能更好更快地掌握单片机指令系统。

单片机汇编语言作为一种语言，现在相当于学会了单词，后面还有文章和对话要学习，也就是说指令系统的应用才刚刚开始，跟学习英语一样，光学会单词还不行，这里下一阶段首先要学习、分析一些常用程序，前面我们已看过一些程序，对于程序看懂了以后还可试想修改它，通过对程序的分析来理解前面的理论知识，当掌握一些素材后才能熟练编写程序，刚开始学习时难度会较大，可多做实验和多花时间解决相关问题，多看看别人编的经典程序，本书提供了部分练习程序给读者参考，大家也可从其他书本上得到程序，如实验设备配套的实验程序，有一定基础后还可学习别人的应用开发程序。最后目标是自己开发程序，如果能编写出由几千条指令组成的应用程序，才能算专家级水平。总之，不掌握十多个程序、不能编程则不算学好了单片机。本书我们以程序为主线讲解，目的是让读者认识到掌握该学科的理论是要通过编写程序来实现的。下一阶段的重点是边学理论边学习编写程序的方法。为了大家对程序有足够的重视，以后我们把典型的例题以练习的方式给出，或把例题以练习的形式给出，这个部分可做实验完成，暂时放到每章的最后，在教学中可根据需要把练习穿插在章节前面的教学中。正因为程序的重要性，程序的有关内容在本章中已经跳跃式出现过很多次。

2.8   任务式教学

2.8.1   实验设备编程：数据传送练习

在很多 51 单片机实验系统中使用 8031 芯片，其 $\overline{EA}$ 引脚接地，并使用片外程序存储器，这样编程人员只能用 P1 口驱动外围电路，P1 口作为用户口使用，现举例说明，当 P1 口用于驱动 8 只二极管，让 8 只二极管循环发光，也称流水灯，电路如图 2.5 所示，该处同时给出了程序地址和机器码，实际上，指令、地址和机器码都不分大小写。程序如下：

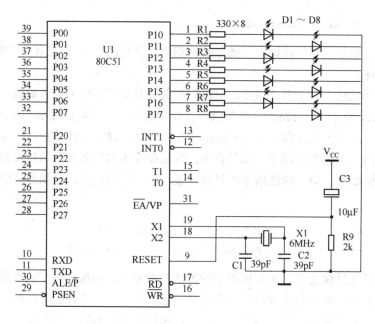

图 2.5 用 P1 口驱动 8 只二极管发光

地址和代码		汇编语言	说明
00/7401	ST:	MOV A，#01H	；#01H 可看成 8 位二进制数 0000 0001B
02/f590	LOOP0:	MOV P1，A	；其中数 1 对应的 P1 口二极管发光
04/7d2a		MOV R5，#2AH	；后面 6 条指令作延时用，延时时间约 1 秒
06/7e3b	LOOP1:	MOV R6，#3BH	；数 2AH /3BH/4CH 大小决定延时时间长度
08/7f4c	LOOP2:	MOV R7，#4CH	；将数 4CH 送工作寄存器 R7 中
0a/dffe	LOOP3:	DJNZ R7，LOOP3	；R7 的内容减 1 不等于 0 程序转到 LOOP3
0c/defa		DJNZ R6，LOOP2	；rel=08H-0eH=0faH
0e/ddf6		DJNZ R5，LOOP1	；rel=06H-10H=0f6H
10/23		RL A	；改变 A 的内容，延时后显示变化
11/80ef		SJMP LOOP0	；循环、重新下一轮。rel=02H-13H=0efH

该程序的 C51 程序如下：（从下一章开始，关键例题中的程序采用汇编和 C 语言两种编程方式，C 语言基础知识从第 3 章开始讲解，读者可参看第 3 章内容。）

```
#include<reg51.h>
void Delay1ms(unsigned int n);
void main()
{
    unsigned char i=0,Wei=0x01;
    while(1)
    {
        for(i=0;i<8;i++)
        {
            P1=Wei;
            Delay1ms(1000);
            Wei<<=1;
            if(Wei==0x00) Wei=0x01;
```

```
                }
            }
        }
    void Delay1ms(unsigned int n)     // 软件延时 1ms，延时时间由软件计算得来，需精确延时可使用定
时器
    {
        int x,y;
        for(x=n;x>0;x--)
            for(y=123;y>0;y--);
    }
```

上面 A 的内容经移位（也可用 RL A/RR A 或 CPL A/INC A 等）得到，显示的规律较强，为了显示较多的花样，可将送入 P1 口的数据取自某数据区，程序如下：

```
00/7c30    START:    MOV    R4, #50H        ; 显示数据个数用 R4 计数
02/900019            MOV    DPTR, #TAB      ; 数据地址指针指向数据表首地址
05/e0      LOOP0:    MOVX   A, @DPTR        ; 从片外数据存储器读取数据
06/f590              MOV    P1, A           ; 0000 0001 对应 1 的 P1 口二极管发光
08/7d2a              MOV    R5, #2AH        ; 后面 6 条指令作延时用，延时时间约 1 秒
0a/7e3b    LOOP1:    MOV    R6, #3BH        ; 数 2AH /3BH/4CH 大小决定延时时间长度
0c/7f4c    LOOP2:    MOV    R7, #4CH        ; 将数 4CH 送到工作寄存器 R7 中
0e/dffe    LOOP3:    DJNZ   R7, LOOP3       ; R7 的内容减 1 不等于 0 程序转 LOOP3
10/defa              DJNZ   R6, LOOP2       ; rel=0cH-12H=0faH
12/ddf6              DJNZ   R5, LOOP1       ; rel=0aH-14H=0f6H
14/a3                INC    DPTR            ; 改变 DPTR 的内容，延时后取不同的数
15/dcee              DJNZ   R4, LOOP0       ; #50H 个数没显完则继续显示
17/80e7              SJMP   START           ; 显示完所有数据、重新下一轮
19/0102    TAB: DB   01H, 02H, 04H, 08H, 10H…01H, 03H, 07H, 0FH, 1FH, 3FH…
```

该程序的 C51 程序如下：

```
#include<reg51.h>
void Delay1ms(unsigned int n);
unsigned char code TAB[8]={0x01,0x02,0x04,0x08,0x10,0x20,0x40,0x80};
void main()
{
    unsigned char i=0;
    while(1)
    {
        for(i=0;i<8;i++)
        {
            P1=TAB[i];
            Delay1ms(1000);        //调用延时函数 延时 1s
        }
    }
}
void Delay1ms(unsigned int n)            // 软件延时 1ms，延时时间由软件计算得来
{
```

```
        int x,y;
        for(x=n;x>0;x--)
            for(y=123;y>0;y--);
    }
```

本例子注释中有相对地址的计算方法，rel=目的地址-起始地址。当然也可用 P1 口的 8 条线驱动数码管，如图 2.6 所示。程序如下：

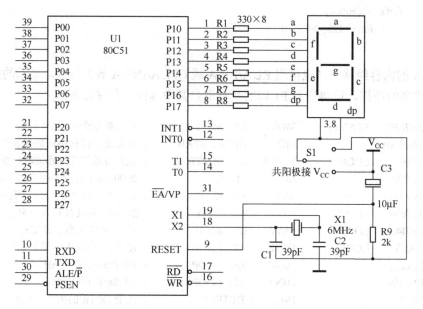

图 2.6　用 P1 口驱动数码管电路原理图

```
START:  MOV     R3，#00H
        MOV     DPTR，#TAB
LOOP1:  MOV     A，R3
        MOVC    A，@A+DPTR
        MOV     P1，A
        MOV     R4，#05H
LOOP2:  MOV     R5，#0C8H
LOOP3:  MOV     R6，#0FAH
LOOP4:  DJNZ    R6，LOOP4
        DJNZ    R5，LOOP3
        DJNZ    R4，LOOP2
        INC     R3
        CJNE    R3，#0AH，LOOP1
        SJMP    START
TAB:    DB      0C0H，0F9H，0A4H，0B0H，99H     ；共阳极驱动码分别显示 0~9
        DB      92H，82H，0F8H，80H，90H
TAB1:   DB      3FH，06H，5BH，4FH，66H          ；共阴极驱动码分别显示 0~9
        DB      6DH，7DH，07H，7FH，6FH
```

单片机 C51 程序如下：

```
#include<reg51.h>
void Delay1ms(unsigned int n) ;        //函数声明
unsigned char code TAB[10]={0xC0,0xF9,0xA4,0xB0,0x99,0x92,0x82,0xF8,0x80,0x90}; // 字型码
void main()                            //主函数, 无参数
{
        unsigned char i=0;
        while(1)
        {
          for(i=0;i<10;i++)
          {
                P1=TAB[i];
                Delay1ms(1000);        //调用延时函数
          }
        }
}
void Delay1ms(unsigned int n)          // 软件延时 1ms, 延时时间由软件计算得来
{                                      //需精确延时可使用定时器
        int x,y;
        for(x=n;x>0;x--)
        for(y=123;y>0;y--);
}
```

2.8.2 单片机发光二极管显示电路应用

在第 1 章我们安装了 89S52 单片机最小电路板, 现在开始研究怎样让电路板工作起来, 上面简单谈了谈在实验系统上完成流水灯任务。如果让自己安装的电路板也工作要有如下条件: 首先配置计算机, 并安装相应的软件, 使用**编译软件**（Keil uVision2、Medwin 或者 AVR studio4 等）编写和调试程序, 使用**编程器**（从 89S 系列单片机开始支持 ISP 在线编程）及其软件把程序写入单片机, 一般使用单片机片内程序存储器。有时也用到**仿真器**调试程序, 有关编译软件、编程器和仿真器等内容请参考第 7 章的讲解。有关编程方法和技巧在第 3 章讲解。单片机程序的编写是本课程学习的重点, 也是难点, 从本章就开始练习编程, 并经过长期训练, 学会基本的编程技术, 通过实训水到渠成地掌握单片机硬件及各种外围芯片、编译软件、编程器的使用。考虑到单片机端口是带上拉电阻结构, 所以其低电平驱动电流较大, 建议采用共阳极输出电路, 或者外接 74LS245、74LS373 等 TTL 电路提高驱动能力。图 2.7 所示是第 1 章安装过的电路, 给出其参考程序如下, 实训时请根据注释调试程序。

```
          ORG     0000H        ; 伪指令, 定义程序存放地址
START:    MOV     R4, #50H     ; 数据表大小 (根据表内数据多少取值)
          MOV     DPTR, #TAB   ; 指向数据表
LOOP0:    CLR  A               ; 准备用 MOVC 指令
          MOVC    A, @A+DPTR   ; 查表(数据在片内程序存储器中)
          MOV     P0,   A      ; 输出到 P0 口
          MOV     R5, #2AH     ; 准备软件延时约 1 秒钟
LOOP1:    MOV     R6, #3BH
LOOP2:    MOV     R7, #4CH
```

```
LOOP3:    DJNZ    R7，LOOP3                    ; 使用 DJNZ 循环延时
          DJNZ    R6，LOOP2
          DJNZ    R5，LOOP1
          INC     DPTR                        ; 指向下一数据地址
          DJNZ    R4，LOOP0                    ; 数据表查完否
          SJMP    START                       ; 查完重新开始
TAB:      DB      01H,02H,04H,08H,10H,20H,40H,80H        ; 显示数据表
          DB      80H,40H,20H,10H,08H,04H,02H,01H,00H    ; (80H＝1000 0000B)
          DB      01H,03H,07H,0FH,1FH,3FH,7FH,0FFH       ; (0FF H＝1111 1111B)
          END                                 ; 伪指令，定义程序结束
```

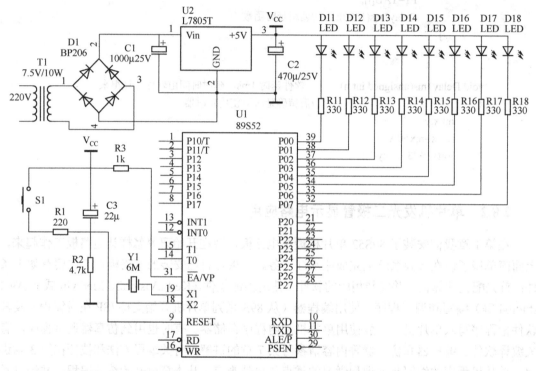

图 2.7   用 P0 口驱动发光二极管电路原理图

单片机 C51 程序如下：

```
#include<reg51.h>
void Delay1ms(unsigned int n);
unsigned char code TAB[25]={0x01,0x02,0x04,0x08,0x10,0x20,0x40,0x80,0x80,0x40,0x20,
0x10,0x08,0x04,0x02,0x01,0x00,0x01,0x03,0x07,0x0F,0x1F,0x3F,0x7F,0xFF};
void main()
{
unsigned char i=0;
while(1)
  {
      for(i=0;i<25;i++)
      {
          P0=TAB[i];
```

```
                    Delay1ms(1000);
            }
        }
    }
    void Delay1ms(unsigned int n)    // 软件延时 1ms, 延时时间由软件计算得来,需精确延时可使用定
时器
    {
    int x,y;
    for(x=n;x>0;x--)
            for(y=123;y>0;y--);
    }
```

2.8.3　单片机数码管显示电路应用

如果把发光二极管换成数码管,如图 2.8 和图 2.9 所示,实物相片如图 2.10 所示。读者可以根据原理图,并参考实物图片试制。由于数码管可以看成是 8 个发光二极管的拼装结构,且共阳数码管的 8 个二极管阳极连接在一起,阴极为 abcdefgh 计 8 个引脚,普通数码管共有 10 个引脚。所以可把上面的程序直接应用于数码管电路,引脚也可随意连接(图 2.8 中是标准连接),如果要显示预期的数码,则需要编制相对应的编码,共阳标准连接对应的部分符号的编码如表 2.8 所示。把上面程序中的 TAB 表中的内容换成该表中的编码,则电路轮流显示 0~=等内容。

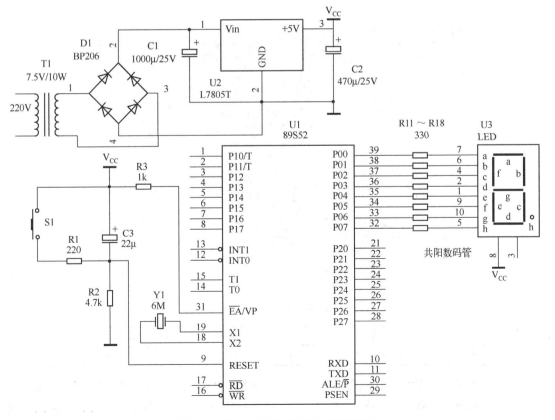

图 2.8　用 P0 口驱动数码管电路原理图

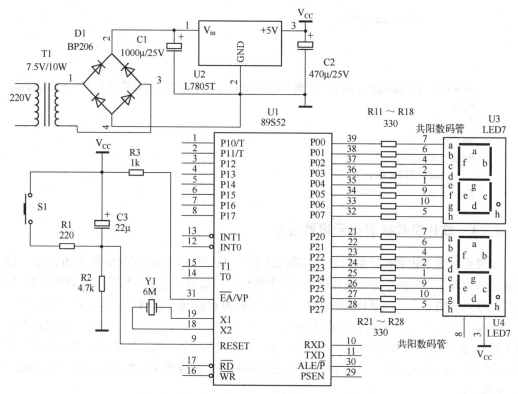

图2.9　用P0口和P2口驱动数码管电路原理图

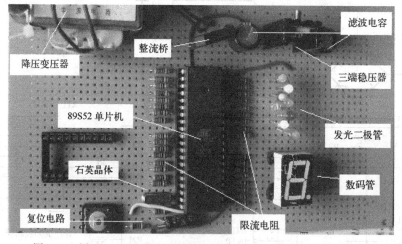

图2.10　用P0口驱动发光二极管和用P2口驱动数码管电路实物图

表2.8　共阳极数码管0~=的驱动码

数	0	1	2	3	4	5	6	7	8	9	A	b	C	d	E	F	熄	=
码	C0	F9	A4	B0	99	92	82	F8	80	90	88	83	C6	A1	86	8E	ff	B7

　　下面是截取编译软件编译过程中产生的列表文件（扩展名为lst），显示有地址（LOC），机器码（目标文件OBJ），行号（LINE），源程序（SOURCE）等内容。该程序是让两数码管同时显示十六进制数等内容。程序是从上面程序修改而来。

```
LOC   OBJ          LINE      SOURCE
0000               1         ORG      0000H
0000 7C13          2         START:   MOV      R4，#13H        ; 数据表大小
0002 900021        3                  MOV      DPTR，#TAB      ; 指向数据表
0005 E4            4         LOOP0:   CLR      A              ; 准备用 MOVC 指令
0006 93            5                  MOVC     A，@A+DPTR      ; 从片内程序存储器中读取数据)
0007 00            6                  NOP                     ; CPL A；本处不用取反指令
0008 F580          7                  MOV      P0，A          ; 输出到 P0 口
000A A3            8                  INC      DPTR           ; 指向下一数据地址
000B E4            9                  CLR      A              ; 准备取第二个数码
000C 93            10                 MOVC     A，@A+DPTR      ; 查表(数据在 TAB 表中)
000D 00            11                 NOP                     ; CPL A 取反指令换成空操作
000E F5A0          12                 MOV      P2，A          ; 输出到 P2 口
0010 7D2A          13                 MOV      R5，#2AH        ; 准备软件延时约 1 秒钟
0012 7E3B          14        LOOP1:   MOV      R6，#3BH
0014 7F4C          15        LOOP2:   MOV      R7，#4CH
0016 DFFE          16        LOOP3:   DJNZ     R7，LOOP3       ; 使用 DJNZ 循环延时约 1 秒
0018 DEFA          17                 DJNZ     R6，LOOP2
001A DDF6          18                 DJNZ     R5，LOOP1
001C A3            19                 INC      DPTR           ; 指向下一数据地址
001D DCE6          20                 DJNZ     R4，LOOP0       ; 数据表查完否
001F 80DF          21                 SJMP     START          ; 查完重新开始
0021 C0F9A4B0      22        TAB:     DB   0C0H，0F9H，0A4H，0B0H    ; 0，1，2，3
0025 999282F8                         DB   99H，92H，82H，0F8H       ; 4，5，6，7
0029 80908883      23                 DB   80H，90H，88H，83H        ; 8，9，A，B
002D C6A1868E                         DB   0C6H，0A1H，86H，8EH       ; C，D，E，F
0031 BFFFB7        24                 DB   0BFH，0FFH，0B7H          ; -，=
                   25                 END
```

该程序的 C51 程序如下：

```c
#include<reg51.h>                //头文件
void Delay1ms(unsigned int n) ;  //函数声明
unsigned char code TAB[19]={0xC0,0xF9,0xA4,0xB0,0x99,0x92,0x82,0xF8,0x80,
0x90,0x88,0x83,0xC6,0xA1,0x86,0x8E,0xBF,0xFF,0xB7}; // 字型码
void main()
{
unsigned char i=0;
while(1)
{
    for(i=0;i<19;i++)
    {
        P0=TAB[i];
        P2=TAB[i];
        Delay1ms(1000);       //调用延时函数
    }
}
}
void Delay1ms(unsigned int n)   // 软件延时 1ms，延时时间由软件计算得来
```

```
{
int x,y;
for(x=n;x>0;x--)
        for(y=123;y>0;y--);
}
```

　　如果想驱动共阴极二极管，或者试验电路驱动能力，则可以采用扩展 TTL 电路的方法，图 2.11 所示是扩展两片 74LS245，图 2.12 是其实物相片，该电路比较容易采用孔板手工艺制作，如果有条件也可制成单面板，并且还可增加一些功能，元器件最好读者自己安装，注意元器件的安装工艺，可以分成几部分安装调试，并编制和调试程序。

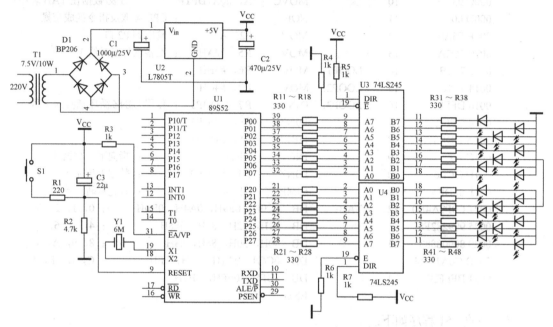

图 2.11　在 P0 和 P2 口增加 74LS245 驱动电路原理图

图 2.12　在 P0 和 P2 口增加 74LS245 驱动电路实物图

2.8.4 单片机按键输入和二极管输出电路应用

输入、输出练习，从 P1 口低 4 位读入 4 位二进制数经简单处理后从 P1 口高 4 位输出，电路如图 2.13 所示，参考程序如下：

地址	机器码		指令		注释
00H	E590	START:	MOV	A，P1	；P1 口为上拉门要置 1
02H	440F		ORL	A，#0FH	
04H	F590		MOV	P1，A	
06H	00		NOP		
07H	00		NOP		
08H	E590		MOV	A，P1	； 读入
0AH	540F		ANL	A，#0FH	；处理低 4 位
0CH	B2		CPL	A	；（可换用 NOP/INC A/ADD A，#?H 等）
0DH	C4		SWAP	A	；高低 4 位交换
0EH	F590		MOV	P1，A	；输到高 4 位
10H	80EE	LOOP:	SJMP	START(rel)	
12H					；偏移量 rel=00H－12H=0EEH

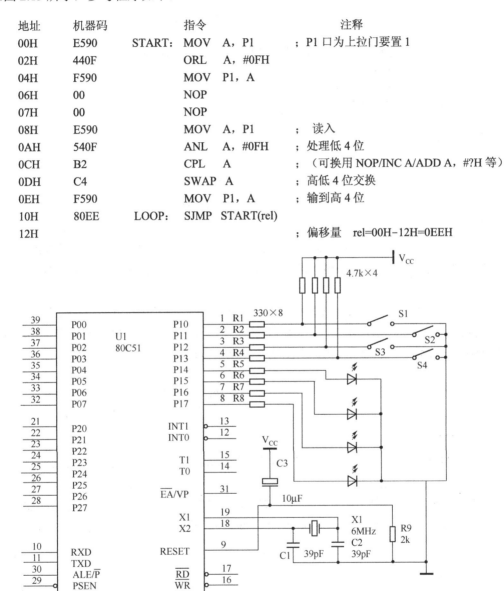

图 2.13 用 P1 口低 4 位读入/高 4 位输出电路图

/*该程序作用为：读 P1 口第 4 位的状态并从 P1 口的高四位输出显示*/

```
#include<reg51.h>//头文件
#include<intrins.h>
void main()
{
```

```
        unsigned char state=0;
        while(1)
        {
                P1|=0x0F;       //P1 口为上拉门要置 1
                _nop_();
                _nop_();
        _nop_();
                _nop_();        //等待四个机械周期,用于按键扫描延时
                state=P1;
                state&=0x0F;
                state=~(state<<4);
                P1=state;
        }
    }
```

本 章 小 结

1. 单片机的指令系统、寻址方式。51 系列单片机有 111 条指令，这里分为数据传送类指令、算术运算类指令、逻辑运算类指令、控制转移类指令、位操作类指令，并逐条分类讲解，还通过举例说明各条指令的使用方法。

2. 指令的有关规定，指令的格式和使用方法，指出了记忆指令的部分方法，用到了指令的编程方法。通过指令编程用到单片机各部分资源，完成单片机的实时控制任务，初步介绍了指令的使用方法。本章的目的是理解和记忆指令，并掌握指令的基本使用方法，使用指令编程是下一个阶段的重点。

习 题 2

一、填空题

2.1 MCS-51 系列单片机的指令系统的寻址方式有七种，分别是＿＿＿＿＿＿＿，＿＿＿＿＿＿，
＿＿＿＿＿＿，＿＿＿＿＿，＿＿＿＿＿＿＿和 ＿＿＿＿＿＿。

2.2 在进行 BCD 码加法运算时，紧跟 ADD 或 ADDC 指令后的指令必须是＿＿＿＿＿指令。

2.3 假定（sp）=40h，（39h）=30h，（40h）=60h.执行下列指令：

pop dph
pop dpl

后，dptr 的内容为＿＿＿＿＿＿，sp 的内容是＿＿＿＿＿＿。

2.4 在程序状态字寄存器 PSW 中，CY 与 OV 标志的状态可反应指令运算的结果，其中 CY 为进位（借位）标志，被用于＿＿符号数加（减）运算；OV 为溢出标志，被用于＿＿＿符号数加（减）运算。

2.5 MCS-51 共有＿＿＿＿＿条指令，可分为几种不同的寻址方式。如：指令 MOV A，@Ri 中的@Ri 属于＿＿＿＿＿＿寻址方式，指令 MOV C， bit 中的寄存器属于＿＿＿＿＿寻址方式。

2.6 堆栈指针 SP 的内容将始终指示＿＿＿＿＿＿，当单步执行了调用指令 LCALL addr16 后 SP 的内容将＿＿＿＿＿＿＿。

2.7 转移指令 LJMP addr16 的转移范围是 _____，JNZ rel 的转移范围是 _____，调用指令 ACALL addr11 的调用范围是 _____。

2.8 8031 唯一的一条 16 位数据传送指令为 _____。

2.9 阅读下列程序段，写出每条指令执行后的结果，并说明此程序段完成什么功能？

```
MOV    R1, #30H    ;（R1）=_____
MOV    A, #64H     ;（A）=_____
ADD    A, #47H     ;（A）=_____，（Cy）=_____，（AC）=_____
DA     A           ;（A）=_____，（Cy）=_____，（AC）=_____
MOV    @R1, A      ;（R1）=_____，（30H）=_____
```

此程序段完成的功能：_____

二、判断题（正确的打 √，错误的打 ×）

2.10 以下各条指令是否正确（LL1 和 PROC 为标号）

（1）ADD @R0, R1	（ ）	（11）MOVX A, @DPTR	（ ）
（2）MOV A, 30H	（ ）	（12）MOVC A, @A+DPTR	（ ）
（3）MOVX A, @3000H	（ ）	（13）MUL R0R1	（ ）
（4）MOV R7, A	（ ）	（14）MOV A, @R7	（ ）
（5）SUBB A, R2	（ ）	（15）MOV A, #3000H	（ ）
（6）ANL 26H, #59H	（ ）	（16）MOVC @A+DPTR, A	（ ）
（7）MOV C, ACC.7	（ ）	（17）MOVX @R0, B	（ ）
（8）MOV P1, A	（ ）	（18）MOVX A, 30H	（ ）
（9）JBC P0.3, LL1	（ ）	（19）ANL #99H, 36H	（ ）
（10）LCALLPROC	（ ）	（20）ADDC A, R7	（ ）

三、选择题

2.11 当单片机从 8155 接口芯片内部 RAM 的 20H 单元中读取某一数据时，应使用（   ）类指令。

    A. MOV A, 20H   B. MOVX A, @20H

    C. MOVC A, @A+DPTR   D. MOVX A, @ DPTR

2.12 8031 有四个工作寄存器区，由 PSW 状态字中的 RS1、RS0 两位的状态来决定，单片机复位后，若执行 SETB RS1 指令，此时只能使用（   ）区的工作寄存器。

    A. 0 区   B. 1 区   C. 2 区   D. 3 区

四、综合题

2.13 指出下列程序中每一条指令的画线操作数的寻址方式及其完成的操作。

```
MOV    3FH, #40H
MOV    A, 3FH
MOV    R1, #3FH
MOV    A, @R1
MOV    3FH, R1
```

2.14 内部 RAM 的 4FH 单元，可用哪几种方式寻址？分别举例说明。

2.15 特殊功能寄存器可用哪几种方式寻址？分别举例说明。

2.16 编程：将立即数 55H 送入内部 RAM 的 30H 单元。

（1）用立即寻址　　　（2）用寄存器寻址　　　（3）用寄存器间接寻址

2.17　用指令实现下述数据传送：

（1）内部 RAM　30H 单元的内容送内部 RAM40H 单元。

（2）外部 RAM　30H 单元的内容送 R0 寄存器。

（3）外部 RAM　30H 单元的内容送内部 RAM30H 单元。

（4）外部 RAM 2000H 单元的内容送内部 RAM20H 单元。

（5）外部 ROM 2000H 单元的内容送内部 RAM20H 单元。

（6）外部 ROM 2000H 单元的内容送外部 RAM20H 单元。

2.18　指出下列指令执行后目的操作数的结果，并写出每条指令的机器码，可不管上下句联系，其中（R0）=30H。

MOV　30H　#52H	MOV　A，#78H
MOV　A，#30H	MOV　R0，#30H
MOV　A，@R0	

2.19　指出在下列各条指令中，45H 代表什么寻址方式？

（1）MOV　A，#45H　　　　　　（3）MOV　45H，46H

（2）MOV　45H，#46H　　　　　（4）MOV　C，45H

2.20　分析下列指令顺序执行的结果，并写出每条指令的机器码。

（1）MOV　　A，#32H　　　　　（4）MOV　　R0，#20H

（2）MOV　　DPTR，#2020H　　（5）MOVX　A，@R0

（3）MOVX　@DPTR，A　　　　（6）MOV　　30H，A

2.21　试编程实现内部 RAM 25H 单元与外部 RAM 5500H 单元的数据交换。

2.22　试编程实现外部 RAM 2040H 单元的内容与 3040H 单元互换。

2.23　分析以下程序的执行过程，并绘出执行过程示意图。

（1）MOV　　A，#32H　　　　　（8）MOV　　A，#2FH

（2）MOV　　SP，#55H　　　　　（9）MOVX　　@DPTR，A

（3）MOV　　DPTR，#4000H　　（10）POP　　A

（4）PUSH　DPL　　　　　　　（11）POP　　DPH

（5）PUSH　DPH　　　　　　　（12）POP　　DPL

（6）MOV　　DPTR，#4200H　　（13）MOVX　@DPTR，A

（7）PUSH A

2.24　指出以下程序顺序执行后每一条指令的结果，填写在画线部分。

（1）MOV　A，#25H　　；(A) = _____　　（5）ADD　　A，R2　　；(A) = _____

（2）MOV　40H，#1AH　；(40H) = _____　（6）ADDC　A，40H　　；(A) = _____

（3）MOV　R2，#33H　　；(R2) = _____　　（7）MOV　　R0，#40H　；(R0) = _____

（4）CLR　　C　　　　；(C) = _____　　（8）ADDC　A，@R0　；(A) = _____

2.25　试编程实现两个无符号 16 位数的减法。被减数和减数分别存放在 DATA1 和 DATA2 为首址的内部 RAM 中，低位在低地址单元，高位在后，差存于 R3（低 8 位）和 R4（高 8 位）中。

2.26　在画线部分写出下列程序每一条指令执行后其目的操作数的结果。

（1）MOV　A，#0F0H　　　　；_____　　　　（2）CPL　A　　　　　　　　　；_____

（3）ANL　30H，#00H；_____　　　　（4）ORL　30H，#0BDH　；_____

（5）XRL　30H，A　　　　；_____

2.27　若（A）=7AH，分别执行下列指令后，A 的值是多少？填在画线部分。标志位 Cy 和 OV 的值各是多少？不考虑上下指令之间的联系。

（1）ANL　A，#0FFH　；_____　　　　（4）ORL　A，#00H　；_____

（2）ORL　A，#0FFH　；_____　　　　（5）XRL　A，#0FFH　；_____

（3）ANL　A，#00H　　；_____　　　　（6）XRL　A，#00H　　；_____

2.28　若外部 RAM 的（2000H）=X，（2001H）=Y，编程实现 Z=3X+2Y，结果存入内部 RAM 20H 单元（设 Z<255）。

2.29　在外部 RAM 的 4200H 单元至 4203H 的 4 个存储单元中，存有 01，02，03，04 四个数，试编程将它们传送到内部 RAM 的 30H～33H 单元。

第3章 C51 基础和汇编程序设计

主要内容

1. 讲解单片机汇编语言程序设计基础、汇编语言格式、伪指令，进一步熟悉汇编语言和机器语言之间的关系，掌握人工汇编程序的方法。

2. 单片机汇编语言程序结构：顺序程序、分支程序、循环程序、子程序，查表程序和散转程序及其设计方法。

3. 现阶段单片机 C 语言 C51 应用日新月异，甚至直接学习 C51，本章系统介绍 C51 语言基础知识，同时从第 2 章开始给予大量 C51 程序和例子，并通过实训任务工单方式循序渐进的学习掌握 C51 语言。

3.1 单片机汇编程序设计基础

3.1.1 汇编语言程序设计步骤

用汇编语言编制程序的过程，称为汇编语言程序设计。通常，汇编语言程序设计的步骤包括：设计课题、设计规划、模型算法、绘流程图、编制程序、汇编、仿真调试、试运行。整个汇编语言程序设计的流程图如图 3.1 所示。当然、短小程序也能省略一些步骤。

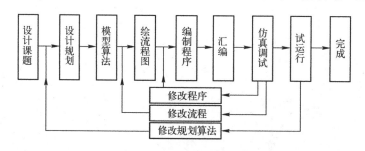

图 3.1 汇编语言程序设计的流程图

（1）设计课题。当前技术任务一般都以课题方式提出，实施前首先进行研究，如三峡大坝建设作为课题提出后，研究了几十年才开工建设；神舟载人航天计划从准备到送人上天也花了十年以上的时间；微软公司开发出 Windows 操作系统后，成批的技术人员又开始设计新的操作系统，这之间也要几年时间才能完成任务；像人类火星探索计划这样大的课题实施时可分解成一些较小的课题，并且分阶段实现。

（2）设计规划。建立数学模型。设计前对项目进行评估和规划，包括程序功能、运算精度、执行速度、各硬件特点，掌握设计的重点和难点。如我们国家的五年国家计划。

（3）模型算法。对于同一个任务，往往可用不同的程序来实现。此时应结合所用机器的指令系统，对不同的算法进行分析比较，经各方面综合考虑选择一种最佳算法，使程序精简，且执行速度快。

（4）绘流程图：程序结构设计。程序结构设计是把所采用的算法转化为汇编语言程序的准备阶段，特别是情况复杂的大型课题，必须进行程序结构设计。它可以分为模块化程序设计、结构程序设计及自顶向下设计等。

（5）编制汇编语言程序：根据确定的算法及所选用的程序结构就可以绘制流程图，根据流程图并结合所选用的指令系统就可写出相应的汇编语言源程序。

（6）汇编语言程序的调试：汇编语言程序编好后必须进行调试，因为所编制的程序难免有错误，且程序需要优化，通过仿真调试最后试运行合格达到应用系统的要求。

3.1.2　编制程序的流程图

1. 程序流程图的作用

采用流程图表示法，可以直观形象地表示各部分的逻辑关系及程序结构，方便地发现和分析程序算法存在的错误，便于掌握和进行程序交流。所以，流程图是程序设计的重要工具。

2. 程序流程图的组成

程序流程图是用几何图形配以文字说明来描述程序的。它不但形象地描述程序执行的过程而且清楚地表达程序结构的内在联系。流程图中所采用的各种常用符号如下（流程图中常用的符号，如图 3.2 所示）。

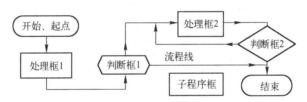

图 3.2　流程图中常驻用的符号

（1）端点图：它是一个圆形框（如图 3.2 中开始和结束）表示程序的起止等相应的文字。

（2）流程线：如图 3.2 线条所示，它表示程序执行的流向。

（3）处理框：如图 3.2 所示，该框表示一种处理功能或者程序执行的过程。框内用文字简要说明这一段程序的功能或处理过程。

（4）判断框：如图 3.2 所示，该框用于指示一个判定点，程序从这点产生分支。在框内应注明测试条件，而测试结果则注明在各分支流程线上。

（5）子程序框：如图 3.2 所示，该框表示调用子程序，在该框内填入相应的子程序名称或入口地址。

如果要解决的问题较为复杂，通常设计"粗细"不同的程序流程图。首先设计粗图框，力求反映编程者的总体设计思想及总体结构并侧重于模块之间的相互联系；然后设计详细框图，此时应侧重各个模块的具体实现。当然，一个简单的程序也可直接写出，但要成为一个优秀的设计人员，开始编程就要养成良好的习惯，掌握大量的设计素材，注重学习他人的经验。

3.1.3 单片机 51 系列的伪指令

用汇编语言编写的程序通常须经过微机汇编变成机器码才能被计算机执行。为了对源程序汇编，在源程序中必须使用一些"伪指令"。伪指令是便于程序阅读和编写的指令，它既不控制机器的操作也不能被汇编成机器代码，只作为汇编软件所识别的常用符号，并指导汇编如何进行，故称为伪指令。伪指令已经是大家公认的习惯用法，MCS-51 系列单片机的常用伪指令如下：

（1）起始地址伪指令 ORG。起始地址伪指令 ORG 是用来规定目标程序段或数据块的起始地址。通常，在汇编语言程序开始处均用 ORG 伪指令指定该程序段存放的起始地址。

（2）汇编结束伪指令 END。汇编结束伪指令 END 是用来告诉汇编程序，此源程序到此结束。在一个程序中，只允许出现一条 END 语句，而且必须安排在源程序的末尾。否则，汇编程序对 END 语句后的所有语句都不进行汇编。

（3）赋值伪指令 EQU。赋值伪指令 EQU 用于告诉汇编程序，将该伪指令右面的值赋给左面用户定义的符号，其格式如例 3.1。

由 EQU 赋值的字符名称在源程序中可以作为数值使用，也可以作为数据地址、代码地址或位地址。由 EQU 伪指令所定义的符号必须先定义后使用。故该语句通常放在程序开头处。

【例 3.1】 单片机汇编语言列表程序，同时给出了程序地址和指令码。

程序地址	机器码		汇编语言		注释
BUFFER	EQU		58H		；定义 BUFFER 的值是 58H 地址
	ORG		4000H		；该语句下面的程序从 4000H 开始
4000H	E5F0	START:	MOV	A，B	
4002H	30E701		JNB	ACC.7，DONE	
4005H	F4		CPL	A	
4006H	F5F0	DONE:	MOV	B，A	；DONE =rel=4006H-4005H=01H
4008H	F558		MOV	BUFFER，A	；A 的内容送 58H 地址单元
400AH			END		

（4）定义字节伪指令 DB。定义字节伪指令 DB 是用于告诉汇编程序从指定的地址单元开始定义若干个字节存储单元的内容。

（5）定义字伪指令 DW。定义字伪指令 DW 是用来告诉汇编程序从指定的地址单元开始，定义若干个 16 位数据。其格式和 DB 用法相同，只是一次定义 16 位数。

由于一个字长为 16 位，故要占用两个字节存储单元。在 MCS-51 单片机系统中，16 位的高 8 位存入低地址单元，低 8 位存入高地址单元。此处所说高地址单元实际上是编号数字大的地址，例 3.1 中 4000H 是开始地址，4002H 比它大，看成高地址单元。

（6）数据地址赋值伪指令 DATA。数据地址赋值伪指令 DATA 是用于告诉汇编程序，把由表达式指定的数据地址或代码地址赋予规定的字符名称。

DATA 伪指令的功能是和 EQU 指令相似，但 DATA 伪指令所定义的符号可先使用后定义。在程序中它常用来定义数据地址，该语句一般放在程序的开头或末尾。

（7）位地址赋值伪指令 BIT。位地址赋值伪指令 BIT 用于告诉汇编程序，把位地址赋予规定的字符名称，常用于有位处理的程序中。

机器汇编通常是在 PC 上用软件：MedWin/QTH-8052F/EDIT 等编辑汇编程序，并用编程器将程序固化在程序存储器芯片内，供单片机应用系统运行。

3.1.4 汇编语言源程序手工汇编

1. 汇编程序的汇编过程

用汇编语言编写的源程序必须通过汇编软件的汇编，才能使源程序转换成相应的由机器码指令组成的目标程序。较长的程序一般采用微机汇编，短小程序或练习程序也可用手工汇编。前面程序中的 4000H 是程序存放的 16 位地址，E5F0 为第一条指令的机器码，该机器码可由它后面的汇编指令查表得到，它们之间是一对一的关系。读者可根据指令表试验一下，结果肯定是一样的。接着是由指令组成的汇编程序和注释。

2. 手工汇编

在单片机配套的计算机系统上，一般都配备了汇编程序，其他微机需另外安装相应的软件，对于简单的实验程序可进行手工汇编，还会有一定好处，学生根据指令表一条一条地将汇编语言程序的语句翻译成机器码指令，放到相应的地址，最后得到可运算的目标程序，练习一、二次后便可掌握汇编的基本方法，本书中的练习有的给了机器码，有的没给，读者可参考有机器码的程序，练习手工汇编方法和技巧。

3.2 单片机汇编语言程序设计初步

前面我们已经学习了几个小程序，对程序有了初步了解，知道汇编语言是面向机器的语言。单片机汇编语言程序设计与所使用机器的内部结构有着密切的关系，必须充分了解所使用机器的"硬件环境"，才能着手进行汇编语言程序设计。特别是在编制 I/O 接口程序时还须了解 I/O 接口电路、机器及外设的外特性等。

为了设计一个高质量的程序，必须掌握程序设计的一般方法。在汇编语言程序设计中，普遍采用结构化程序设计方法。采用这种设计方法的主要依据是任何复杂的程序都可由顺序结构、分支结构及循环结构程序等构成。每种结构只有一个入口和出口，整个程序也只有一个入口和出口。结构程序设计的特点是程序的结构清晰、易于读写、易于验证、可靠性高。下面主要介绍结构化程序设计的基本程序设计方法。

3.2.1 顺序程序设计

顺序结构是程序结构中最简单的一种。用程序流程图表示时，流程图是一个处理框紧接着一个处理框。在执行程序时从第一条指令开始顺序执行，直到最后一条指令为止。

【例 3.2】 设计一程序把片外数据存储器 2030H～2033H 单元的内容清零。采用顺序程序结构设计，程序地址、机器码和汇编程序如下：

```
        ORG    1000H                              ; 定义程序存放地址
1000H   902030      MOV    DPTR    #2030H         ; 指向片外数据存储器地址
1003H   E4          CLR    A                      ; A 的内容清 0
1004H   F0          MOVX   @DPTR,  A              ; 写入片外数据存储器
```

1005H	A3	INC	DPTR	；指向下一地址
1006H	F0	MOVX	@DPTR，A	；再写
1007H	A3	INC	DPTR	
1008H	F0	MOVX	@DPTR，A	
1009H	A3	INC	DPTR	
100AH	F0	MOVX	@DPTR，A	
		END		

【例 3.3】 设在 8031 单片机内部 RAM 的 40H 单元中存放一个 8 位二进制数，请将其转换成相应的 BCD 码并由高位到低位顺序存入内部 RAM 以 60H 为首址的 3 个连续单元中。试编写相应的程序。注：单片机指令默认的数是十六进制数，大家日常用十进制数。

分析：要求完成的任务是：80H=128D→01/02/08 或 0F3H=243D→02、04、03，这里 D 是十进制数标识符。

由于 51 系列单片机的指令系统中有除法指令，故它的转换可用除法运算实现。先将此数除以 100（运算时化为十六进制数 64H），其商即为百位数，再将余数除以 10，其商即为十位数，而此时的余数即为个位数。

程序地址、机器码和汇编程序如下：

		ORG	4000H	
4000H	E540	MOV	A，40H	；被除数送到 A 中
4002H	75F064	MOV	B，#64H	；除数 100 送到 B 中
4005H	84	DIV	AB	；相除，80H/64H 商为 1，余数为 1CH
4006H	F560	MOV	60H，A	；商送到 60H 单元
4008H	E5F0	MOV	A，B	；余数送到 A 中
400AH	75F00A	MOV	B，#0AH	；除数 10 送到 B 中
400DH	84	DIV	AB	；除以 10，1CH/0AH 商为 2，余数为 08H
400EH	F561	MOV	61H，A	；商送到 61H
4010H	8562F0	MOV	62H，B	；余数送到 62H 单元中
		END		

由于不同的算法，同一问题可用不同的思路编程，该程序也可如下编写：

		ORG	4000H	
7860	BINBCD：	MOV	R0，#60H	；设置存数地址指针 R0 初值
E540		MOV	A，40H	；取被转换的二进制数
75F064		MOV	B，#100	；置除数为 100 或 64H
84		DIV	AB	；除以 100，求百位数
F6		MOV	@R0，A	；将百位数指定单元
08		INC	R0	；修改指针
740A		MOV	A，#10	；置除数为 10
C5F0		XCH	A，B	
84		DIV	AB	；除以 10，求十位数
F6		MOV	@R0，A	；将十位数指定单元
08		INC	R0	；再次修改指针
C5F0		XCH	A，B	；A 中为个位数
F6		MOV	@R0，A	；送个位数
		END		；结束

本例使用简单的除法运算和半字节交换指令，把一个字节十六进制数（最大 255）转化为十进制数的百位（除 100），十位（除 10）和个位（余数）的 BCD 码，实现二进制数到 BCD 码的转换。

【例 3.4】 设在 8031 单片机外部 RAM 的 60H 单元存有 1 字节代码，要求将其分解成两个 4 位字段。高 4 位存入原单元的低 4 位，其低 4 位存入 61H 单元的低 4 位且要求这两单元的高 4 位均为 0。如：68H→06H、08H 或 37H→03H、07H。这样做以便把一个字节数送到两个数码管去显示。试编制相应的程序。

分析： 本题的实质是进行字节分解，可用 ANL 和 SWAP A 指令来实现。

源程序如下：

```
              ORG        4000H
DEMODE:  MOV        R0, #60H          ; 设置地址指针 R0 初值
              MOVX       A, @R0            ; 取片外存储器的数据（68H）
              MOV        B, A              ; 暂存以备用
              ANL        A, #0F0H          ; 截取高 4 位（60H）
              SWAP       A                 ; 高 4 位为 0，低 4 位为 60H 单元中的低 4 位
              MOVX       @R0, A            ; 送结果 1（06H）
              ANL        B, #0FH           ; 截取低 4 位（08H）
              MOV        A, B              ; 高 4 位为 0，低 4 位为 60H 单元中的低 4 位
              INC        R0                ; 修改指针
              MOVX       @R0, A            ; 送结果 2（08H）
              END                          ; 结束
```

该问题也可用下面这段程序解决：

```
MOV        R0, #60H          ; 地址指针指向片外地址 60H
MOVX       A, @R0            ; 从片外地址取数送到 A 中
MOV        B, #10H           ; 除以十六进制数 10H
DIV        AB                ; 如 65H/10H，商为 06H，余数 05H
MOVX       @R0, A            ; 商送到片外数据存储器 60H 单元中
MOV        A, B              ; 余数送到 A 中
INC        R0                ; 指向片外地址 61H
MOVX       @R0, A            ; 余数送到间接地址片外存储器 61H 单元中
```

3.2.2　分支程序设计

1．分支结构

计算机具有逻辑判断能力，它能根据条件进行判断并根据判断结果选择相应的程序入口。这种逻辑判断功能是计算机分支程序的基础。

在进行程序编写时常常会遇到：根据不同的条件，要求进行相应的处理（编写不同的程序），此时就应采用分支程序结构。通常用条件转移类指令形成简单分支结构。指令 JZ、JNZ、JC、JNC、JB、JNB、CJNE、DJNZ 等都可以作为程序分支的依据。另外，在 MCS-51 指令系统中还有一类指令：JMP　@A+DPTR 也可实现程序分支。

2. 分支程序设计

【例3.5】 设 a 存放在累加器 A 中，b 存放在寄存器 B 中，要求按下式计算 y 值并将结果 y 存入累加器 A 中。试编制相应的程序。

$$y = \begin{cases} a-b & \text{当 } a \geqslant 0 \\ a+b & \text{当 } a<0 \end{cases}$$

分析：本题的关键是判断 a 是负数还是非负数，这可以通过检测 a 的符号位（最高位）的状态来实现。若 ACC.7=0（a 为非负数），则执行 a–b 运算；否则，执行 a+b 运算。

程序如下：

```
            ORG      4000H
MAIN:   JB       ACC.7, PLUS      ; a 为负数？若是则转 PLUS
            CLR      C                ; 若为非负数，则清 C
            SUBB     A，B             ; 执行 a–b 操作
            SJMP     BRDONE
PLUS：  ADD      A，B             ; 若为负数，则执行 a+b 操作
BRDONE：SJMP     BRDONE          ; 等待
            END                        ; 结束
```

【例3.6】 两个带符号数分别存在 ONE 和 TWO 两单元中。试比较它们的大小，将较大者存入 MAX 单元中。

分析：两个带符号数的大小比较，可将两个数相减后的正负数和溢出标志结合在一起判断，即：

当 x–y>0 为正时，若 OV=0，则 x>y；如果 OV=1，则 x<y。

当 x–y<0 为负时，若 OV=0，则 x<y；如果 OV=1，则 x>y。

当 x–y=0，则 x=y。

本例的程序流程图如图 3.3 所示。注意：有些复杂程序可用该方法画流程图分析，在有些情况下对程序最好的注释是程序本身。程序如下：

```
            ORG      4000H
COMP：  CLR      C                ; 做减法，清 Cy
            MOV      A，ONE          ; 取 x 到 A 中
            SUBB     A，TWO          ; x–y
            JZ       XMAX            ; x=y？
            JB       ACC.7，NEG      ; x–y<0，转 NEG
            JB       OV，YMAX        ; x–y>0，OV=1，则 y>x
            SJMP     XMAX            ; x–y>0，OV=0，则 x>y
NEG：   JB       OV，XMAX        ; x–y<0，OV=0，则 x<y
YMAX：  MOV      A，TWO          ; y>x
            SJMP     RMAX
XMAX：  MOV      A，ONE          ; x>y
RMAX：  MOV      MAX，A          ; 存最大值
            RET
ONE     DATA     30H              ; 数据地址
TWO     DATA     31H
```

```
MAX     DATA        32H
        END
```

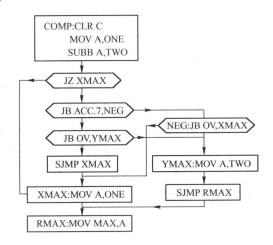

图 3.3　例 3.6 中的程序流程图

3.3　循环结构与循环程序设计

3.3.1　循环结构程序

前面介绍了顺序程序和分支程序，对于前者每条指令只执行一次，后者则根据不同条件会跳过一些指令，执行另一些指令。这两种程序的特点是每条指令至多只执行一次。但是，在处理实际问题时，有时要求某些程序段多次重复执行，此时就应采用循环结构来实现。这样不但可使程序简练而且可大大节省存储单元。典型循环程序包含 4 部分：初始化部分、循环处理部分、循环控制部分和循环结束部分。下面分别介绍这 4 个组成部分。

（1）初始化部分。这部分是用来设置循环初始状态，如建立地址指针，设置循环计数器的初值等。

（2）循环处理部分。这部分是重复执行的数据处理程序段，依具体情况而异。

（3）循环控制部分。这部分是用来控制循环继续与否，它通常又由修改地址指针、修改变量和检测循环结束条件等三部分组成。有时将循环处理部分与循环控制部分合在一起统称为循环体。

（4）循环结束部分。这部分任务是对结果进行分析、处理和存放等。

循环程序中的初始化部分只执行一次，而循环体通常要执行多次，它影响循环程序的效率。因此欲优化循环程序，首先必须优化循环体，而优化应从改进算法，选用最合适的指令和工作单元着手，以达到缩短执行时间的目的，但对程序长度的缩短并不十分强调。根据循环程序的结构不同也可分为单循环和多重循环；根据循环结束条件不同，可以分成循环次数是已知和未知的循环程序。编写循环程序的关键是如何控制循环的继续与否。循环次数是已知的，则可用循环次数计数器控制循环继续与否；若循环次数是未知的，则可按问题的条件控制循环结束与否，下面介绍循环程序设计。

3.3.2 循环结构程序设计

1．单循环程序设计

在一个循环程序中不包含其他的循环称为"单循环"。

（1）循环次数已知的循环程序。当循环次数已知时，适合用计数器置初值的方法来设计程序。

【例 3.7】 工作单元清零。在程序设计时，有时需要将存储器中部分地址作为工作单元，存放程序执行的中间值和结果。工作单元清零工作常常放在程序的初始化部分中。

设有 50 个工作单元，其首地址存放在 DPTR 中，循环次数在 R2 寄存器中。每执行一次循环，R2 的内容减 1，直至 R2=0，循环程序结束。如把 4500H～4532H 单元清零，流程图如图 3.4 所示。

程序如下：

```
CLEAR:  CLR     A
        MOV     R2，#32H      ；置计数器(32H=50)
LOOP:   MOVX    @DPTR，A
        INC     DPTR         ；修改地址指针
        DJNZ    R2，LOOP      ；控制循环
        RET
```

本例中循环次数已知，用 R2 作循环次数计数器。用 DJNZ 指令修改计数器值，并控制循环的结束与否。

【例 3.8】 多个单字节数据求和。已知有 n 个单字节数据，按次序放在内部 RAM 的 40H 单元开始的连续单元中。要求把计算结果存入 R2，R3 中（高位存 R2，低位存 R3）。其流程图如图 3.5 所示。

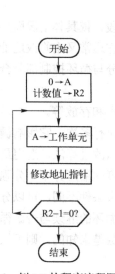

图 3.4　例 3.7 的程序流程图

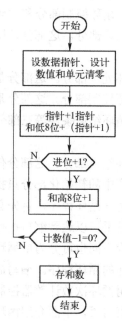

图 3.5　例 3.8 的程序流程图

程序如下:

```
            ORG    8000H
SAD:   MOV    R0, #40H        ; 设数据指针
       MOV    R5,  #NUM       ; 计数器置初值
       MOV    R2, #0          ; 和的高 8 位清零
       MOV    R3, #0          ; 和的低 8 位清零
LOOP:  MOV    A, R3           ; 取加数
       ADD    A，@ R0
       MOV    R3,  A          ; 存和的低 8 位
       JNC    LOP1            ; 有进位，和的高 8 位+1
       INC    R2
       CLR    C
LOP1:  INC    R0              ; 指向下一个数据地址
       DJNZ   R5, LOOP        ; 循环的结束与否?
       RET
       NUM    EQU    OAH
       END
```

用 R0 作为间接寻址寄存器，每作一次加法，R0 加 1，数据指针 DPTR 指向下一数据地址。R5 为循环次数计数器，控制循环次数。每次 R5 减 1，减到 0 结束，和放在 R2，R3 中。

【例 3.9】设有一带符号的数组存放在 8031 单片机内部 RAM 以 20H 为首址的连续单元中，其长度为 90，要求找出其中的最大值将其存放到内部 RAM 的 1FH 单元中,试编写相应的程序。

分析： 开始时将第一单元内容送 A，接着从第二位起依次将其内容 x 与 A 比较，如 x>A，那么将 x 送 A；如果 A≥x，那么 A 值不变，直到最后一个单元内容与 A 比较、操作完毕，则 A 中就是该数组中的最大数，这里需要解决如何判别两个带符号数 A，x 的大小。通常可以采用如下的方法：首先判断 A，x 是否是同号，若是同号，则进行 A-X 操作，如差>0，那么 A>X；如果差<0，那么 A<x；若两异号，则可判 A（或 x）是否为正。如为正，则 A（或 x）>X（或 A）；如为负，则 A（或 x）<x（或 A）。相应的流程图如图 3.6 所示。

程序如下:

```
            ORG      1000H
SCMPPMA: MOV    R0, #20H       ; 置取数指针 R0 初值
         MOV    B, #59H        ; 置循环计数器 B 初值
         MOV    A, @ R0        ; 第一个数送 A
SCLOOP:  INC    R0             ; 修改指针
```

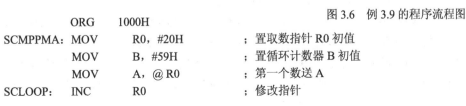

图 3.6　例 3.9 的程序流程图

	MOV	R1，A	；暂存
	XRL	A，@R0	；两数符号相同？
	JB	ACC.7，RESLAT	；若相异，则转 RESLAT
	MOV	A，R1	；若相同，则恢复 A 原来值
	CLR	C	；C 的内容为 0
	SUBB	A，@R	；两数相减，以判两者的大小
	JNB	ACC.7 SMEXT1	；若 A 为大，则转 SMEXT1
CXAHER：	MOV	A，@R0	；若 A 为小，则将大数送入 A
	SJMP SMEXT2		
RESLAT：	XRL	A，@R0	；恢复 A 原值
	JNB ACC.7 SMEXT2		；若 A 为正，则转 SMEXT2
	SJMP	CXAHER	；若 A 为负，则转 CXAHER
SMEXT1：	ADD	A，@R0	；恢复 A 原值
SMEXT2：	DJNZ	B，SCLOOP	；所有的单元均比较过？未比较完，则继续进行
	MOV	1FH，A	；最大者送 1FH 单元
	END		

（2）循环次数未知的循环程序。有些程序事先不知道循环计数器，这时需要根据判断循环条件的成立与否，或用建立标志的方法，来控制循环程序的结束。

2. 多重循环程序设计

前面例子都是单循环程序。在现实中往往还会遇到多重循环，一个循环程序的循环体中还包含一个或多个循环的结构，即双重循环或多重循环。

【**例 3.10**】 设 8031 单片机使用 12MHz 晶振（机器周期 T 为 1μs），试设计延迟 100ms 的延时程序。

分析：前面程序中已用过这样的程序，这里详细分析如下：

延时程序的功能相当于硬件定时器的功能。延时程序的延迟时间就是该程序的执行时间为 512T(100H*2=512D)。若取每条指令执行时间是 T=1μs（12MHz），则最长的延时为 512μs，故可采用双重循环程序实现延时 100 ms。

程序如下：

	ORG	4000H		指令延时
DEYPRG：	MOV	R2, #COUNTS	；置外循环计数器 R2 初值为 COUNTS，如＃0FFH	1μs
LOOPS：	MOV	B, #COUNTR	；置内循环计数器 B 初值为 COUNTR	COUNTS * 2μs
LOOPR：	DJNZ	B, LOOPR	；内循环计数并判内循环结束否？ COUNTR*COUNTS * 2μs	
	DJNZ	R2, LOOPS	；外循环计数并判外循环结束否？	COUNTS * 2μs
	END			

下面计算 COUNTR 及 COUNTS 的值。设内循环程序的延时为 500μs，则 COUNTR*2μs=500μs，于是可得 COUNTR=250=0FAH，外循环程序要求执行时间为 100ms，则 1μs +（500+2+2）μs*COUNTS=100 000μs，可得 COUNTS=198.8 取 199=0C7H。此延迟程序的实际延迟时间为[1+（502+2）*199]*1μs=100.098ms。把每条指令执行次数乘指令周期即为总延时。

【**例 3.11**】 设在单片机 8031 内部 RAM 的数据缓冲区存放一无符号数数组，其长度为 50，起始地址为 30H。要求将它们从大到小顺序排列，排序后存放在原数据缓冲区中，试编写相应的程序。

分析： 本例是一个排序程序设计，排序方法有多种。下面介绍一种常用的"冒泡"程序设计思路，其思路是：从低地址到高地址将两两相邻单元内容进行比较。若低地址的内容大于相邻高地址单元的内容，则保持原状；若低地址单元的内容小于相邻高地址单元的内容，则两个相邻单元的内容互换。这样经一次循环后，在最高地址单元中存放的是最小数，然后按上述方法进行第二次循环。本次循环结束时在次最高地址单元中存放的是次最小数；这样经过 49 次循环就在数据缓冲区中得到从大到小排列的数组。在每次循环中大数不断地向低地址单元移动，理论上，要经过 49 次循环才能完成排序，但其概率是相当小的。为了提高排序的速度，可在程序中设置一个交换标志位。在初始化时将该位清 0，如在一次循环中有两相邻单元的内容互换，则将交换标志位置 1。在每次循环结束时测试此标志位，以决定是否需要再次循环。若交流标志位为 1，则继续排序，若交换标志位为 0，则已完成排序。

程序如下：

```
        ORG     4000H
BUBBLE: MOV     R0, #30H        ; 置地址指针 R0 初值
        MOV     R2, #50         ; 置长度计数器 R2 初值为#32H
        CLR     10H             ; 交换标志位（10H 单元）清 0
        DEC     R2              ; 长度计数器
BULOOP: MOV     A, @R0          ; 取比较的第 1 个数
        MOV     20H, A          ; 暂存
        INC     R0              ; 修改指针 R0, 以指向下一单元
        MOV     21H, @R0        ; 取比较的第 2 个数
        CJNE    A, 21H, BUNEU   ; 两个数比较, 若（20H）-（21H）, 转 BUNEU
BUNEU:  JNC     BUNEXT          ; 若（20H）≥(21H), 则转 BUNEXT
        MOV     @R0, 20H        ; 若（20H）<（21H）,（20H）的小数送高地址
        DEC     R0
        MOV     @R0, 21H        ;（21H）的大数送低地址
        INC     R0              ; 恢复 R0 原值, 准备下一次比较
        SETB    10H             ; 置交换标志位为 1
BUNEXT: DJNZ    R2, BULOOP      ; 长度计数器为 0? 若不为 0, 则继续比较
        JB      10H, BUBBLE     ; 判交换标志. 若为 1, 则继续循环
        END                     ; 为 0 则循环结束, 完成排序
```

【例 3.12】 设 8031 单片机扩展 4K 外部 RAM，其地址为 0000H～0FFFH。试按下述要求编制 RAM 检查程序，若有存储单元读写出错，则将出错单元地址依次存入内部 RAM 中以 20H 为首址的连续单元中并在所有单元都检查完时程序转至 PGEROR；若所有单元的读写操作均正常，则转至以 MONIT 为首址的主程序。

分析： 根据存储器的工作原理很容易实现对 RAM 的检查，即从第一个存储单元开始将校验码写入其中，然后再将该单元的内容读出，比较读出与写入的内容，直至检查完全部存储单元。在本例中校验码等于 00H 和 FFH。因为，写 0 读 0 正确，并不一定写 1 读 1 也正确，故须用写 0 和写 1 分别测试。其流程图读者自己分析画出。

程序如下：

```
            ORG     4000H
CHECK:  MOV     R0，#20H              ; 置登录地址指针 R0 初值
        MOV     R1，#0FFH            ; 置校验码寄存器 R1 初值
        CLR     01H                  ; 清出错标志（01H 位）
        MOV     B，#02H              ; 置外循环计数器 B 初值
CHLOOP: MOV     A，R1                ; 校验码取反
        CPL     A
        MOV     R1，A
        MOV     DPTR，#0FFFFH        ; 置外部 RAM 指针 DPTR 初值
CHNEXT: INC     DPTR                 ; 修改 DPTR，从 0000H 开始查
        MOV     A，R1                ; 校验码写入指定单元
        MOVX    @DPTR，A
        MOVX    A，@DPTR             ; 读出该单元内容
        CJNE    A，R1，ERROR         ; 读出的内容=校验码？若不相等转 ERROR
        SJMP    COUNTC               ; 若相等，则转 COUNTC
ERROR:  SETB    01H                  ; 置出错标志位
        MOV     @ R0，DPL            ; 登录出错单元地址并修改登录指针 R0
        INC     R0                   ; 片外数据地址是 16 位，两个字节
        MOV     @ R0，DPH            ; 出错地址低 8 位
        INC     R0
COUNTC: MOV     A，DPH               ; 所有单元均检查完毕，则继续
        CJNE    A，#0FH，CHNEXT      ; 共 4KB RAM，0000H～0FFFH
        DJNZ    B，CHLOOP            ; 外循环结束？若未结束，则进行第二遍检查
        JNB     01H，MONIT           ; 若检查结果无差错，则转入 MONIT
        LJMP    PGEROR               ; 若检查结果有错，则转入出错处理程序
MONIT   DATA    4080H
PGEROR  DATA    4090H
        END
```

　　前面所讲程序在某些地方做了简化处理，若要使用该程序，应考虑具体情况在程序的处理上要根据实验设备做必要修改，读者可把这里的程序修改后再用于实验。在设计多重循环程序时，各循环层次要分明，不能出现层次交叉的情况，否则将引起程序混乱。

3.4　子程序和查表子程序设计

3.4.1　子程序设计

1．子程序结构

　　在程序设计的实践中，经常会遇到在不同的程序中或在同一程序不同的地方，要求实现某些相同的操作，如延时、代码转换、数制转换、检索与排序、函数计算以及对某些外设的实时控制等。为简化程序设计、缩短程序设计的周期及程序长度，便于软件交流即共享软件资源，就把那些频繁使用的基本操作编成相对独立的程序段——子程序。如果需要实现某种操作就可以"调用相应的子程序"。主程序调用子程序通常用 CALL 指令实现，从子程序返

回到主程序是由 RET 指令完成的。在 MCS-51 系列单片机的指令系统中调用指令是 ACALL 和 LCALL，返回指令为 RET。那些能调用子程序而不被其他程序所调用的程序称为主程序，一个主程序可多次地调用同一个子程序，也可以先后调用多个子程序。子程序也可调用其他子程序。为了使子程序具有通用性，故在调用子程序前，主程序必须把子程序所需要的原参数放到某些约定的位置，以便子程序运行时可以从这些约定的位置取出所需要的参数。同样，子程序在返回主程序时能从这些约定的位置取出所需的结果，这就是所谓的"参数传递"。由此可见，采用子程序非但不能节省程序执行时间，而且它还比通常的程序多一个中间环节，即参数传递。主程序与子程序之间的参数传递方法通常有三种：利用寄存器传递参数、利用寄存器间接寻址传递参数、利用堆栈传递参数。

2．子程序设计

子程序设计时应注意的事项如下：

（1）每个子程序都应有唯一的入口（即有唯一的名称），以便于主程序正确地调用它；子程序通常以 RET 指令作为结束，以便于正确地返回主程序。

（2）子程序应具有通用性。为了使子程序具有通用性，子程序的操作对象通常采用寄存器或寄存器间接寻址方式，而不用立即寻址方式。

（3）子程序应具有可浮动性（即子程序存放在存储器中的任何空间都能正确运行）。为了使子程序不论存放在存储器的哪个区域都能正确地执行，子程序中如有转移指令应使用相对转移指令，尽量少使用绝对转移指令。

（4）进入子程序时需要对在主程序中使用，也在子程序中继续要使用的寄存器进行保护，且在返回主程序时应将寄存器恢复成原来的状态。为了正确返回主程序，通常在子程序中 PUSH 指令和 POP 指令应该成对使用。

3．子程序的设计步骤

子程序的设计步骤如下：
（1）确定子程序的名称，即其入口处的标号。
（2）确定子程序的入口参数及出口参数。
（3）确定所使用的寄存器和存储单元及其使用目的。
（4）确定子程序的结构，编写源程序。

4．子程序及其调用程序的设计

（1）用寄存器传递参数的子程序及其调用程序的设计。

【例 3.13】 设有一长度为 30H 的字符串放在 8031 单片机内部 RAM 中，其首地址为 40H。要求将该字符串中每一个字符加偶校验位。设每个字节的高位为 0，只有 7 位有效数位，校验位加在最高位。试以调用子程序的方法来实现。注：加校验后的数中 1 为偶数个（0110 0100→1110 0100 或 0001 1000→0001 1000）。

解：子程序清单如下：

```
            ORG     4000H
MACEPA:     MOV     R0, #40H        ; 置地址指针 R0 初值
```

```
                MOV       R2，#30H            ；置循环计数器 R2 初值
    NEXTLP：    MOV       A，@R0              ；取未加偶校验位的 ASCII 码
                LCALL     SUBEPA             ；调用子程序 SUBEPA
                INC       R0                 ；修改指针，指向下一单元
                DJNZ      R2，NEXTLP          ；计数并判断循环结束否？若未结束则继续
                SJMP      $                  ；转到结束处 $ 或等待
    SUBEPA：    ADD       A，#00H             ；子程序 SUBEPA，预备 A 中数的偶校验位
                JNB       PSW.0，SPDONE       ；判奇偶标志位 P，P 反映 A 中 1 的个数
                ORL       A，#80H             ；加校验位 A 中高位 D7 置 1
    SPDONE：    RET                          ；子程序返回
                END
```

（2）用寄存器间址传递参数的子程序及其调用指令的设计。

【例 3.14】 多字节 BCD 码减法子程序 SUBMSB，即十进制减法程序。

分析：如前所述，在二进制数中，当采用补码后可以将减法转换成加法。同样 BCD 码中采用补数后也可将减法转换成加法，减数对 100 取补，只要将 100 减去此数即可。因 BCD 码 9AH 经十进制调整后就成为 100，相当于 100 减去减数。如 67-35=32 → 9AH-35H+67H=CCH→=132→=32。大家可把 67 和 35 换成别的数试一试。这说明对具体任务必须要有合理的算法。如下程序解决了单片机没有十进制减法指令的问题。

程序如下：

```
    ；子程序名称： SUBMSB
    ；入口参数：被减数及减数的末地址分别存放在 R0 及 R1 中，字节长度存放在 R2 中
    ；出口参数：差存放在被减数单元
    ；所使用的寄存器：A，R0，R1，R2
    ；子程序清单：
    SUBMSB：CLR     C               ；减数对 100 取补
    BSULOP：MOV     A，#9AH          ；相当于 100
            SUBB    A，@R1           ；9AH-35H=65H
            ADD     A，@R0           ；两数相加，65H+67H=CCH
            DA      A               ；十进制调整，（A）=32H
            MOV     @R0，A           ；送结果
            DEC     R0              ；修改被减数地址指针
            DEC     R1              ；修改减数地址指针
            CPL     C               ；转换成借位，上面数中的 132 中的 1 这样去掉
            DJNZ    R2，DSULOP        ；多字节减法完成？若未完成则继续
            RET
```

调用程序设计见例 3.16，例 3.16 中的程序调用例 3.15 中的程序。

（3）利用堆栈传递参数的子程序及其调用程序设计。在 MCS-51 系列单片机硬件结构中设有堆栈，通过堆栈可以实现主、子程序之间的参数传递。在主程序调用子程序前，可将子程序所需要的参数通过 PUSH 指令把它们压入堆栈。在执行子程序时可用寄存器间址访问堆栈，从中取出所需要的参数，并在返回主程序之前将其结果送到堆栈中。当返回主程序后，可用 POP 指令从堆栈中取出子程序提供的处理结果。由于使用堆栈，应特别注意 SP 所指示的单元。在通常情况下，PUSH 指令与 POP 指令总是成对使用的；否则，会造成不能正确地返回主程序。另外，在使用堆栈时首先要将栈底位置确定，即必须给 SP 赋初值。

【例3.15】 十六进制数的 ASCII 码转换成相应的十六进制子程序 SUBASH。

解：十六进制的 ASCII 码值不是连续的：0～9 的 ASCII 码为 30～39H，此时只要将 ASCII 码值减去 30H 即可得到相应的十六进制数；而 0AH～0FH 的 ASCII 码为 41H～46H，此时要将 ASCII 码值减去 37H 才是相应的十六进制数。由于本程序是子程序，所以（SP）及（SP）−1 所指示的是返回地址，而（SP）−2 所指示的才是欲转换的 ASCII 码，SUBASH 子程序流程图由读者分析程序后自己画出。

程序如下：

```
; 子程序名称：SUBASH
; 入口参数：被转换的十六进制数的 ASCII 码存放在（SP）−2 所指示的单元中
; 出口参数：转换后的十六进制数仍放在原单元中
; 所用寄存器：A，R0
; 子程序清单：
SUBASH: MOV     R0, SP          ; SP 值不能改变，否则不能正确返回
        DEC     R0
        DEC     R0
        XCH     A, @R0          ; 从堆栈取出被转换的数送入 A
        CLR     C
        SUBB    A, #3AH         ; 为 0～9 的 ASCII 码否？ 小于 3AH？， 共减 30H
        JC      ASCDTG          ; 若是小于，则转 ASCDTG
        SUBB    A, #07H         ; 若否，则再减去 7，(A)−3A−7+0A=(A)−37
ASCDTG: ADD     A, #0AH         ; 转换成十六进制数，(A)−3A+0A=(A)−30
        XCH     A, @R0          ; 把转换后的十六进制数压入堆栈
        RET
```

调用程序设计见例 3.16。

【例3.16】 设有 50 个十六进制数的 ASCII 码存放在 8031 单片机内部 RAM 以 30H 为首址的连续单元中。要求将其转换成相应的十六进制数并存放到外部 RAM 以 4100H 为首址的 25 个连续单元中。根据上述要求，试编制 SUBASH 子程序的调用程序。

解：相应的程序如下：

```
        ORG     4000H
MAIASH: MOV     R0, #2FH        ; 置取数指针 R0 初值， 从 30H 开始
        MOV     DPTR, #40FFH    ; 置数据指针 DPTR，下一个地址是 4100H
        MOV     SP, #20H        ; 置堆栈 SP 初值
        MOV     R2, #19H        ; 置循环计数器 R2 初值 25
NELOOP: INC     R0              ; 修改 R0
        INC     DPTR            ; 修改 DPTR 指下一个地址
        MOV     A, @R0          ; 取被转换的 ASCII 码并压入堆栈
        PUSH    ACC
        ACALL   SUBASH          ; 调用 SUBASH 子程序（例 3.15）
        POP     1FH             ; 相应的十六进制数送到 1FH 单元中
        INC     R0              ; 修改 R0
        MOV     A, @R0          ; 取被转换时 ASCII 码并压入堆栈
        PUSH    ACC
        ACALL   SUBASH          ; 调用 SUBASH 子程序
```

```
        POP     ACC              ; 相应的十六进制数送入 A 中
        SWAP    A                ; 合并两个数，第二个数作高 4 位
        ORL     A，1FH           ; 合成两位十六进制数
        MOVX    @DPTR，A          ; 送存数单元
        DJNZ    R2，NELOOP       ; 转换结束否？若未完，则继续
        SJMP    $
```

在实际设计子程序入口及出口的参数传递方法时，可根据具体情况灵活处理，不必拘泥于采用一种方法。在使用堆栈传递参数时，应考虑清楚是否还有中断子程序。

3.4.2 查表及查表程序设计

1．查表

查表程序是一种常用程序，它广泛使用于 LED 显示器控制、打印字库以及数据补偿、计算、转换等功能程序中，具有程序简单、执行速度快等优点。所谓查表，就是根据变量 X 在表格中查找 Y，使 $Y=f(X)$。

2．查表程序设计

下面介绍几种常用查表程序。

【例 3.17】 设有一个巡回检测报警装置，需对 16 路输入进行控制，每路有一个最大允许值，它为双字节数。在控制时，需根据测量的路数，找出该路的最大允许值。再判断输入值是否大于最大允许值，如大于则报警。

解：设路数为 X（$0 \leqslant X \leqslant r$），Y 为最大允许值，放在表格中，路数放在 R2 中。查表后，最大值放在 R3，R4 中。

程序如下：

```
    程序地址和机器码          汇编程序              注释
                        ORG    4000H
4000H  EA     PM1： MOV   A，R2    ; 其值是：00H～0FH 共 16 字如数 04
4001H  2A          ADD    A，R2    ; （A）←（R2）×2，每个数两个字节
4002H  FB          MOV    R3，A    ; （R3）←（R2）×2    =08
4003H  2406        ADD    A，#6    ; 加偏移量（400C-4006=#6）（8+6=E）
4005H  83          MOVC   A，@A+PC ; 查第一字节，地址=4006H+0EH=4014H
4006H  CB          XCH    A，R3    ; 存第一字节 33，准备取第二字节
4007H  2403        ADD    A，#3    ; 加偏移量（400C-400A+1=#3）（8+3=B）
4009H  83          MOVC   A，@A+PC ; 查第二字节，地址 400AH+0BH=4015H
400AH  FC          MOV    R4，A    ; 存第二字节 88
400BH  22          RET
400CH  2520372142647560 TAB1： DW  2520，3721，4264，7560    ; 最大值表
4014H  3388326578839943        DW  3388，3265，7883，9943
401CH  1050405167858931        DW  1050，4051，6785，8931
4024H  5468587132846688        DW  5468，5871，3284，6688
```

本例程序中，表格长度不能超过 256 字节。若表格长度大于 256 字节，必须用 MOVC A，@A+DPTR 指令。

【例3.18】 在8031单片机内部RAM的LOC单元中存放一位非压缩BCD码，求其立方值并将它存放到内部RAM的RESULT及RESULT+1单元中。试编制相应程序。

分析：为了简化程序设计，数的立方值不是通过计算求得而是由查表求得。由于一位BCD码的值是0～9，数9相应的立方值为729。如用压缩BCD码表示，则须用两个单元来存放。按上述假定可将0～9的立方值依次存入外部RAM以TABLE为首址的存储空间（即设计立方表，表首址为TABLE）。某数立方值在表中的地址与表首址TABLE的关系为：

某数立方值第一字节地址=TABLE+2×该数

该数立方值第二字节地址=TABLE+2×该数+1

其中低地址单元中存放立方值的高位，高地址单元中存放立方值的低位。

程序如下：

```
            ORG     4000H
LOP     DATA    50H                     ;定义单元地址
RESULT  DATA    60H                     ;定义结果第一字节地址
SUBRTE: MOV     A，LOC                  ;取数
        MOV     R2，A
        ADD     A，R2                   ;该数×2
        MOV     R2，A                   ;暂存，以备后用
        MOV     DPTR，#TABLE            ;DPTR置立方值首址
        MOVC    A，@A+DPTR              ;查表，得立方值的高位
        MOV     RESULT，A               ;送结果
        INC     R2
        MOV     A，R2
        MOVC    A，@A+DPTR              ;查表，得立方值的低位
        MOV     RESULT+1，A             ;送结果
        RET
TABLE:  DW  0000H    0001H，0008H，001BH，0040H，…
        END
```

从例3.18中可以得到这样的启发：对于已知x（x=0，1，2，…，m-1，m；即x是从0开始的连续自然数），求f(x)的这类问题。若x与y的地址之间有如下简单对应关系：

y第1字节地址=TABLE+x×n

y第2字节地址=TABLE+x×n+1

…

y第n字节地址=TABLE+x×n+n-1

（其中TABLE为首址，n为每个y所占的存储单元数）则可以通过直接查表得到y。利用这种查表方法可按序号进行各种内容的查询（如电话号码、账号、存款余额等），进行代码转换（如十六进制数转换成七段代码等），求平方值、平方根等。

3.4.3 散转程序及其设计

1. 散转程序

在设计单片机应用程序时经常遇到需要根据不同的输入或运算结果决定执行方向的处

理程序，即根据存储单元或寄存器的内容决定程序的流向，这就是散转程序。例如，根据不同的按健值运行不同程序段。

2．散转程序的设计

下面通过具体例子介绍几种常用的散转程序设计方法。

（1）使用转移指令表的散转程序。

【例3.19】 根据标志单元R2中的内容，分别转移到各个处理程序。

解：程序如下：

```
PJ1:    MOV      DPTR，#TAB1
        CLR      C
        MOV      A，R2
        ADD      A，R2          ；（R2）×2→A
        ADD      A，R2          ；（R2）×3→A
        JNC      NADD
        INC      DPH           ；（R2）×2>256 时，16 位数据指针高 8 位加 1
NADD:   JMP      @A+DPTR
TAB1:   LJMP     PRG0          ；转处理程序 0 的首地址
        LJMP     RRG1          ；转处理程序 1 的首地址
        ...
        LJMP RRGn
```

（2）用转移地址表实现散转。当转向范围比较大时，可直接使用转向地址表方法，即把每个处理程序入口地址直接置于地址表内。用查表指令，找到对应的转向地址，把它装入DPTR。将累加器清零后，用 JMP@A+DPTR 指令直接转向各个处理程序的入口。

【例3.20】 根据标志单元R2中的内容，分别转 PRG0～PRGn 处理程序。

解：程序如下：

```
PJ3:    MOV    DPTR，#TAB3
        MOV    A，R2
        ADD    A，R2           ；（A）← （R2）×2
        JNC    NAD
        INC    DPH            ；有进位，DPTR 加 1
NAD:    MOV    R3，A           ；（R3）←（R2）×2，暂存
        MOVC   A，@A+DPTR
        XCH    A，R3           ；（R3）←处理程序入口地址高 8 位
        INC    A              ；指向下一个单元
        MOVC   A，@A+DPTR
        MOV    DPL，A          ；（DPL）←处理程序入口地址低 8 位
        MOV    DPH，R3         ；（DPH）←处理程序入口地址高 8 位
        CLR    A
        JMP    @A+DPTR
TAB3:   DW     PRG0
        DW     PRG1
        ...
        DW     PRGn
```

本例可实现 64KB 范围内的转移，但散转数 n 应小于 256。如大于 256，应采用双字节数加法运算，修改 DPTR。

【例 3.21】 双字节无符号数乘法：C51 的乘法指令是两个 8 位无符号数乘法，因此，双字节数要分解为 4 次单字节相乘。如：双字节数 R5（高字节）、R4（低）和双字节数 R3（高）、R2（低字节）相乘。结果存入 R1 指示的起始地址中。注意是十六进制数运算。

例如，计算：　　　　R5　R4　　　　　　　　90 A0

　　　　　　　　　　R3　R2　　　　　　　　60 50

　　　　乘（R2）*（R4）　　　　　　　　32 00

　　　　乘（R2）*（R5）　　　　　　　　2D 00

　　　　乘（R3）*（R4）　　　　　　　　3C 00

　　　　乘（R3）*（R5）　　　　　　　　36 00

@R1；33H 32H 31H 30H 的值；　　　　36 69 32 00

程序如下：

```
START:  MOV     A，R1              ;保存地址
        MOV     R6，A
        MOV     R7，#04H           ;将乘 4 次
CLEAR:  MOV     @R1，#00H          ;积单元清零备用
        INC     R1
        DJNZ    R7，CLEAR
        MOV     A，R6
        MOV     R1，A
MM:     MOV     A，R2              ;乘（R2）*（R4）
        MOV     B，R4
        MUL     AB
        LCALL   ADDM
        MOV     A，R2              ;乘（R2）*（R5）
        MOV     B，R5
        MUL     AB
        LCALL   ADDM
        DEC     R1
        MOV     A，R3              ;乘（R3）*（R4）
        MOV     B，R4
        MUL     AB
        LCALL   ADDM
        MOV     A，R3              ;乘（R3）*（R5）
        MOV     B，R5
        MUL     AB
        LCALL   ADDM
        MOV     A，R6              ;恢复地址指针
        MOV     R1，A
LOOP:   SJMP    LOOP              ;结束后等待
ADDM:   ADD     A，@R1             ;加部分积子程序
        MOV     @R1，A
        MOV     A，B
```

```
        INC       R1
        ADDC      A，@R1
        MOV       @R1，A
        INC       R1
        MOV       A，@R1
        ADDC      A，#00H
        MOV       @R1，A
        DEC       R1
        RET
```

这个程序有一定的难度，大家可研究式的学习它。

3.5 单片机 C51 语言程序设计基础

3.5.1 C 语言与 C51 语言简介

C 语言是一种在 bcpl 语言基础上发展出来的计算机程序设计语言，它既具有高级语言的特点，又具有汇编语言的特点。它由美国贝尔研究所的 D.M.Ritchie 于 1972 年推出。1978 后，C 语言已先后被移植到大、中、小及微型机上，它可以作为工作系统设计语言，编写系统应用程序，也可以作为应用程序设计语言，编写不依赖计算机硬件的应用程序。它的应用范围广泛，具备很强的数据处理能力，不仅仅是在软件开发上，而且各类科研都需要用到 C 语言，适于编写系统软件，三维、二维图形和动画。具体应用在计算机以及嵌入式系统开发中。

C51 语言也属于 C 语言家族，但根据 51 单片机做了特别优化：主要在库函数、数据类型、存储模式、输入 / 输出、函数使用上有些不一样。本节除了讲解 C 语言基本知识以外，重点是讲解 C51 语言特殊性内容。例如，在 C 语言学习过程中，主要是靠上机练习，通过键盘和显示器查看程序结果，但是 C51 语言虽说也是在计算机上编程，但是一般要下载到开发电路板上的芯片中，也就是输出到开发电路板上查看程序运行结果，所以 C 语言学习过程中常用的输入和输出用不上了，C51 语言实际上是在硬件电路上完成输入 / 输出。当前由于在线下载程序技术普及，把 C51 语言程序下载到开发板上，成本低、操作方便快速，近几年 C51 语言的使用超越了汇编语言，所以很有必要学好 C51 语言。C 语言程序中，头文件被大量使用。 一般而言，每个 C/C51 程序通常由头文件（header files 由编译器提供，主要定义特殊功能寄存器与位地址，一般情况不需要改动）和定义文件（definition files）组成。头文件作为一种包含功能函数、数据接口声明的载体文件，用于保存程序的声明（declaration 声明即是在源文件中描述类、接口、方法、包或者变量的语法），而定义文件用于保存程序的实现（implementation）。头文件的位置在 Keil\C51\INC 文件中。

【例 3.22】 设计一个完整的点亮 LED 程序，轮流熄灭 P0 口的一个 LED。如图 3.7 所示：

```
#include<reg51.h>                    //头文件，#include 就是用 〈〉或 "" 内的内容代替这位置
void Delay1ms(unsigned int n);       //函数声明，定义文件，相当于子程序
void main()                          //主函数，只有一个主函数
{                                    //在这对大括号中书写具体内容，成对使用大括号
    unsigned char i=0,Wei=0x01;      //定义 i 和 Wei 数据类型：无符号型字符
```

```
    while(1)                             //语句，主循环中添加其他需要一直工作的程序
    {                                    //习惯上让每对大括号上下对齐，便于阅读程序
        for(i=0;i<8;i++)                 //for 语句表达式，i 加 1，直到 i＝8
        {                                //这是第三对大括号，或第三层。复合语句
        P0=Wei;                          //赋值，程序通过从 P0 口输出点亮 LED 灯
        Delay1ms(1000);                  //延时 1s，或者延时 1000ms。实参
        Wei<<=1;                         //循环移动 Wei 变量，移动点亮 LED 灯
        if(Wei==0x00) Wei=0x01;          //if 语句，8 位移动完成与否。重新给初值
        }
    } //关于#include 的用法：# include <系统文件名>   # include "用户文件名"
}
void Delay1ms(unsigned int n)           //延时函数，软件延时 1ms，形参 n
{                                        //无返回值延时 1ms 函数，无符号整型形参 n
    int x,y;                             //数据类型：整型
    for(x=n;x>0;x--)                     //初值为 n，x 减 1，直到 x＝0
        for(y=123;y>0;y--);              //或/*用于注释*/, //注释单行程序。/*多行注释*/
}
```

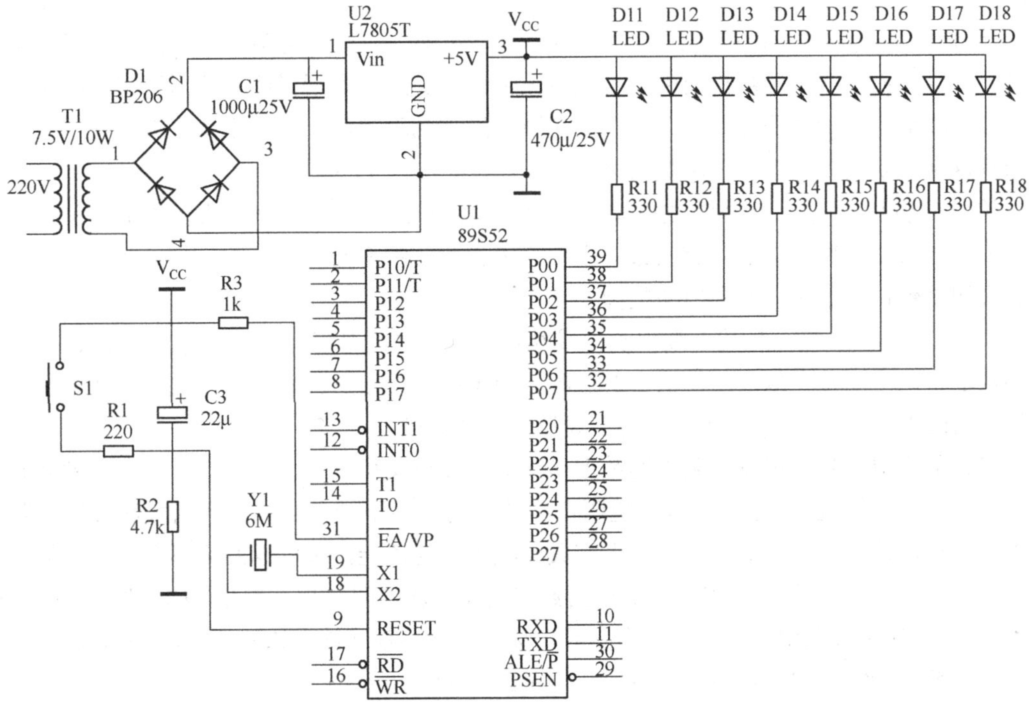

图 3.7　例 3.22 中的程序流程图

　　单片机在 P0 连接 8 个发光二极管，运行这个程序时，可以看到流水灯效果，要看懂程序，就得了解函数（main()和 void Delay1ms）、数据类型（unsigned char、int）、变量（n、i、x、y）、运算符（++、>、--）和表达式［for(i=0;i<8;i++)、if(Wei==0x00) Wei=0x01;］。后续将介绍这些知识的运用规则。

3.5.2 函数概述

C 源程序是由函数组成的。在前面的程序中大都只有一个主函数 main()，但实用程序往往由多个函数组成。函数是 C 源程序的基本模块，通过对函数模块的调用实现特定的功能。C 语言中的函数相当于其他高级语言的子程序（模块）。C 语言不仅提供了极为丰富的库函数（如 Turbo C，MS C 都提供了三百多个库函数，目录位置：keil>C51>INC 如 reg51.h），还允许用户建立自己定义的函数 Delay1ms（unsigned int n）。用户可把自己的算法编成一个个相对独立的函数模块，然后用调用的方法来使用函数。可以说 C 程序的全部工作都是由各式各样的函数完成的，所以也把 C 语言称为函数式语言。

由于采用了函数模块式的结构，C 语言易于实现结构化程序设计，使程序的层次结构清晰，便于程序的编写、阅读、调试。

在 C 语言中可从不同的角度对函数分类。

（1）从函数定义的角度看，函数可分为库函数和用户定义函数两种。

① 库函数：由 C 系统提供，用户无须定义，也不必在程序中作类型说明，只需在程序前包含有该函数原型的头文件，即可在程序中直接调用，如上文中的#include<reg51.h>中的 reg51.h。

② 用户定义函数：由用户按需要写的函数。对于用户自定义函数，不仅要在程序中定义函数本身，而且在主函数模块中还必须对该被调函数进行类型说明，然后用""引用。

（2）C 语言的函数兼有其他语言中的函数和过程两种功能，从这个角度看，又可把函数分为有返回值函数和无返回值函数两种。

① 有返回值函数：此类函数被调用执行完后将向调用者返回一个执行结果，称为函数返回值。如数学函数即属于此类函数。由用户定义的这种需要返回函数值的函数，必须在函数定义和函数说明中明确返回值的类型。

② 无返回值函数：此类函数用于完成某项特定的处理任务，执行完成后不向调用者返回函数值。这类函数类似于其他语言的过程。由于函数无须返回值，用户在定义此类函数时可指定它的返回为"空类型"，空类型的说明符为"void"。

（3）从主调函数和被调函数之间数据传递的角度看又可分为无参函数和有参函数两种。

① 无参函数：函数定义、函数说明及函数调用中均不带参数。主调函数和被调函数之间不进行参数传递。此类函数通常用来完成一组指定的功能，可以返回或不返回函数值。

② 有参函数：也称为带参函数。在函数定义及函数说明时都有参数，称为形式参数（简称为形参）。在函数调用时也必须给出参数，称为实际参数（简称为实参，（1000））。主调函数将把实参（1000）的值传递给形参（unsigned int n），供被调函数使用。

（4）C 语言提供了极为丰富的库函数，这些库函数又可从功能角度作以下分类。

① 字符类型分类函数：用于对字符按 ASCII 码分类：字母、数字、控制字符、分隔符、大小写字母等。

② 转换函数，目录路径函数、诊断函数、图形函数、输入输出函数、接口函数、字符串函数、内存管理函数、数学函数、日期和时间函数、进程控制函数、其他函数，用于其他各种功能。

以上各类函数不仅数量多，而且有的还需要硬件知识才能使用，因此要想全部掌握则需要一个较长的学习过程。应首先掌握一些最基本、最常用的函数，再逐步深入。由于课时关系，我们只介绍了很少一部分库函数，其余部分读者可根据需要网上查阅有关手册或程序。

在 C 语言中，所有的函数定义，包括主函数 main 在内，都是平行的。也就是说，在一个函数的函数体内，不能再定义另一个函数，即不能嵌套定义。但是函数之间允许相互调用，也允许嵌套调用。习惯上把调用者称为主调函数。函数还可以自己调用自己，称为递归调用。

main 函数是主函数，它可以调用其他函数，而不允许被其他函数调用。因此，C 程序的执行总是从 main 函数开始，完成对其他函数的调用后再返回到 main 函数，最后由 main 函数结束整个程序。一个 C 源程序必须有，也只能有一个主函数 main。

3.5.3 函数定义的一般形式

函数定义的一般形式为：

```
类型标识符  函数名(无参数或者形式参数表列)
  {声明部分
语句
  }
```

函数名后有一个空括号，其中无参数，或是形式参数表列。在形参表中给出的参数称为形式参数，它们可以是各种类型的变量 void Delay1ms（unsigned int n），各参数之间用逗号间隔。在进行函数调用时，主调函数将赋予这些形式参数实际的值 Delay1ms（1000）其中的 1000。形参既然是变量，必须在形参表中给出形参的类型说明 unsigned int（无符号整型）。

在 C 程序中，一个函数的定义可以放在任意位置，既可放在主函数 main 之前，也可放在 main 之后。

【例 3.23】 定义一个函数，用于求两个数中的大数，程序可写为：

```
int max(int a,int b)        //函数定义，各参数之间用逗号间隔
  {
  if(a>b)return a;          //如果 a>b 则 a 返回给变量 z，有返回值
  else return b;            //否则 b 返回给变量 z
  }
main()                      //主函数 main
  {
    int max(int a,int b);   //对 max 函数进行说明，调用 max 函数，末尾要加分号
    int x,y,z;              //基本整型数 x,y,z
    z=max(x,y);             //调用 max 函数，把 a, b 中的值传递给 max 的形参 x 或者 y
}                           //max 函数执行的结果(a 或 b 大数)将返回给变量 z，最后由主函数输出 z 的值
```

3.5.4 函数的参数和函数的值

1. 形式参数和实际参数

函数的参数分为形参和实参两种。形参出现在函数定义中，在整个函数体内都可以使用，离开该函数则不能使用。实参出现在主调函数中，进入被调函数后，实参变量也不能使用。形参和实参的功能是作数据传递。发生函数调用时，主调函数把实参的值传递给被调函数的

形参，从而实现主调函数向被调函数的数据传递。

函数的形参和实参具有以下特点：

（1）形参变量只有在被调用时才分配内存单元，在调用结束时，即刻释放所分配的内存单元。因此，形参只有在函数内部有效，函数调用结束返回主调函数后则不能再使用该形参变量。

（2）实参可以是常量、变量、表达式（有关常量、变量、表达式等内容稍后再分别讲解），无论实参是何种类型的量，在进行函数调用时，它们都必须具有确定的值，以便把这些值传递给形参。因此应预先用赋值、输入等办法使实参获得确定值。

（3）实参和形参在数量上、类型上、顺序上应严格一致，否则会发生类型不匹配的错误。

（4）函数调用中发生的数据传递是单向的。即只能把实参的值传递给形参，而不能把形参的值反向地传递给实参。 因此在函数调用过程中，形参的值发生改变，而实参的值不会变化。

2. 函数的返回值

函数的值是指函数被调用之后，执行函数体中的程序段所取得的并返回给主调函数的值。如调用正弦函数取得正弦值，调用例 2.23 的 max 函数取得的最大数等。对函数的值（或称函数返回值）有以下一些说明：

（1）函数的值只能通过 return 语句返回给主调函数。return 语句的一般形式为：

   return 表达式； 或者为：return (表达式);

该语句的功能是计算表达式的值，并返回给主调函数。在函数中允许有多个 return 语句，但每次调用只能有一个 return 语句被执行，因此只能返回一个函数值。

（2）函数值的类型和函数定义中函数的类型应保持一致，如果两者不一致，则以函数定义中的类型为准，自动进行类型转换。

（3）如函数值为整型，在函数定义时可以省去类型说明。

（4）不返回函数值的函数，可以明确定义为"空类型"，类型说明符为"void"。一旦函数被定义为空类型后，就不能在主调函数中使用被调函数的函数值了。为了使程序有良好的可读性并减少出错，凡不要求返回值的函数都应定义为空类型。

3.5.5 函数的调用

1. 函数调用的一般形式

前面已经讲过，在程序中是通过对函数的调用来执行函数体的，其过程与其他语言的子程序调用相似。

C 语言中，函数调用的一般形式为：

   函数名(实际参数表)

对无参函数调用时则无实际参数表。实际参数表中的参数可以是常数、变量或其他构造类型数据及表达式。各实参之间用逗号分隔。

2. 函数调用的方式

在 C 语言中，可以用以下几种方式调用函数：

（1）函数表达式。函数作为表达式中的一项出现在表达式中，以函数返回值参与表达式的运算。这种方式要求函数是有返回值的。例如，z=max(x,y)是一个赋值表达式，把 max 的返回值赋予变量 z。

（2）函数语句。函数调用的一般形式加上分号";"即构成函数语句。

（3）函数实参。函数作为另一个函数调用的实际参数出现。这种情况是把该函数的返回值作为实参进行传递，因此要求该函数必须是有返回值的。在函数调用中还应该注意的一个问题是求值顺序的问题，所谓求值顺序是指对实参表中各量是自左至右使用，还是自右至左使用。对此，各系统的规定不一定相同。

被调用函数的声明和函数原型，在主调函数中调用某函数之前应对该被调函数进行说明（声明），这与使用变量之前要先进行变量说明是一样的。在主调函数中对被调函数作说明的目的是使编译系统知道被调函数返回值的类型，以便在主调函数中按此种类型对返回值作相应的处理。其一般形式为：

> 类型说明符 被调函数名(类型 形参，类型 形参...);

或为：

> 类型说明符 被调函数名(类型，类型...);

括号内给出了形参的类型和形参名，或只给出形参类型。这便于编译系统进行检错，以防止可能出现的错误。

C 语言中又规定在以下几种情况时可以省去主调函数中对被调函数的函数说明。

（1）如果被调函数的返回值是整型或字符型时，可以不对被调函数作说明，而直接调用。

（2）当被调函数的函数定义出现在主调函数之前时。

（3）如在所有函数定义之前，在函数外预先说明了各个函数的类型，则在以后的各主调函数中，可不再对被调函数作说明。例如，

```
char str(int a);        //说明
main()
{
……str()               //调用 str()
}
char str(int a)         //函数 str()
{
……
}
```

其中第一行对 str 函数预先做了说明，因此在以后各函数 main()中无须对 str 函数再做说明就可直接调用。

（4）对库函数的调用不需要再做说明，但必须把该函数的头文件用 include 命令包含在源文件前部。C51 库函数所在目录位置：keil>C51>INC，即＃include<intrins.h>也叫内部函数。

3. 函数的嵌套调用

C 语言中不允许做嵌套的函数定义。因此各函数之间是平行的，不存在上一级函数和下一级函数的问题。但是 C 语言允许在一个函数的定义中出现对另一个函数的调用，这样就出

现了函数的嵌套调用，即在被调函数中又调用其他函数。这与其他语言的子程序嵌套的情形是类似的。

4．函数的递归调用

一个函数在它的函数体内调用它自身称为递归调用，这种函数称为递归函数。C 语言允许函数的递归调用，在递归调用中，主调函数又是被调函数。执行递归函数将反复调用其自身，每调用一次就进入新的一层。例如，有函数 f 如下：

```
int f(int x)
{
    int y;
    z=f(y);
    return z;
}
```

这个函数是一个递归函数，但是运行该函数将无休止地调用其自身，这当然是不正确的。为了防止递归调用无终止地进行，必须在函数内有终止递归调用的手段。常用的办法是加条件判断，满足某种条件后就不再作递归调用，然后逐层返回。

C51 和汇编语言混合编程：C51 和汇编语言编写的程序扩展名分别是.c 和.a51，可以用汇编语言编写.a51 的部分函数，然后由 C51 函数调用，也可以用嵌入汇编的方法使用汇编。格式如下：

```
#pragma    asm                //这条之后放置N条汇编指令
Assembler Code Here          //这之间放置N条汇编指令
#pragma    endasm             //这条之前放置N条汇编指令
```

3.5.6　数组作为函数参数

数组是把相同数据类型的变量按照顺序组织起来的一个集合，数组中的单个变量称为数组元素。数组从结构上讲是一种构造类型，可以作为函数的参数使用，进行数据传递。数组用做函数参数有两种形式：一种是把数组元素（下标变量）作为实参使用；另一种是把数组名作为函数的形参和实参使用。

1．数组元素做为函数实参

数组元素就是下标变量，它与普通变量并无区别，因此它作为函数实参使用与普通变量是完全相同的，在发生函数调用时，把作为实参的数组元素的值传递给形参，实现单向的值传递。

2．数组名作为函数参数

用数组名作为函数参数与用数组元素作为实参有几点不同：

（1）用数组元素作为用实参时，只要数组类型和函数的形参变量的类型一致，那么作为下标变量的数组元素的类型也和函数形参变量的类型是一致的，因此，并不要求函数的形参也是下标变量。换句话说，对数组元素的处理是按普通变量对待的。用数组名作为函数参数时，则要求形参和相对应的实参都必须是类型相同的数组，都必须有明确的数组说明。当形参和实参二者不一致时，即会发生错误。

（2）在普通变量或下标变量作为函数参数时，形参变量和实参变量是由编译系统分配的两个不同的内存单元。在函数调用时发生的值传递是把实参变量的值赋予形参变量。在用数组名作为函数参数时，不是进行值的传递，即不是把实参数组的每一个元素的值都赋予形参数组的各个元素。因为实际上形参数组并不存在，编译系统不为形参数组分配内存，数组名就是数组的首地址。因此在数组名作为函数参数时所进行的传递只是地址的传递，也就是说把实参数组的首地址赋予形参数组名，形参数组名取得该首地址之后，也就等于有了实在的数组。实际上是形参数组和实参数组为同一数组，共同拥有一段内存空间。

（3）前面已经讨论过，在变量作为函数参数时，所进行的值传递是单向的，即只能从实参传向形参，不能从形参传回实参。形参的初值和实参相同，而形参的值发生改变后，实参并不变化，两者的终值是不同的。而当用数组名作为函数参数时，情况则不同。由于实际上形参和实参为同一数组，因此当形参数组发生变化时，实参数组也随之变化。当然这种情况不能理解为发生了"双向"的值传递。但从实际情况来看，调用函数之后实参数组的值将由于形参数组值的变化而变化。

数组的格式如下：

　　　数据类型　存储器类型　数组名［常量表达式或常量列表］

例如，在程序存储器中定义一个数组来存放数码管七段显示码，对应 0～9 共十个数。

```
unsigned char code TAB[  ]={0xC0,0xF9,0xA4,0xB0,0x99,0x92,0x82,0xF8};//数组
……               //中间省略，上面数组中省略了 8 和 9 两个数
P0=TAB[i];        //查表取数，当 i＝3 时，P0＝TAB[i]＝TAB[3]＝0xB0
```

用数组名作为函数参数时还应注意以下几点：
① 形参数组和实参数组的类型必须一致，否则将引起错误。
② 形参数组和实参数组的长度可以不相同。因为在调用时，只传递首地址而不检查形参数组的长度，当形参数组的长度与实参数组不一致时，将把数组后面的程序当做数据用上（编译能通过）。形参变量只有在函数内才是有效的，离开该函数就不能再使用了。这种变量有效性的范围称为变量的作用域。不仅对于形参变量，C 语言中所有的量都有自己的作用域。变量说明的方式不同，其作用域也不同。

3.5.7　指针

指针是 C 语言中广泛使用的一种数据类型。运用指针编程是 C 语言最主要的风格之一。利用指针变量可以表示各种数据结构；能很方便地使用数组和字符串；并能如汇编语言一样处理内存地址，从而编出精练而高效的程序。指针极大地丰富了 C 语言的功能。在计算机中，数据都是存放在存储器中的，一般把存储器中的内存单元的编号叫做地址。既然根据内存单元的编号或地址就可以找到所需的内存单元，所以通常也把这个地址称为指针。内存单元的指针和内存单元的内容是两个不同的概念。

设有字符变量 C，其内容为"K"（ASCII 码为十进制数 75），C 占用了 012A 号单元（地

址用十六进制数表示）。设有指针变量 P，内容为 012A，这种情况我们称为 P 指向变量 C，或者说 P 是指向变量 C 的指针。严格地说，一个指针是一个地址，是一个常量。而一个指针变量却可以被赋予不同的指针值，是变量。但常把指针变量简称为指针。为了避免混淆，我们在本书中约定："指针"是指地址，是常量，"指针变量"是指取值为地址的变量。定义指针的目的是为了通过指针去访问内存单元。

既然指针变量的值是一个地址，那么这个地址不仅可以是变量的地址，也可以是其他数据结构的地址。在一个指针变量中存放一个数组或一个函数的首地址有何意义呢？因为数组或函数都是连续存放的，通过访问指针变量取得了数组或函数的首地址，也就找到了该数组或函数，这样一来，凡是出现数组、函数的地方都可以用一个指针变量来表示，只要该指针变量中赋予数组或函数的首地址即可。

1．定义一个指针变量

对指针变量的定义包括三个内容。

（1）指针类型说明，即定义变量为一个指针变量。

（2）指针变量名。

（3）变量值（指针）所指向的变量的数据类型。

其一般形式为：

类型说明符 *变量名；

其中，*表示这是一个指针变量，变量名即为定义的指针变量名，类型说明符表示本指针变量所指向的变量的数据类型。例如，

int *p1;

表示 p1 是一个指针变量，它的值是某个整型变量的地址。或者说 p1 指向一个整型变量。至于 p1 究竟指向哪一个整型变量，应由向 p1 赋予的地址来决定。

再如，

int *p2;   /*p2 是指向整型变量的指针变量*/
float *p3;   /*p3 是指向浮点变量的指针变量*/
char *p4;   /*p4 是指向字符变量的指针变量*/

应该注意的是，一个指针变量只能指向同类型的变量，如 P3 只能指向浮点变量，不能时而指向一个浮点变量，时而又指向一个字符变量。

2．指针变量的引用

指针变量同普通变量一样，使用之前不仅要定义说明，而且必须赋予具体的值。未经赋值的指针变量不能使用，否则将造成系统混乱，甚至死机。指针变量的赋值只能赋予地址，决不能赋予任何其他数据，否则将引起错误。在 C 语言中，变量的地址是由编译系统分配的，用户不知道变量的具体地址。

两个有关的运算符：

（1）&：取地址运算符。

（2）*：指针运算符（或称"间接访问"运算符）。

C 语言中提供了地址运算符&来表示变量的地址。其一般形式为：

&变量名；

例如，&a 表示变量 a 的地址，&b 表示变量 b 的地址。变量本身必须预先说明。

设有指向整型变量的指针变量 p，如要把整型变量 a 的地址赋予 p，可以有以下两种方式：

（1）指针变量初始化的方法。

```
int a;
int *p=&a;
```

（2）赋值语句的方法。

```
int a;
int *p;
p=&a;
```

不允许把一个数赋予指针变量，故下面的赋值是错误的：

```
int *p;
p=1000;
```

被赋值的指针变量前不能再加"*"说明符，如写为*p=&a 也是错误的。

假设，

```
int i=200, x;
int *ip;
```

我们定义了两个整型变量 i，x，还定义了一个指向整型数的指针变量 ip。I，x 中可存放整数，而 ip 中只能存放整型变量的地址。我们可以把 i 的地址赋给 ip：

```
ip=&i;
```

此时指针变量 ip 指向整型变量 i。

3.6　单片机 C51 数据类型

C 语言的标识符和关键字。标识符是用来标识源程序中某个对象的名字的，这些对象可以是语句、数据类型、函数、变量、数组等等。C 语言是对大小写字符敏感的一种高级语言，如果我们要定义一个定时器 1，可以写做"Timer1"，如果程序中有"TIMER1"，那么这两个是完全不同定义的标识符。标识符由字符串、数字和下画线等组成，注意：第一个字符必须是字母或下画线，如"1Timer"是错误的，编译时便会有错误提示。有些编译系统专用的标识符是以下画线开头，所以一般不要以下画线开头命名标识符。标识符在命名时应当简单，含义清晰，这样有助于阅读理解程序。在 C51 编译器中，只支持标识符的前 32 位为有效标识。

关键字则是编程语言保留的特殊标识符，它们具有固定的名称和含义，在程序编写中不允许标识符与关键字相同。在 KEIL uVision2 中的关键字除了有 ANSI C 标准的 32 个关键字外，还根据 51 单片机的特点扩展了相关的关键字。其实在 KEIL uVision2 的文本编辑器中编写 C 程序，系统可以把保留字以不同颜色显示，默认颜色为天蓝色。

如表 3.1 所示，表中列出了 KEIL uVision2 C51 编译器所支持的数据类型。在标准 C 语言中基本的数据类型为 char,int,short,long,float 和 double，而在 C51 编译器中 int 和 short 相同，float 和 double 相同，这里就不列出说明了。下面来看看它们的具体定义。

表 3.1　KEIL uVision2 C51 编译器所支持的数据类型

中 文 说 明	数 据 类 型	长 度	值 域
无符号字字符型	unsigned char	单字节	0～255
有符号字字符型	signed char	单字节	−128～+127
无符号整型	unsigned int	双字节	0～65535
有符号整型	signed int	双字节	−32768～+32767
无符号长整型	unsigned long	四字节	0～4294967295
有符号长整型	signed long	四字节	−2147483648～+2147483647
单精度实型	float	四字节	±1.175494E-38～±3.402823E+38
指针	*	1～3 字节	对象的地址
双精度实型	double		float 和 double 相同
位标量	bit	位	0 或 1
特殊功能寄存器	sfr	单字节	0～255
16 位寄存器	sfr16	双字节	0～65535
特殊功能位	sbit	位	0 或 1

C51 语言引入了数据类型的概念来描述计算机的操作对象（数据），数据类型也就是数据的格式。对数据类型的描述包括数据表达式、数据长度、数值范围、构造特点等。程序设计中的数据可分为常量和变量。程序中的各种变量必须先说明数据类型，才能使用。

1．字符类型 char

char 类型的长度是一个字节，通常用于定义处理字符数据的变量或常量，分为无符号字符类型 unsigned char 和有符号字符类型 signed char，默认值为 signed char 类型。unsigned char 类型字节中用所有的位来表示数值，所以表达的数值范围是 0～255。signed char 类型字节中用最高位表示字节数据的符号，"0"表示正数，"1"表示负数，负数用补码表示，所能表示的数值范围是-128～+127。unsigned char 常用于处理 ASCII 字符或用于处理小于或等于 255 的整型数。正数的补码与原码相同，负数的补码等于其绝对值按二进制位取反后加 1。

2．整型 int

int 整型长度为两个字节，用于存放一个双字节数据，分为有符号 int 整型数 signed int 和无符号整型数 unsigned int，默认值为 signed int 类型。signed int 表示的数值范围是 -32768～+32767，字节中最高位表示数据的符号，"0"表示正数，"1"表示负数。unsigned int 表示的数值范围是 0～65535。当定义一个变量为特定的数据类型时，在程序使用该变量时不应使它的值超过数据类型的值域。

3．长整型 long

long 长整型长度为四个字节，用于存放一个四字节数据。分为有符号长整型 signed long 和无符号长整型 unsigned long，默认值为 signed long 类型。signed long 表示的数值范围是 −2147483648～+2147483647，字节中最高位表示数据的符号，"0"表示正数，"1"表示负数。unsigned long 表示的数值范围是 0～4294967295。

4．浮点型 float

float 浮点型在十进制中具有 7 位有效数字，符合 IEEE−754 标准的单精度浮点型数据，占用四个字节。

5．指针型

指针型本身就是一个变量，这个指针变量要占据一定的内存单元，对不同的处理器长度也不尽相同，在 C51 中它的长度一般为 1～3 个字节。指针变量也具有类型。

C51 扩充的数据类型。单片机内部有很多的特殊功能寄存器，每个寄存器在单片机内部都分配有唯一的地址，一般我们会根据寄存器功能的不同给寄存器赋予各自的名称，当我们需要在程序中操作这些特殊功能寄存器时，必须要在程序的最前面将这些名称加以声明，声明的过程实际就是将这个寄存器在内存中的地址编号赋给这个名称，这样编译器在以后的程序中才可认知这些名称所对应的寄存器。而这些声明已经包括在一个叫"reg51.h"头文件中了。

sfr——特殊功能寄存器的数据声明，声明一个 8 位的寄存器。

sfr16——16 位特殊功能寄存器的数据声明。

sbit——特殊功能位声明，也就是声明某一个特殊功能寄存器中的某一位。

bit——位变量声明，当定义一个位变量时可使用此符号。

定义方法如下：

sfr 特殊功能寄存器名= 特殊功能寄存器地址常数;

sfr16 特殊功能寄存器名= 特殊功能寄存器地址常数;

我们可以这样定义 AT89C51 的 P1 口：

    sfr P1 = 0x90; //定义 P1 的 I/O 口，其地址 90H

6．位标量 bit

bit 位标量是 C51 编译器的一种扩充数据类型，利用它可定义一个位标量，但不能定义位指针，也不能定义位数组。它的值是一个二进制位，不是 0 就是 1，类似一些高级语言中的 True 和 False。

7．特殊功能寄存器 sfr

sfr 也是 C51 扩充的数据类型，sfr 定义特殊功能寄存器的地址，名称可任意选取，但要符合标识符的命名规则，占用一个内存单元，该常数必须在特殊功能寄存器的地址范围之内

（80H～FFH），等号后面必须是常数，不允许有带运算符的表达式，值域为 0～255。利用它可以访问 51 单片机内部的所有特殊功能寄存器。如用 sfr P1 = 0x90 这一句定义 P1 为 P1 端口在片内的寄存器 0x90，在后面的语句中我们用以用 P1 =0xff（对 P1 端口的所有引脚置高电平）之类的语句来操作特殊功能寄存器。

8．16 位特殊功能寄存器 sfr16

sfr16 占用两个内存单元，值域为 0～65535。sfr16 和 sfr 一样用于操作特殊功能寄存器，所不同的是它用于操作占两个字节的寄存器，而 sfr16 则是用来定义 16 位特殊功能寄存器，如 8052 的 T2 定时器，可以定义为：

    sfr16 T2 = 0xCC;   //这里定义 8052 定时器 2，地址为 T2L=CCH,T2H=CDH

用 sfr16 定义 16 位特殊功能寄存器时，等号后面是它的低位地址，高位地址一定要位于物理低位地址之上。注意的是不能用于定时器 0 和 1 的定义。

9．可寻址位 sbit

sbit 也是 C51 中的一种扩充数据类型，利用它可以访问芯片内部的 RAM 中的可寻址位或特殊功能寄存器中的可寻址位。如先前我们定义了 P1，现定义可寻址位 P1.1 引脚。

    sfr P1 = 0x90;   //因 P1 端口的寄存器是可位寻址的，所以我们可以定义
    sbit P1_1 = P1 ^ 1;   //P1_1 为 P1 中的 P1.1 引脚
    sbit P1_1 = 0x91;   //同样我们可以用 P1.1 的地址去写,如 sbit P1_1 = 0x91

（1）sbit 位变量名＝位地址 sbit P1_1 = 0x91;
这样是把位的绝对地址赋给位变量。同 sfr 一样 sbit 的位地址必须位于 80H-FFH 之间。
（2）sbit 位变量名＝特殊功能寄存器名^位位置 sft P1 = 0x90;

    sbit P1_1 = P1 ^ 1;   //先定义一个特殊功能寄存器名再指定位变量名所在的位置。当可寻址
                               位位于特殊功能寄存器中时可采用这种方法。

（3）sbit 位变量名＝字节地址^位位置；

    sbit P1_1 = 0x90 ^ 1;

这种方法其实和（2）是一样的，只是把特殊功能寄存器的位址直接用常数表示。
这样我们在以后的程序语句中就可以用 P1_1 来对 P1.1 引脚进行读写操作了。通常可以直接使用系统提供的预处理文件，头文件里面已定义好各特殊功能寄存器的简单名字，直接引用就行了。

3.7 C51 的运算量

3.7.1 常量

KEIL C51 编译器所支持的数据类型。常量是在程序运行过程中不能改变值的量，而变量是可以在程序运行过程中不断变化的量。变量的定义可以使用所有 C51 编译器支持的数据类

型，而常量的数据类型只有整型、浮点型、字符型、字符串型和位标量。常量的数据类型说明如下。

（1）整型常量可以表示为十进制数如 123，0，−89 等。十六进制数则以 0x 开头如 0x35，−0x6B 等。长整型就在数字后面加字母 L，如 108L，037L，0xF348 等。

（2）浮点型常量可分为十进制数和指数表示形式。十进制数由数字和小数点组成，如 0.878，3345.345，0.0 等，整数或小数部分为 0，可以省略但必须有小数点。指数表示形式为[±]数字[.数字]e[±]数字，[]中的内容为可选项，其中内容根据具体情况可有可无，但其余部分必须有，如 123e3，5e9，−3.0e−3。

（3）字符型常量是单引号内的字符，如'a', 'd'等，不可以显示的控制字符，可以在该字符前面加一个反斜杠"\"组成专用转义字符。常用转义字符表见表 3.2 所示。

表 3.2　常用转义字符表

转义字符	含　　义	ASCII 码（16/10 进制）
\0	空字符（NULL）	00H/0
\n	换行符（LF）	0AH/10
\r	回车符（CR）	0DH/13
\t	水平制表符（HT）	09H/9
\b	退格符（BS）	08H/8
\f	换页符（FF）	0CH/12
\'	单引号	27H/39
\"	双引号	22H/34
\\	反斜杠	5CH/92

（4）字符串型常量由双引号内的字符组成，如"test","OK"等。当引号内没有字符时，为空字符串。在使用特殊字符时同样要使用转义字符如双引号。在 C 中字符串常量是作为字符类型数组来处理的，在存储字符串时系统会在字符串尾部加上\0 转义字符以作为该字符串的结束符。字符串常量"A"和字符常量'A'是不同的，前者在存储时多占用一个字节的空间。

（5）位标量，它的值是一个二进制量。

常量可用在不必改变值的场合，如固定的数据表、字库等。常量的定义方式有几种，下面加以说明。

```
#define False 0x0;          //用预定义语句可以定义常量，False 编译时自动用 0 替换
#define True 0x1;           //这里定义 False 为 0,True 为 1，同理 True 替换为 1
uint code a=100;            //这一句用 code 把 a 定义在程序存储器中并赋值
const unsigned int c=100;   //用 const 定义 c 为无符号 int 常量并赋值
```

以上后两句的值都保存在程序存储器中，而程序存储器在运行中是不能被修改的，所以如果在这两句后面用了类似 a=110，a++这样的赋值语句，编译时将会出错。

【例 3.24】 如图 3.8 所示。它是用 P0 或 P2 口驱动一个数码管，也就是用 P0 口的全部引脚分别驱动数码管的八个共阳 LED 引脚。P2 口驱动八个发光二极管（图中未画出）。

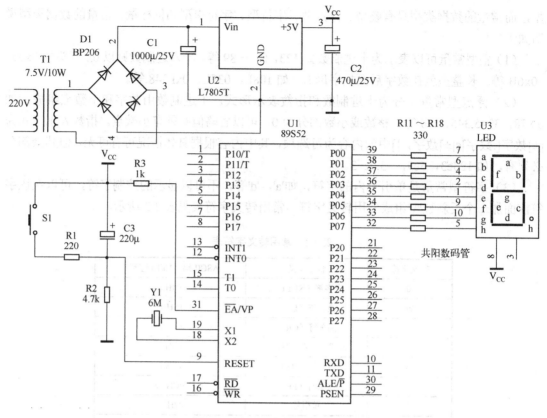

图 3.8　例 3.24 中的程序流程图

新建一个 LED 数码管显示的项目，C51 程序如下：

```
#include<reg51.h>              //头文件，定义了特殊寄存器的名称如 P0 口
void Delay1ms(unsigned int n) ; //函数声明
unsigned char code TAB[19]={0xC0,0xF9,0xA4,0xB0,0x99,0x92,0x82,0xF8,0x80,
0x90,0x88,0x83,0xC6,0xA1,0x86,0x8E,0xBF,0xFF,0xB7}; // 七段共阳字型码
void main()
{
unsigned char i=0;            //定义循环用的变量
while(1)
  {
      for(i=0;i<19;i++)       //共 19 个数码
      {
          P0=TAB[i];          //读已定义的字型码送 P0 口
          P2=TAB[i];          //重复送 P2 口，P2 和 P0 口输出相同，备用
          Delay1ms(1000);     //调用延时函数
      }
  }
}
void Delay1ms(unsigned int n)  // 软件延时 1ms，延时时间由软件计算得来
{
int x,y;                      //定义循环用的变量
for(x=n;x>0;x--)              //没用;符号。
```

```
        for(y=123;y>0;y--);              //延时
    }
```

这里 LED 数码管要 AT89C51 的 P0 引脚为低电平才会点亮，所以我们要向 P0 口的各引脚写数据 0 对应连接的笔画才会被点亮，P0 口的八个引脚刚好对应 P0 口特殊寄存器的八个二进制位，如从 P0 口输出数据 0xFE，转成二进制就是 11111110，最低位 D0 为 0，这里 P0.0 引脚输出低电平，LED 的 a 被点亮，其他如此类推。要显示数字 3 就用七段显示码 0xB0，其对应的二进制就是 10110000，共五个笔画点亮。

3.7.2 变量

变量是一种在程序执行过程中其值能不断变化的量。要在程序中使用变量必须先用标识符作为变量名，并指出所用的数据类型和存储模式，这样编译系统才能为变量分配相应的存储空间。定义一个变量的格式如下：

[存储种类] 数据类型 [存储器类型] 变量名表

在定义格式中除了数据类型和变量名表是必要的，其他都是可选项。存储种类有四种：自动（auto），外部（extern），静态（static）和寄存器（register），默认类型为自动(auto)。

说明了一个变量的数据类型后，还可选择说明该变量的存储器类型。存储器类型的说明就是指定该变量在 C51 硬件系统中所使用的存储区域，并在编译时准确定位。表 3.3 中是 KEIL uVision2 所能识别的存储器类型。需注意的是在 AT89C51 芯片中 RAM 只有低 128 位，位于 80H 到 FFH 的高 128 位，则在 52 芯片中才有用，并和特殊寄存器地址重叠。

表 3.3 KEIL uVision2 所能识别的存储器类型

存储器类型	说　　明
data	直接访问内部数据存储器（128 字节），访问速度最快
bdata	可位寻址内部数据存储器（16 字节），允许位与字节混合访问
idata	间接访问内部数据存储器（256 字节），允许访问全部内部地址
pdata	分页访问外部数据存储器（256 字节），用 MOVX @Ri 指令访问
xdata	外部数据存储器（64KB），用 MOVX @DPTR 指令访问
code	程序存储器（64KB），用 MOVC @A+DPTR 指令访问

如果省略存储器类型，系统则会按编译模式 SMALL（小编译模式），COMPACT（紧凑编译模式）或 LARGE（大编译模式）所规定的默认存储器类型去指定变量的存储区域。无论什么存储模式都可以声明变量在任何的 8051 存储区范围，然而把最常用的命令如循环计数器和队列索引放在片内数据区可以显著提高系统性能。还有要指出的就是变量的存储种类与存储器类型是完全无关的。

SMALL 存储模式把所有函数变量和局部数据段放在 8051 系统的内部数据存储区，这使访问数据非常快，但 SMALL 存储模式的地址空间受限。在写小型的应用程序时，变量和数据放在 data 内部数据存储器中是很好的，因为访问速度快，但在较大的应用程序中 data 区最好只存放小的变量、数据或常用的变量（如循环计数、数据索引），而大的数据则放置在别的存储区域。

COMPACT 存储模式中所有的函数、程序变量和局部数据段定位在 8051 系统的内部扩展及数据存储区。数据存储区可有最多 256 字节（一页），在本模式中数据存储区的地址用 @R0/R1 寻址。如 AT89S52 内部数据存储区 RAM 扩到了 256 字节。

LARGE 存储模式所有函数、过程的变量和局部数据段都定位在 8051 系统的外部数据区，外部数据区最多可有 64KB，这要求用 DPTR 数据指针访问数据，因系统常常没有扩展外部数据存储器，当然就不能使用了。部分接口芯片共用外部数据指针寻址。

在 C51 存储器类型中提供有一个 bdata 的存储器类型，这是指可位寻址的数据存储器，位于单片机的可位寻址区中，可以将要求可位寻址的数据定义为 bdata，如，

```
unsigned char bdata ib;      //在可位寻址区定义 ucsigned char 类型的变量 ib
int bdata ab[2];             //在可位寻址区定义数组 ab[2]，这些也称为可寻址位对象
sbit ib7=ib^7;               //用关键字 sbit 定义位变量来独立访问可寻址位对象的其中一位
sbit ab12=ab[1]^12
```

操作符" ^ "后面位的位数的最大值取决于指定的基址类型，char0-7，int0-15，long0-31。下面我们用图 3.7 所示电路来实践这一课的知识。同样是做简单的跑马灯实验，项目名为 LED02。程序如下：

```
sfr P0 = 0x80;           //这里没有使用预定义文件
sbit P0_0 = P0 ^ 0;      //而是自己定义特殊寄存器
sbit P0_7 = 0x80 ^ 7;    //之前我们使用的预定义文件其实就是这个作用
sbit P0_1 = 0x81;        //这里分别定义 P0 端口和 P00，P01，P07 引脚
    void main(void)
{
    unsigned int a;
    unsigned char b;
    do{
        for (a=0;a<50000;a++)        //延时
        P0_0 = 0;                    //点亮 P0_0
        for (a=0;a<50000;a++)
        P0_7 = 0;                    //点亮 P0_7
        for (b=0;b<255;b++)
          {
          for (a=0;a<10000;a++)      //用 a 延时计数
          P0 = b;                    //用 b 的值来做跑马灯的花样，二进制加法
          }
        P0 = 0xff;                   //255 熄灭 P0 上的 LED
        for (b=0;b<255;b++)
          {
          for (a=0;a<10000;a++)      //P0_1 闪烁
          P0_1 = 0;
          for (a=0;a<10000;a++)
          P0_1 = 1;
          }
    }while(1);
}
```

在定义变量时，必须通过数据类型说明符指明变量的数据类型，指明变量在存储器中占用的字节数。可以用基本数据类型说明符，也可以是组合数据类型说明符，还可以自己用 typedef 或#define 重新定义数据类型说明符。

#define uint unsigned int   //宏定义，以后用 uint 代表 unsigned int
……
uint x,y;   // uint x，y 相当于 unsigned int x，y;

typedef 是个很好用的语句，但却不常用它，通常定义变量的数据类型时都是使用标准的关键字，这样别人可以很方便地研读你的程序。使用 typedef 可以方便程序的移植和简化较长的数据类型定义。用 typedef 还可以定义结构类型，typedef 的语法是：

typedef   已有的数据类型   新的数据类型名

3.7.3　局部变量和全局变量

C 语言中的变量，按作用域范围可分为两种，即局部变量和全局变量。

1. 局部变量

局部变量也称为内部变量，局部变量是在函数内作定义说明的，其作用域仅限于函数内，离开该函数后再使用这种变量是非法的。关于局部变量的作用域还要说明以下几点：

（1）主函数中定义的变量也只能在主函数中使用，不能在其他函数中使用。同时，主函数中也不能使用其他函数中定义的变量。

（2）形参变量是属于被调函数的局部变量，实参变量是属于主调函数的局部变量。

（3）允许在不同的函数中使用相同的变量名，它们代表不同的对象，分配不同的单元，互不干扰，也不会发生混淆。

（4）在复合语句中也可定义变量，其作用域只在复合语句范围内。

2. 全局变量

全局变量也称为外部变量，它是在函数外部定义的变量，它不属于哪一个函数，它属于一个源程序文件，其作用域是整个源程序。在函数中使用全局变量，一般应作全局变量说明，只有在函数内经过说明的全局变量才能使用。全局变量的说明符为 extern，但在一个函数之前定义的全局变量，在该函数内使用可不再加以说明。如果同一个源文件中，外部变量与局部变量同名，则在局部变量的作用范围内，外部变量被"屏蔽"，即它不起作用。

3. 变量的存储类别

静态存储方式：指在程序运行期间分配固定的存储空间的方式。
动态存储方式：在程序运行期间根据需要进行动态的分配存储空间的方式。
用户存储空间可以分为三个部分：
（1）程序区。
（2）静态存储区。
（3）动态存储区。

全局变量全部存放在静态存储区，在程序开始执行时给全局变量分配存储区，程序执行完毕就释放。在程序执行过程中它们占据固定的存储单元，而不动态地进行分配和释放。

动态存储区存放以下数据：

（1）函数形式参数。

（2）自动变量（未加 static 声明的局部变量）。

（3）函数调用时的现场保护和返回地址。

对以上这些数据，在函数开始调用时分配动态存储空间，函数结束时释放这些空间。在 C 语言中，每个变量和函数有两个属性：数据类型和数据的存储器类别。

auto 变量：函数中的局部变量，如不专门声明为 static 存储类别，都是动态地分配存储空间的，数据存储在动态存储区中。函数中的形参和在函数中定义的变量（包括在复合语句中定义的变量）都属此类，在调用该函数时系统会给它们分配存储空间，在函数调用结束时就自动释放这些存储空间。这类局部变量称为自动变量，自动变量用关键字 auto 作为存储类别的声明。

static 静态存储类别局部变量：有时希望函数中的局部变量的值在函数调用结束后不消失而保留原值，这时就应该指定局部变量为"静态局部变量"，用关键字 static 进行声明。

对静态局部变量的说明：

① 静态局部变量属于静态存储类别，在静态存储区内分配存储单元。在程序整个运行期间都不释放。而自动变量（即动态局部变量）属于动态存储类别，占动态存储空间，函数调用结束后即释放。

② 静态局部变量在编译时赋初值，即只赋初值一次；而对自动变量赋初值是在函数调用时进行，每调用一次函数重新给一次初值，相当于执行一次赋值语句。

③ 如果在定义局部变量时不赋初值的话，则对静态局部变量来说，编译时自动赋初值 0（对数值型变量）或空字符（对字符变量）；而对自动变量来说，如果不赋初值则它的值是一个不确定的值。

register 寄存器变量：为了提高效率，C 语言允许将局部变量的值放在 CPU 中的寄存器中，这种变量叫"寄存器变量"，用关键字 register 作为声明，说明如下：

① 只有局部自动变量和形式参数可以作为寄存器变量。

② 一个计算机系统中的寄存器数目有限，不能定义任意多个寄存器变量。

③ 局部静态变量不能定义为寄存器变量。

extern 外部变量：外部变量（即全局变量）是在函数的外部定义的，它的作用域为从变量定义处开始，到本程序文件的末尾。如果外部变量不在文件的开头定义，其有效的作用范围只限于定义处到文件终了。如果在定义点之前的函数想引用该外部变量，则应该在引用之前用关键字 extern 对该变量作"外部变量声明"，表示该变量是一个已经定义的外部变量。有了此声明，就可以从"声明"处起，合法地使用该外部变量。

3.8 运算符和表达式

3.8.1 C51 语言中按运算符在表达式中的作用分类

算术运算符：+ - * / % ++ --　　　　//加、减、乘、除、余、加 1、减 1

关系运算符：＜ ＜= == != ＞ ＞=   //小于、小于等于、等于、不等于、大于、

                                                   大于等于

逻辑运算符：! && ‖   //非、与、或

位运算符 ：<< >> ~ | ^ &   //左移、右移、取反、或、异或、与

赋值运算符：= 及其扩展   //赋值

条件运算符：?:   //三目运算符

逗号运算符：,

指针运算符：* &   //取内容、取地址

求字节数 ：sizeof

强制类型转换：(类型）

分量运算符：. ->

下标运算符：[]

其他   ：( ) -

运算符就是完成某种特定运算的符号。运算符按其表达式中运算对象的多少可分为单目运算符，双目运算符和三目运算符。单目就是指需要有一个运算对象，双目就要求有两个运算对象，三目则要三个运算对象。表达式则是由运算及运算对象所组成的具有特定含义的式子。C 是一种表达式语言，表达式后面加";"号就构成了一个表达式语句。

对于 a+b，a/b 这样的表达式大家都很熟悉，用在 C 语言中，+, /, 就是算术运算符。C51 中的算术运算符有如下几个，其中只有取正值和取负值运算符是单目运算符，其他则都是双目运算符：

+   加或取正值运算符

–   减或取负值运算符

*   乘运算符

/   除运算符

%   取余运算符

算术表达式的形式如下：

      表达式1   算术运算符   表达式2

如，a+b*(10-a), (x+9)/(y-a)

除法运算符和一般的算术运算规则有所不同，如是两浮点数相除，其结果为浮点数，如 10.0/20.0 所得值为 0.5，而两个整数相除时，所得值就是整数，如 7/3，值为 2。同别的语言一样 C 的运算符有优先级和结合性，同样可用括号"（）"来改变优先级。

++ –；分别是加1和减1运算。前面程序例子中用到的 a++就是 a 的内容加1。

运算符"=="在 VB 或 PASCAL 等中是用"="，而"!="则是用"not "。不同的程序语言，所用到的运算符有所不同。

小学的数学课就有先乘方后乘除，再加减的运算顺序，也就是有优先级别的，计算机的语言也不过是人类语言的一种扩展，这里的运算符同样有着优先级别，接下来讲到的关系运算也有优先级。

3.8.2 运算符和表达式（关系运算符）

对于关系运算符，同样我们也并不陌生。C 语言中有六种关系运算符：

> 大于

< 小于

>= 大于等于

<= 小于等于

== 等于

! = 不等于

当两个表达式用关系运算符连接起来时，这时就是关系表达式，关系表达式通常是用来判别某个条件是否满足。要注意的是关系运算符的运算结果只有 0 和 1 两种，也就是逻辑的真与假，当指定的条件满足时结果为 1，不满足时结果为 0。一般形式是：

表达式 1　关系运算符　表达式 2

我们有时借助电脑仿真软件直观的看单片机的输出结果，单片机和 PC 之间有时是通过串口通信来完成任务的，有些单片机也是通过串口来下载程序，PC 的串口电平是 12V 幅度，而单片机的是 5V 幅度，所以在实际上要通过 MAX232 这类芯片进行电平转换。该芯片把电脑送出的 12V 信息转换成 5V 信息。图 3.9 是 MAX232 的基本接线图，有些单片机开发板用这个电路下载程序或双机通信，如 STC 芯片。

【例 3.25】 编写数码管流水灯显示十六进制数 0～F，程序如下。该程序用到了算术运算和关系运算，在实际操作时还要用数据线把程序下载到实验电路板上，串行通信接口转换芯片 MAX232 电路是一种常见的在线下载电路，如图 3.10 和图 3.11 所示是动态显示电路。

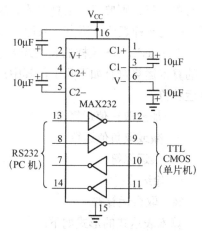

图 3.9　串行通信接口转换芯片 MAX232

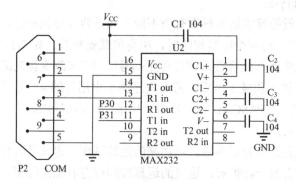

图 3.10　串行通信接口转换芯片 MAX232 应用电路图

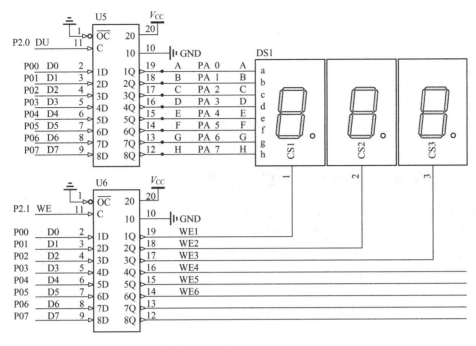

图 3.11　用锁存器 573 扩展 8 位数码管应用电路

```c
#include<reg52.h>
sbit    dula=P2^0;                              //七段数码管字型锁存器控制位
sbit    wela=P2^1;                              //七段数码管位置锁存器控制位
#define uint unsigned int                       //用 uint 代替 unsigned int
#define uchar unsigned char                     //同上
void delay12(uint);
uchar   num;                                    //七段数码管字型码计数变量，显示数字
uchar   code table[]={0x3f,0x06,0x5b,0x4f,0x66,0x6d,0x7d,0x07,0x7f,0x6f,0x77,
0x7c,0x39,0x5e,0x79,0x71,0x00,0xb7};            //共阴七段显示码。
uchar   code table1[]={0xc0,0xf9,0xa4,0xb0,0x99,0x92,0x82,0xf8,0x80,0x90, 0x88,
0x83,0xc6,0xa1,0x86,0x8e,0xff,0xb7};            //共阳七段显示码
void main()
    {
        wela=1;
        P0=0x00;                                //位码，所有 8 位都显示同样的数字
        wela=0;                                 //下降沿锁存有效
        while(1)
        {
        for(num=0;num<16;num++)                 //给 num 赋值，如果小于 16，则 num 加 1
           {
           dula=1;
           P0=table[num];                       //字码，查表共阴七段显示码送显示
           dula=0;                              //锁存字码
           delay12(180);
           }
        }
```

```
}
void delay12(uint z)                    //延时子函数
{
uint x,y;
for(x=z;x>0;x--)                        //给 x 赋值 z、如果大于 0，则执行后面的 for 语句，再 x 减 1，
                                        //直到 x>0 不成立退出这条
    for(y=580;y>0;y--);                 //给 y 赋值 580，如果大于 0，则 y 减 1
}                                       //该电路及程序在市售开发板上应用较多，比较经典
```

3.8.3　逻辑运算符和表达式（逻辑运算符）

逻辑运算符是用于求条件式的逻辑值，用逻辑运算符将关系表达式或逻辑量连接起来就是逻辑表达式了。要注意的是关系运算符的运算结果只有 1 和 0 两种，也就是逻辑的真与假，换句话说也就是逻辑量，而逻辑运算符就是用于对逻辑量运算的表达式。这里只能介绍简单常用的几种。逻辑表达式的一般形式为：

```
逻辑与：表达式 1  && 表达式 2；        //两表达式都为 1 时结果为 1，否则为 0
逻辑或：表达式 1  || 表达式 2         //两表达式都为 0 时结果为 0，否则为 1
逻辑非：  ！表达式                    //表达式为 1 时结果为 0，为 0 时为 1
```

逻辑运算符也有优先级别，即!（逻辑非）→&&（逻辑与）→||（逻辑或），逻辑非的优先值最高。如有，

```
!True || False && True
```

按逻辑运算的优先级别来分析则得到假（True 代表真，False 代表假）。计算过程如下：

```
!True || False && True；
False || False && True；                //!Ture 先运算得 False
False || False；                        //False && True 运算得 False
False；                                 //最终 False || False 得 False
```

1．位运算符

准确地说是按位运算，学过汇编语言的朋友都知道汇编语言对位的处理能力是很强的，C 语言也能对运算对象进行按位操作，从而使 C 语言也具有一定的对硬件直接进行操作的能力。位运算符的作用是按位对变量进行运算，但是并不改变参与运算的变量的值。如果要求按位改变变量的值，则要利用相应的赋值运算。另外，位运算符是不能用来对浮点型数据进行操作的。C51 中共有 6 种位运算符。

位运算一般的表达形式如下：

　　变量 1 位运算符 变量 2

位运算符也有优先级，从高到低依次是：

"~"(按位取反)→"<<"(左移)→">>"(右移)→"&"(按位与)→"^"(按位异或)→"|"(按位或)

例如，unsigned char a=0x96, b=0x73;

则，a&b 结果是　　　　　（a=0x96）　　　1001 0110

&　　（b=0x73）　　　0111 0011

結果=0x12　　　0001 0010

位运算符"<<"(左移)和 ">>"(右移)移动时移出的位舍掉，移入的补 0。

例如，a =a>>2;　　移动 2 位（a=0x96）　　　1001 0110

結果=0x25　　　00→0010 0101→10

结果高位移入了 00，低位移出了 10。同样 b =b<<3; //结果左移 3 位 b=1001 1000=0x98。

2．赋值运算符

对于"="这个符号大家不会陌生，在 C 语言中它的功能是给变量赋值，称之为赋值运算符。它的作用就是把数据赋给变量。如，x=10；利用赋值运算符，将一个变量与一个表达式连接起来的式子称为赋值表达式，在表达式后面加";"便构成了赋值语句。使用"="的赋值语句格式如下：

变量 = 表达式；

示例如下：

a = 0xFF;　　　　　　　//将常数十六进制数 FF 赋于变量 a

b = c = 33;　　　　　　//十进制数同时赋值给变量 b、c

d = e;　　　　　　　　//将变量 e 的值赋于变量 d

f = a+b;　　　　　　　//将变量 a+b 的结果值赋于变量 f

由上面的例子可以知道赋值语句的意义就是先计算出"="右边的表达式的值，然后将得到的值赋给左边的变量，而且右边的表达式可以是一个赋值表达式。

在 C 语言中"=="与"="这两个符号分别表示"等于"与"赋值"，程序编译常常因此报错，往往就是错在 if (a=x)之类的语句中，错将" =赋值"用为" ==等于"。"=="是表示相等关系运算。

3．复合赋值运算符

复合赋值运算符就是在赋值运算符"="的前面加上其他运算符。以下是 C 语言中的复合赋值运算符：

+=　加法赋值　　　 −=　减法赋值　　　 *=　乘法赋值　　　 /=　除法赋值

%=　取模赋值　　　 &=　逻辑与赋值　　 |=　逻辑或赋值　　 ^=　逻辑异或赋值

~=　逻辑非赋值　　 >>=　右移位赋值　　 <<=　左移位赋值

复合运算的一般形式为：

变量　复合赋值运算符　表达式

其含义就是变量与表达式先进行运算符所要求的运算，再把运算结果赋值给参与运算的变量。其实这是 C 语言中简化程序的一种方法，凡是二目运算都可以用复合赋值运算符去简化表达式。例如，a+=96 等价于 a=a+96，y/=x+7 等价于 y=y/(x+7)。

很明显采用复合赋值运算符会降低程序的可读性，但这样却可以使程序代码简单化，并能提高编译的效率。对于初学 C 语言的朋友在编程时最好还是根据自己的理解力和习惯去使用程序表达的方式，不要一味追求程序代码的短小。

4．逗号运算符

逗号就是把多个变量定义为同一类型的变量，如"int a,b,c"，说明逗号用于分隔表达式的作用。但在 C 语言中逗号还是一种特殊的运算符，也就是逗号运算符，可以用它将两个或多个表达式连接起来，形成逗号表达式。逗号表达式的一般形式为：

> 表达式 1，表达式 2，表达式 3……表达式 n

这样用逗号运算符组成的表达式在程序运行时，是从左到右计算出各个表达式的值，而整个用逗号运算符组成的表达式的值等于最右边表达式的值，就是"表达式 n"的值。在实际的应用中，大部分情况下使用逗号表达式的目的只是为了分别得到各个表达式的值，而并不一定要得到和使用整个逗号表达式的值。

5．条件运算符

上面我们说过 C 语言中有一个三目运算符，它就是"? :"条件运算符，它要求有三个运算对象。它可以把三个表达式连接构成一个条件表达式。条件表达式的一般形式为：

> 逻辑表达式? 表达式 1：表达式 2

条件运算符的作用就是根据逻辑表达式的值，选择使用表达式的值。当逻辑表达式的值为真（非 0 值）时，整个表达式的值为表达式 1 的值；当逻辑表达式的值为假（值为 0）时，整个表达式的值为表达式 2 的值。要注意的是条件表达式中逻辑表达式的类型，可以与表达式 1 和表达式 2 的类型不一样。举一个逻辑表达式的例子：如有 a=1,b=2，这时我们要求是取 ab 两数中的较小的值放入 min 变量中，也许你会这样写：

```
if (a<b)
min = a;
else
min = b;                    //这一段的意思是当 a<b 时 min 的值为 a 的值，否则为 b 的值。
```

用条件运算符去构成条件表达式就变得简单明了了：min = (a<b)? a : b

很明显它的结果和含意都和上面的一段程序是一样的，但是代码却比上一段程序少很多，编译的效率也相对要高，但它有着和复合赋值表达式一样的缺点，就是可读性相对较差。在实际应用时根据自己需要和习惯使用，最好使用较为好读的方式和加上适当的注解，这样可以有助于程序的调试和编写，也便于日后的修改读写。

6．指针和地址运算符

在学习数据类型时，学习过指针类型，知道它是一种存放另一个数据的地址的变量类型。指针是 C 语言中一个十分重要的概念，也是学习 C 语言中的一个难点。这里我们先来了解 C 语言中提供的两个专门用于指针和地址的运算符：

  * 取内容
  & 取地址

取内容和地址的一般形式分别为：

变量 = * 指针变量

指针变量 = & 目标变量

取内容运算是将指针变量所指向的目标变量的值赋给左边的变量；取地址运算是将目标变量的地址赋给左边的变量。要注意的是：指针变量中只能存放地址（也就是指针型数据），一般情况下不要将非指针类型的数据赋值给一个指针变量。

7．sizeof 运算符

sizeof 是用来求数据类型、变量或是表达式的字节数的一个运算符，但它并不像"="之类运算符那样在程序执行后才能计算出结果，它是直接在编译时产生结果的。它的语法如下：

sizeof(数据类型)

sizeof(表达式)

8．强制类型转换运算符

不知你是否有过自己去试着编一些程序，从中是否遇到一些问题？初学时容易遇到这样一个问题：两个不同数据类型的数在相互赋值时会出现不对的值。如下面的一段小程序：

```
void main(void)
{
unsigned char a;
unsigned int b;
     b=100*4;
a=b;
while(1);
}
```

这段小程序并没有什么实际的应用意义，如果你是细心的朋友定会发现 a 的值是不会等于 100*4 的。a 和 b 分别是 char 类型和 int 类型，从以前的学习可知 char 的值域是 0~255。b=100*4 超出了 255，但编译时为何不出错呢？先来看看这段程序的运行情况：b=100*4 就可以得知 b=0x190，a 只能存放其低 8 位的值 0x90，也就是 b 的低 8 位。这是因为执行了数据类型的隐式转换，隐式转换是在程序进行编译时由编译器自动去处理完成的，所以有必要了解隐式转换的规则：

（1）变量赋值时发生的隐式转换，"="号右边的表达式的数据类型转换成左边变量的数据类型。就如上面例子中的把 int 赋值给 char 字符型变量，得到的 char 将会是 int 的低 8 位。如把浮点数赋值给整形变量，小数部分将丢失。

（2）所有 char 型的操作数转换成 int 型。

（3）两个具有不同数据类型的操作数用运算符连接时，隐式转换会按以下次序进行：如有一操作数是 float 类型，则另一个操作数也会转换成 float 类型；如果一个操作数为 long 类型，另一个操作数也转换成 long；如果一个操作数是 unsigned 类型，则另一个操作会被转换成 unsigned 类型。

从上面的规则可以大概知道有哪几种数据类型是可以进行隐式转换的。在 C51 中只有 char，int，long 及 float 这几种基本的数据类型可以被隐式转换，而其他的数据类型就只能用到显式转换。要使用强制转换运算符应遵循以下的表达形式：

(类型) 表达式

用显式类型转换来处理不同类型的数据间运算和赋值是十分方便的。

至此，C 语言中一些数据类型和运算规律已基本讲述完毕，下面将开始讲述语句。

3.9 语句表达式

3.9.1 基本语句的语法

常用的语句有如下几条：

while( )	循环语句
do~while( )	循环语句
if( )~else~	选择语句
switch	多分支选择语句
break	
for( )~	循环语句
continue	
goto	

现阶段所要学习的各种基本语句的语法可以说是组成程序的灵魂。在前面的课程中的例子里，也简单讲解过一些语句的用法，可以看出 C 语言是一种结构化的程序设计语言。C 语言提供了相当丰富的程序控制语句。掌握这些语句的用法也是学习 C 语言的重点。

表达式语句是最基本的一种语句。不同的程序设计语言都会有不一样的表达式语句，如 VB 就是在表达式后面加入回车就构成了 VB 的表达式语句，而在 51 单片机的 C51 语言中则是加入分号";"构成表达式语句。举例如下：

```
d = d * 10;
   Count++;
   X = A;Y = B;
   Page = (a+b)/b-1;
```

以上的都是合法的表达式语句。如若忽略了分号";"，就会造成程序不会被正常的编译。遇到编译错误时首先查语法是否有误，初学编程时往往会因在程序中加入了全角符号、运算符打错、漏掉或没有在后面加";"、空格、字符错误、注释符号错误等等。

在 C 语言中有一个特殊的表达式语句，称为空语句，它仅仅是由一个分号";"组成。有时候为了使语法正确，就要求有一个语句，但这个语句又没有实际的运行效果，那么这时就要写一个空语句。

while，for 构成的循环语句后面加一个分号，形成一个不执行其他操作的空循环体。我们常常用它来写等待事件发生的程序。大家要注意的是";"号作为空语句使用时，要与语句中有效组成部分的分号相区分，如 for (;a<20000;a++); 第一个分号也应该算是空语句，它会使 a 赋值为 0（但要注意的是如程序前有 a 值，则 a 的初值为 a 的当前值），最后一个分号则使整

个语句形成一个空循环。那么 for (;a<50000;a++); 就相当于 for (a=0;a<50000;a++); 通常习惯是写后面的写法，这样能使人更容易读明白。

{}号是用于将若干条语句组合在一起形成一种功能块，这种由若干条语句组合而成的语句就叫复合语句。复合语句之间用{}分隔，而它内部的各条语句还是需要以分号";"结束。复合语句是允许嵌套的，也就是在{}中的{}也是复合语句。复合语句在程序运行时，{}中的各行单语句是依次顺序执行的，所以 C 语言中可以将复合语句视为一条单语句，也就是说在语法上等同于一条单语句。对于一个函数而言，函数体就是一个复合语句，复合语句中除了可以用可执行语句组成，还可以用变量定义语句组成。要注意的是在复合语句中所定义的变量，称为局部变量，所谓局部变量就是指它的有效范围只在复合语句中。

3.9.2　while 语句

while 语句的一般形式为：

while　(表达式) 语句

其中表达式是循环条件，语句为循环体。while 语句的语义是：计算表达式的值，当值为真(非0)时，执行循环体语句。

【例 3.26】　用 while 语句求和 ， 1+2+3+…+100 的值。

```
void main()
  {
    int i,sum=0;
    i=1;
    while(i<=100)          //表达式 i<=100 时为真，执行循环体语句，否则结束
      {
       sum=sum+i;          //执行循环体语句，求和
       i++;                //执行 i++，加 1
      }                    //否则结束循环
  }
```

使用 while 语句应注意以下几点：

（1）while 语句中的表达式一般是关系表达或逻辑表达式，只要表达式的值为真(非 0)即可继续循环。While(1)就是死循环，While(0)表示结束循环。

（2）循环体如包括有一个以上的语句，则必须用{}括起来，组成复合语句。

3.9.3　do-while 语句

do-while 语句的一般形式为：

do
语句；
while(表达式)；

这个循环与 while 循环的不同在于：它先执行循环中的语句，然后再判断表达式是否为真，如果为真则继续循环；如果为假，则终止循环。因此，do-while 循环至少要执行一次循环语句。

【例 3.27】 用 do-while 语句求和。

```
void    main()
{
int i,sum=0;
 i=1;
      do                         //开始循环
        {  sum=sum+i;
            i++;
        }
      while(i<=100)              // i<=100 不成立时退出循环，或者当 while(0)退出
}
```

下面的程序是简单说明 while 空语句的用法。硬件的功能很简单，就是和图 3.7 所示一样的电路，另外在图中 P3.7 与地线之间接上一个开关，当开关按下时 P0 上的灯会全亮起来。程序如下：

```
#include <AT89x51.h>
void main()
{
  unsigned int a;
    while(1)                //点亮一段时间后关闭 LED，再次判断 P3_7，如此循环
    {
    P0 = 0xFF;              //关闭 P0 上的 LED，各引脚都为高电平
    while(P3_7);            //空语句或默认语句，等待 P3_7 按下为低电平，低电平时执行下面的语句
    P0 = 0;                 //点亮全部 LED，低电平
    for(;a<60000;a++);      //这也是空语句的用法，注意 a 的初值为当前值 0
    }                       //这样第一次按下时会延时点亮一段时间，以后按多久就亮多久
}
```

3.9.4   if (条件表达式，如果) 语句

条件语句是根据所给条件是否满足来决定接下来的操作，就如学习语文中的条件语句一样，C 语言也一样是"如果 XX 就 XX"或是"如果 XX 就 XX 否则 XX"。也就是当条件符合时就执行语句，否则就跳过。条件语句又被称为分支语句，其关键字是由 if 构成。C 语言提供了 3 种形式的 if 条件语句：

（1）if (条件表达式) 语句。当条件表达式的结果为真时，就执行语句，否则就跳过。如，

```
if (a==b) a++;        //当 a 等于 b 时，a 就加 1
```

（2）if (条件表达式，如果) 语句 1。当条件表达式成立时，就执行语句 1，else 语句 2，否则就执行语句 2。例如，

```
if (a==b)            //当 a 等于 b 时
a++;                 //当 a 等于 b 时，执行 a 加 1
else                 //否则
a——;                 //否则执行 a-1
```

（3）if (条件表达式 1) 语句 1;

else if(条件表达式 2) 语句 2;
　　else if(条件表达式 3) 语句 3;
　　　　……
　　　　else if(条件表达式 n) 语句 n;
　　　　　else 语句 n+1;

这是由 if else 语句组成的嵌套，用来实现多方向条件分支，使用时应注意 if 和 else 的配对使用，要是少了一个就会语法出错。记住 else 总是与最临近的 if 相配对使用。

3.9.5　switch 开关语句

switch（表达式）是直接处理多分支的选择语句，用多个 if 条件语句可以实现多方向条件分支，但是可以发现使用过多的条件语句实现多方向分支，会使条件语句嵌套过多，程序冗长，这样读起来也很不好读。这时使用开关语句，同样可以达到选择处理多分支的目的，又可以使程序结构清晰。它的语法如下：

```
switch (表达式)
{
case 常量表达式 1: 语句 1; break;
case 常量表达式 2: 语句 2; break;
case 常量表达式 3: 语句 3; break;
……
case 常量表达式 n: 语句 n; break;
default: 语句 n+1;
}
```

运行中 switch 后面的表达式的值将会作为条件，与 case 后面的各个常量表达式的值相对比，如果相等时则执行后面的语句，再执行 break（间断语句）语句，跳出 switch 语句。如果 case 没有和条件相等的值时就执行 default 后的语句。当要求没有符合的条件时不做任何处理，则可以不写 default 语句。

现在用一简短程序来说明，设 P1 口连接 8 只共阳发光二极管 LED0～LED7，P3 口低 2 位连接 2 个共阴按键 K0 和 K1，程序要求：按 K0 时 LED0 亮，按 K1 时 LED1 亮，否则其他 LED2～LED7 亮。

```
#include<reg51.h>
void main()
{  unsigned char key;              //定义按键变量 key
    for( ; ;)                       // for 循环扫描 key，等同 whiee(1)。默认 3 个表达式
    {  P3=0xff;                     // P3 端口各位置 1，上拉电阻式双向口用法
       key= P3;                     //取按键值
       switch(key)
       {  case 0xfe :P1=0xfe;break;   //按 K0 时 LED0 亮
          case 0xfd :P1=0xfd;break;   //按 K1 时 LED1 亮
          default: P1=0x03;           //否则其他 LED2～LED7 亮
       }
    }
}
```

3.9.6　break 语句

break 语句通常用在循环语句和开关语句中。当 break 用于开关语句 switch 中时，可使程序跳出 switch 而执行 switch 以后的语句；如果没有 break 语句，则将执行后面的所有语句再退出。break 在 switch 中的用法已在前面介绍开关语句时的例子中碰到，这里不再举例。

当 break 语句用于 do-while、for、while 循环语句中时，可使程序终止循环而执行循环后面的语句，通常 break 语句总是与 if 语句连在一起，即满足条件时便跳出循环。

```
while(表达式 1)
  { ……
  if(表达式 2)break;
  ……
  }
```

3.9.7　for 语句

在 C 语言中，for 语句使用最为灵活，它的一般形式为：

```
for(表达式 1；表达式 2；表达式 3) 语句
for(i=1; i<=100; i++)sum=sum+i;
```

它的执行过程如下：

（1）先求解表达式 1。（i=1）

（2）求解表达式 2（i<=100），若其值为真（非 0），则执行 for 语句中指定的内嵌语句（语句 sum=sum+i），然后执行下面第（3）步（i++）；若其值为假（0），则结束循环，转到第（5）步。

（3）求解表达式 3（i++）。

（4）转回上面第（2）步继续执行。

（5）循环结束，执行 for 语句下面的一个语句。

for 语句最简单的应用形式也是最容易理解的形式，具体如下：

```
for(循环变量赋初值；循环条件；循环变量增量) 语句
```

循环变量赋初值语句，它用来给循环控制变量赋初值。循环条件是一个关系表达式，它决定什么时候退出循环。循环变量增量，定义循环控制变量每循环一次后按什么方式变化。以上三个部分之间用“；”分开。例如，

```
for(i=1; i<=100; i++)sum=sum+i;
```

先给 i 赋初值 1，判断 i 是否小于等于 100，若是则执行语句 sum=sum+i，之后执行 i++完成 i 增加 1。再重新判断 i<=100，直到循环条件为假，即 i>100 时，结束循环。相当于：

```
i=1;                        //i 赋初值 1
while（i<=100)              //循环条件
    { sum=sum+i;            //执行语句 sum=sum+i
     i++;                   //i 增加 1
    }                       //结束循环
```

对于 for 循环中语句的一般形式，就是如下的 while 循环形式：

```
表达式 1；
while（表达式 2）
{语句
表达式 3；
}
```

注意：

（1）for 循环中的"表达式 1（循环变量赋初值）"、"表达式 2（循环条件）"和"表达式 3（循环变量增量）"都是选择项，即都可以缺省，但"；"不能缺省。

（2）省略了"表达式 1（循环变量赋初值）"，表示不对循环控制变量赋初值，使用当前值。

（3）省略了"表达式 2（循环条件）"，则不做其他处理时便成为死循环。例如，

```
for(i=1;;i++)sum=sum+i;
```

相当于：

```
i=1;
while(1)
{sum=sum+i;                        // 语句 sum=sum+i 和 i++将一直执行下去
i++;}
```

（4）省略了"表达式 3（循环变量增量）"，则不对循环控制变量进行操作，这时可在语句体中加入修改循环控制变量的语句。例如，

```
for(i=1;i<=100;)
    {sum=sum+i;
     i++;}
```

（5）省略了"表达式 1（循环变量赋初值）"和"表达式 3（循环变量增量）"。例如，

```
for(;i<=100;)
    {sum=sum+i;
    i++;}
```

相当于：

```
while(i<=100)
    {sum=sum+i;
    i++;}
```

（6）3 个表达式都可以省略。例如，

```
for(;;)语句
```

相当于：

```
while(1)语句
```

（7）表达式 1 可以是设置循环变量的初值的赋值表达式，也可以是其他表达式。例如，

```
for(sum=0;i<=100;i++)sum=sum+i;
```

（8）表达式 1 和表达式 3 可以是一个简单表达式，也可以是逗号表达式。

```
for(sum=0,i=1;i<=100;i++)sum=sum+i;
```

或：

```
for(i=0,j=100;i<=100;i++,j--)k=i+j;
```

（9）表达式 2 一般是关系表达式或逻辑表达式，但也可以是数值表达式或字符表达式，只要其值非零，就执行循环体。

for 也可以用于循环的嵌套，如下例，

```
main()
{
int i, j, k;
for (i=0; i<20; i++)
    for(j=0; j<20; j++)
        for(k=0; k<20; k++);
}
```

3.9.8　goto 语句标号；和 continue 语句

1．goto 语句以及用 goto 语句构成循环

在程序中为有关语句提供标号，标记程序执行的位置，使相关语句能跳转到要执行的位置，这用在 goto 语句中。goto 语句是一种无条件转移语句，与 BASIC 中的 goto 语句相似。goto 语句的使用格式为：

```
goto    标号；
```

其中语句标号是一个有效的标识符，这个标识符加上一个 ";" 一起出现在函数内某处，执行 goto 语句后，程序将跳转到该标号处，并执行其后的语句。另外，标号必须与 goto 语句同处于一个函数中，但可以不在一个循环层中。通常 goto 语句与 if 条件语句连用，当满足某一条件时，程序跳到标号处运行。

通常尽量少用 goto 语句，主要因为它将使程序层次不清，且不易读，但在多层嵌套退出时，用 goto 语句则比较合理。过多的跳转就使程序又回到了汇编的编程风格，使程序失去了C 语言的模块化的优点。

用 goto 语句和 if 语句构成循环如下：

```
void    main()
    {
        int i,sum=0;
        i=1;
        loop:   if(i<=100)
                    {   sum=sum+i;
                        i++;
                        goto loop;
                    }
    }
```

2．continue 语句

continue 语句的作用是跳过循环体中剩余的语句而强行执行下一次循环。continue 语句只用在 for、while、do-while 等循环体中，常与 if 条件语句一起使用，用来加速循环。其执行过程可表示为：

```
while(表达式 1)
  { ……
     if(表达式 2)continue;
     ……
  }
```

3.10 任务式教学

3.10.1 多位数码管显示电路应用

第 2 章我们制作了数码管显示电路，单片机的 4 个 8 位口可同时安装共 4 个数码管，但如果想制作单片机时钟电路，要用到 6～8 个数码管，这时就应用到动态扫描显示技术，如图 3.12 所示，实物如图 3.13 所示。该电路可以手工制作，但难度较大。如果采用多连体数码管，或者专门制作显示用数码管印制电路板，则大大降低了难度，实际上可以制作实验电路板，由读者自己安装电路元器件，如图 3.14 所示。在实训过程中，如果有安装好的电路作样本，通过总结和安装注意事项作指导，电路安装将不是难事。制作好的电路板上可能还有其他电路，实训时可以采取安装一部分电路就研究其编程方法，分单元完成。

我们的目标是在这 6 个数码管上显示时间，并且可以调整时间，第 2 章 2.8 节中两个数码管显示了数字，现在让 6 个数码管同时显示相同的内容，或者象流水灯一样显示相同内容或不同内容。从原理图中可以看出，现在只是把数码管的阳极从电源正极变成了由 P2 口控制，且低电平有效，我们只要针对 P2 口增加控制程序就可以了。现给出参考程序如下：

```
        ORG    0000H           ; 此程序是让全部数码管同时加 1 计数显示
START： MOV    R4, #10H         ; 数据表大小，先打算显示 16 个码
        MOV    DPTR, #TAB       ; 指向数据表
LOOP0： CLR    A                ; 准备用 MOVC 指令
        MOVC   A, @A+DPTR       ; 查表(数据在片内程序存储器中)
        MOV    P0, A            ; 输出到 P0 口，字型码端口
        MOV    P2, #00H         ; 输出到 P2 口，位控制端口
        MOV    R5, #2AH         ; 准备软件延时约 1 秒钟
LOOP1： MOV    R6, #3BH
LOOP2： MOV    R7, #4CH
LOOP3： DJNZ   R7, LOOP3        ; 使用 DJNZ 循环延时
        DJNZ   R6, LOOP2
        DJNZ   R5, LOOP1
        INC    DPTR             ; 指向下一数据地址
        DJNZ   R4, LOOP0        ; 数据表查完否
```

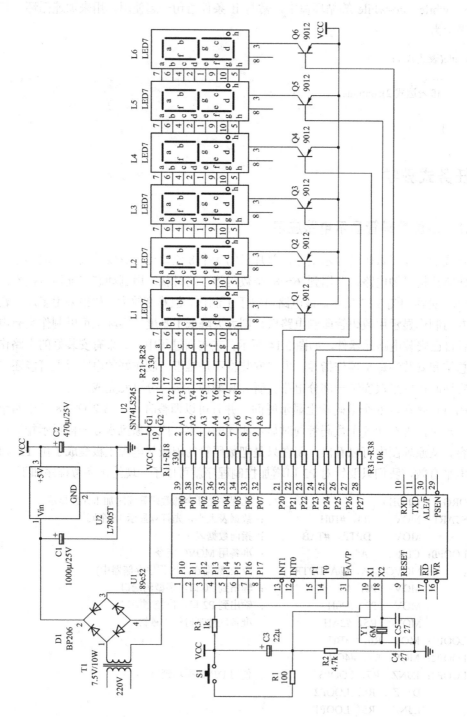

图 3.12 单片机数码管时钟电路原理图

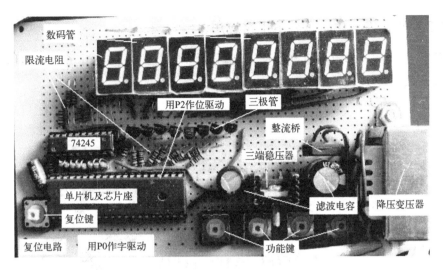

图 3.13　单片机数码管时钟电路实物图 1

```
        SJMP     START                    ；查完重新开始
TAB：DB 0C0H，0F9H，0A4H，0B0H，99H，92H，82H，0F8H  ；0，1，2，3，4，5，6，7
     DB  80H，90H，88H，83H，0C6H，0A1H，86H，8EH  ；8，9，A，B，C，D，E，F
     DB  0BFH，0FFH，0B7H                        ；－，，＝
     END
```

/*该 C51 程序是让 6 个数码管同时加 1 计数显示*/

```c
#include<reg51.h>   //头文件
void Delay1ms(unsigned int n) ;//函数声明
unsigned char code TAB[19]={0xC0,0xF9,0xA4,0xB0,0x99,0x92,0x82,0xF8,0x80,0x90,0x88,
0x83,0xC6,0xA1,0x86,0x8E,0xBF,0xFF,0xB7};    //字型码
void main()
{
    unsigned char i=0,wei=0xC0;           //1100 0000      0 对应 6 个数码管亮
    while(1)
    {
        for(i=0;i<16;i++) //只显示 TAB 表中的前 16 个字型码
        {
            P0=TAB[i];
            P2=wei;
            Delay1ms(1000); //调用延时函数
        }
    }
}
void Delay1ms(unsigned int n)//软件延时 1ms，延时时间由软件计算得来，需精确延时可使用定时器
{
    int x,y;
    for(x=n;x>0;x--)
        for(y=123;y>0;y--);
}
```

3.10.2 多位数码管动态显示电路应用

如果要全部数码管作流水计数显示，轮流显示 0，1，2，3，4，5，6，7，可以看到各数码管显示的内容不同，程序如下：

图 3.14 单片机数码管时钟电路实物图 2

```
        ORG     0000H          ；此程序是让全部数码管流水加 1 计数显示
START:  MOV     DPTR，#TAB      ；指向数据表首地址
LOOP0:  CLR     A              ；准备用 MOVC 指令
        MOVC    A，@A+DPTR      ；查表（数据在片内程序存储器中）
        MOV     P0，A           ；输出第 1 个数码到第 1 个数码管上
        MOV     P2，#0FEH       ；输出到 P2.0 口，0FEH=1111 1110B
        MOV     R5，#2AH        ；准备软件延时约 1 秒钟
LOOP1： MOV     R6，#3BH
LOOP2： MOV     R7，#4CH
LOOP3： DJNZ    R7，LOOP3       ；使用 DJNZ 循环延时
        DJNZ    R6，LOOP2
        DJNZ    R5，LOOP1
        INC     DPTR           ；指向第 2 个数据地址
        CLR     A              ；准备用 MOVC 指令
        MOVC    A，@A+DPTR      ；查表（数据在片内程序存储器中）
        MOV     P0，A           ；输出第 2 个数码到第 2 个数码管上
        MOV     P2，#0FDH       ；输出到 P2.1 口，0FDH=1111 1101B
        MOV     R5，#2AH        ；准备软件延时约 1 秒钟
LOOP4： MOV     R6，#3BH        ；注意：这段延时程序多次重复出现
LOOP5： MOV     R7，#4CH
LOOP6： DJNZ    R7，LOOP6       ；使用 DJNZ 循环延时
```

```
            DJNZ    R6，LOOP5
            DJNZ    R5，LOOP4
            INC     DPTR                    ; 指向下一数据地址
            ……                             ; 省几段程序由读者自己写出来
            CLR     A                       ; 准备用 MOVC 指令
            MOVC    A，@A+DPTR               ; 查表（数据在片内程序存储器中）
            MOV     P0，A                    ; 输出第 8 个数码到第 8 个数码管上
            MOV     P2，#7FH                 ; 输出到 P2.7 口，7FH=01111 111B
            MOV     R5，#2AH                 ; 准备软件延时约 1 秒钟
LOOP16：MOV     R6，#3BH
LOOP17：MOV     R7，#4CH
LOOP18：DJNZ    R7，LOOP18                   ; 使用 DJNZ 循环延时
            DJNZ    R6，LOOP17
            DJNZ    R5，LOOP16
            SJMP    START                   ; 一轮显示完毕，重新开始
TAB：DB 0C0H，0F9H，0A4H，0B0H，99H，92H，82H，0F8H  ; 0，1，2，3，4，5，6，7
        DB  80H，90H，88H，83H，0C6H，0A1H，86H，8EH   ; 8，9，A，B，C，D，E，F
            END
```

/*该 C51 语言程序是让 8 个数码管轮流显示 0,1,2,3,4,5,6,7*/

```
#include<reg51.h>   //头文件
void Delay1ms(unsigned int n) ;//函数声明
unsigned char code TAB[19]={0xC0,0xF9,0xA4,0xB0,0x99,0x92,0x82,0xF8,0x80,0x90,0x88,0x83,
0xC6,0xA1,0x86,0x8E,0xBF,0xFF,0xB7};//字型码
void main()
{
    unsigned char i=0,wei=0x01;
    while(1)
    {
        for(i=0;i<7;i++)                    //只显示 TAB 表中的前 7 个字型码
        {
            P0=TAB[i];                      //字控
            P2=~wei;                        //位控（符号~为取反）
            wei<<=1;                        //wei 左移一位
            if(wei==0x00) wei=0x01;
            Delay1ms(1000);                 //调用延时函数,1000*1ms=1s
        }
    }
}
void Delay1ms(unsigned int n)               // 软件延时 1ms，延时时间由软件计算得来
{
    int x,y;
    for(x=n;x>0;x--)
            for(y=123;y>0;y--);
}
```

　　怎样让数码管同时显示，又显示不同内容呢？实际上把上面的 1 秒延时程序改成约 1ms 延时程序就可以了。这个程序太长，主要原因是内容重复较多，把该顺序程序改成循环程序

如下：（这两程序功能完全一样，只是参数不一样，如果参数一样则效果也一样。这就是动态显示，实际上是让每个数码管显示 1ms，全部数码管显示完后又重复显示，数码管在轮流显示，但让人看起来是在同时显示不同内容。）

```
        ORG     0000H      ; 此程序是让全部数码管分别固定显示 0, 1, 2, 3, 4, 5, 6, 7
START:  MOV     R4, #06H    ; 数据表大小，先打算显示 6 个码
        MOV     R3, #0FEH   ; 位码存放在 R3，确定当前显示数码管
        MOV     DPTR, #TAB  ; 指向数据表首地址
LOOP0:  CLR     A           ; 准备用 MOVC 指令
        MOVC    A, @A+DPTR  ; 查表(数据在片内程序存储器中)
        MOV     P0, A       ; 输出第 1 个数码到第 1 个数码管上
        MOV     A, R3       ; 计算位码
        RL      A           ; 准备 1111 1110B～01111 111B 之一
        MOV     R3, A       ; 备用位码，将连续使用该码
        MOV     P2, A       ; 输出 1111 1110B～01111 111B 之一
        MOV     R5, #05H    ; 准备软件延时约 1ms
LOOP1:  MOV     R6, #3BH
LOOP2:  DJNZ    R6, LOOP2   ; 注意：少用了个 R7
        DJNZ    R5, LOOP1
        INC     DPTR        ; 指向下一个数据地址
        DJNZ    R4, LOOP0   ; 数码管一轮显示完否
        SJMP    START       ; 一轮显示完毕，重新开始
TAB: DB 0C0H, 0F9H, 0A4H, 0B0H, 99H, 92H, 82H, 0F8H  ; 0, 1, 2, 3, 4, 5, 6, 7
        END
```

/*该 C51 语言程序是让 8 个数码管分别显示 0,1,2,3,4,5,6,7*/

```c
#include<reg51.h>                 //头文件
void Delay1ms(unsigned int n) ;   //函数声明//字型码  0,1,2,3,4,5,6,7
unsigned char code TAB[8]={0xC0,0xF9,0xA4,0xB0,0x99,0x92,0x82,0xF8};
void main()                       //主函数，无参数
{
    unsigned char i=0,wei=0x01;
    while(1)
    {
        for(i=0;i<7;i++)          //只显示 TAB 表中的前 7 个字型码
        {
            P0=TAB[i];            //字控
            P2=~wei;              //位控（符号~为取反）
            wei<<=1;              //wei 左移一位
            if(wei==0x00) wei=0x01;
            Delay1ms(1);          //调用延时函数，延时 1ms
        }
    }
}

void Delay1ms(unsigned int n)     //软件延时 1ms，由软件计算得来，精确延时用定时器
```

```
{
    int x,y;
    for(x=n;x>0;x--)
            for(y=123;y>0;y--);
}
```

本 章 小 结

1. 指令的汇编语言编程的格式和有关规定及习惯用法，汇编语言编程方法和步骤、伪指令，说明了程序的指令、地址和机器码之间的关系。

2. 分析常见程序结构：顺序程序、分支程序、循环程序，子程序，查表程序、散转程序等。这里用到的编程技巧和常见汇编语言程序是本章要点之一，在例题和练习中举例介绍了程序编写方法和技巧。希望大家花时间多分析和研究程序，同时复习指令及其应用，从修改现有程序入手，先简后难，循序渐进地学习汇编语言程序设计，最后达到自己能设计应用系统和编写其程序的目的。

3. C51 语言基础包括：函数（main()和 void Delay1ms）、数据类型（unsigned char、int）、变量（n、i、x、y）、运算符（++、>、--）和语句表达式［for(i=0;i<8;i++)、if(Wei==0x00) Wei=0x01;］等，并给出了汇编语言和 C51 语言程序对照练习，介绍这些知识的运用规则。

习　题　3

3.1　用汇编语言编制的程序称为＿＿＿＿程序，该程序被汇编后得到的程序称为＿＿＿＿＿程序。

3.2　汇编后给编程器使用的文件扩展名是＿＿＿＿或＿＿＿＿。计算机能直接识别的语言是＿＿＿＿＿＿。

3.3　编写程序常用到伪指令，请说出下列伪指令的含义：DATA 表示＿＿＿＿＿＿＿＿＿＿＿，EQU 表示＿＿＿＿＿＿＿＿＿。END＿＿＿＿＿＿＿＿＿＿＿伪指令，DB＿＿＿＿＿＿＿＿＿＿伪指令。

3.4　基本程序结构有哪几种？各有什么特点？

3.5　什么是"子程序"？子程序设计时的注意事项是什么？

3.6　试对下列程序进行手工汇编，并说明此程序功能。

```
            ORG     4000H
ACADD1: MOV     R0，#25H
            MOV     R1，#2BH
            MOV     R2，#06H
            CLR     C
            CLR     A
LOOP:   MOV     A，@R0
            ADDC    A，@R1
            MOV     @R0，A
            DEC     R0
            DEC     R1
            DJNZ    R2，LOOP
LOOP1:  SJMP    LOOP1
            END
```

3.7 从内部存储器 20H 单元开始，有 30 个数据。试编一个程序，把其中的正数、负数分别送 51H 和 71H 开始的存储单元，并分别将正数、负数的个数送 50H 和 70H 单元。

3.8 设内部 RAM 的 30H 和 31H 单元中有两个带符号数，求出其中的大数存放在 32H 单元中。

3.9 将存放在 8031 单片机内部 RAM 中首址为 20H，长度为 50H 的数据块，传递到片外 RAM 以 4200H 为首地址的连续单元中。试编制数据块传递程序。

3.10 设有两长度均为 20H 的无符号字符串 SA 和 SB，分别存放在单片机片内 RAM 以 20H 及 40H 为首地址的连续单元中。首地址存放高位字节。要求当 SA>SB 时，将内部 RAM 的 60H 单元清 0；当 SA≤SB 时，将该单元全置 1(FFH)。试编制程序。

3.11 将 8031 片内存储区 DATA1 单元开始的 20 个单字节数据依次与以 DATA2 单元为起始地址的 20 个单字节数据进行交换。试编制程序。

3.12 将 8031 片内数据存储区 DATA1 单元开始的 50 个单字节逐一移至 DATA2 单元开始的存储区中。试编写程序。

3.13 试编写一采用查表法求 1～20 的平方数的子程序。要求：x 在累加器 A 中，1≤x≤20，平方数高位存放在 R2，低位存放在 R3。

3.14 试把本章中几个例题的程序做一定修改。

第4章 单片机定时器/计数器、中断和串行口

主要内容

1. 本章介绍 51 单片机硬件资源：定时器结构、定时方式、定时方式控制寄存器 TMOD 和定时控制寄存器 TCON、定时器应用及编程。

2. 中断系统、中断允许寄存器 IE、中断优先级控制寄存器 IP、中断响应和中断入口地址，中断系统编程应用。

3. 串行口工作方式、串行口控制寄存器 SCON、串行数据缓冲器 SBUF、波特率、串行口应用和多机通信。

4. 对它们的应用主要通过指令操作相应的寄存器来实现，所有的理论、定义、表述都通过程序编辑体现出来，在学习功能单元原理时，应重点研究其在指令中的用法，在学习练习程序时要联想到其结构原理，思考其寄存器的用法和编程方法。

4.1 MCS-51 的定时器/计数器

定时器/计数器是 MCS-51 单片机的重要功能模块之一。其定时器是加法脉冲计数器。在实际应用中，常用定时器作实时时钟，实现定时检测、定时控制。计数器主要用于外部事件的计数。

定时器/计数器具有以下主要特性：

（1）MCS-51 单片机有两个可编程的定时器/计数器——T0 与 T1，可由程序选择作为定时器用或作为计数器用，也可由程序设置定时时间或计数值。

（2）定时器/计数器具有 4 种不同的工作方式，可由程序选择。

（3）任一定时器/计数器在定时时间到或计数值到时，可由程序安排产生中断请求信号或不产生中断请求信号。

4.1.1 定时器/计数器的结构

定时器/计数器的工作结构框图如图 4.1 所示。从该图反映了与定时器/计数器有关的特殊功能寄存器之间的关系，他们有：TMOD、TCON、TH1、TL1、TH0、TL0。

1. 16 位加法计数器

定时器/计数器的核心是 16 位加法计数器，由特殊功能寄存器 TH0、TL0 及 TH1、TL1 组成。TH0、TL0 是定时器/计数器 0 加法计数器的高 8 位和低 8 位；TH1、TL1 是定时器/计数器 1 加法计数器的高 8 位和低 8 位。

做计数器用时，加法计数器对芯片引脚 T0（P3.4）或 T1（P3.5）上输入的脉冲计数。每个机器周期采样一次该引脚电平，前一次检测为"1"，后一次检测为"0"，加法计数器加 1。

所以所采样的外部脉冲的"0"和"1"的持续时间都不能少于一个机器周期。由于需要两个机器周期才能识别高电平到低电平的跳变，所以外部计数脉冲的频率应小于 $f_{osc}/24$。如使用12MHz 时钟，计数频率不能超过 500kHz。

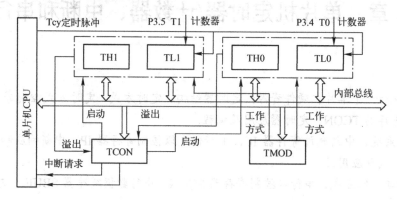

图 4.1　定时器/计数器的工作结构框图

做定时器用时，加法计数器对内部机器周期脉冲 T_c 计数。由于机器周期的时间确定，所以对 T_c 的计数也就是定时，如使用 12MHz 晶振，$T_c=1\mu s$，当计数次数值为 10000 时，相当于定时 10ms。

加法计数器的初值可以由程序设定，设置的初值不同，计数值或定时时间就不同。由于是加法计数器，计满置位 TFx 为时间到，所以计数初值要换算成补码。如计数值为 10000 时，对应 16 位计数器的十六进制补码为 0D8F0H。也就是说从 0D8F0H 开始计数到 0000H 计满。在定时器/计数器的工作过程中，加法计数器的内容可用程序读回 CPU。

计数器在计满回零时能自动使 TCON 中的 TFx 置位，表示计数器产生了溢出，若此时中断是开放的，CPU 将响应计数器的溢出中断请求。

2．定时器/计数器方式控制寄存器 TMOD

特殊功能寄存器 TMOD 用来确定定时器/计数器 0 和 1 的工作方式，其低 4 位用于定时器/计数器 0，高 4 位用于定时器/计数器 1。TMOD 格式如下：

	D7	D6	D5	D4	D3	D2	D1	D0	
TMOD	GATE	C/T	M1	M0	GATE	C/T	M1	M0	89H

（1）定时器/计数器功能选择位 C/T。C/T="1"为计数器方式，C/T="0"为定时器方式。

（2）定时器/计数器工作方式选择位 M1、M0。定时器/计数器 4 种工作方式的选择由 M1、M0 的值决定，如表 4.1 所示。

表 4.1　定时器/计数器工作方式

M1	M0		工作方式
0	0	方式 0	13 位定时器/计数器（THi 的高 8 位和 TLi 的低 5 位）
0	1	方式 1	16 位定时器/计数器（THi 的 8 位和 TLi 的 8 位构成高低共 16 位）
1	0	方式 2	具有自动重装初值的 8 位定时器/计数器，当 TLi 溢出时将 THi 的值装入 TLi
1	1	方式 3	定时器/计数器 0 分为两个 8 位定时器/计数器，定时器/计数器 1 在此方式无意义

（3）门控制位 GATE。如果 GATE="1"，定时器/计数器 0 的工作受芯片引脚 INT0（P3.2）控制，高电平有效。定时器/计数器 1 的工作受芯片引脚 INT1（P3.3）控制；如果 GATE="0"，定时器/计数器的工作与引脚 INT0、INT1 无关。复位时 GATE="0"。图 4.2 中的与门和或门都输出 1 开启计数。

3．定时器/计数器控制寄存器 TCON

TCON 高 4 位用于控制定时器 0、1 的运行，其中其 D7、D6 两位用于定时器/计数器 1，D5、D4 两位用于定时器/计数器 0；低 4 位用于控制外部中断，与定时器/计数器无关，将在 4.2 节中介绍。TCON 格式如下：

	D7	D6	D5	D4	D3	D2	D1	D0	
TCON	TF1	TR1	TF0	TR0	IE1	IT1	IE0	IT0	88H

（1）定时器/计数器运行控制位 TR0、TR1。TRi="1" 时，启动定时器/计数器工作，TRi="0" 时，停止定时器/计数器工作。TRi 由软件置"1"或清"0"。

（2）定时器/计数器 0 和 1 溢出中断标志 TF0、TF1。定时器/计数器计满溢出时，由硬件自动置 TFi="1"。在中断允许的条件下，向 CPU 发出定时器/计数器的中断请求信号；CPU 响应中断，转入中断服务程序时，TFx 由硬件自动清零。在中断屏蔽条件下，可把 TFi 作查询测试用，但需要用程序清"0"。

（3）外部中断请求 INT0、INT1 的两种触发方式控制位。当 IT0（IT1）="0"时，引脚 INT0、INT1 为低电平触发方式。当 IT0（IT1）="1"时，则为下降沿触发方式。

（4）IE1 和 IE0 是外部中断请求 INT0、INT1 的标志位，当检测到外部触发脉冲时由硬件置"1"，其值为"1"时发生中断请求。

4.1.2　定时器/计数器的 4 种工作方式

1．工作方式 0

M1="0"、M0="0"时定时器/计数器设定为工作方式 0，构成 13 位定时器/计数器。如图 4.2 所示是定时器/计数器方式 0 的计数器结构图。THi 是高 8 位加法计数器，TLi 是低 5 位加法计数器（只用低 5 位，其高 3 位未用）。TLi 计数溢出时向 THi 进位，THi 计数溢出时置 TFi。

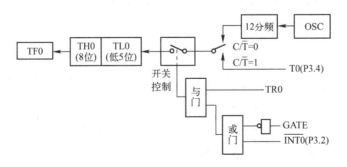

图 4.2　定时器/计数器工作方式 0 的计数器结构图

可用程序将 0～8191（2^13-1）之间的某一数送入 THi、TLi 作为初值。THi、TLi 从初值开始加法计数，直至溢出，所设置的初值不同，定时时间或计数值也不同。由于 TLi 只用低 5 位，设置初值要将计数初值转换成二进制数，在 D4 与 D5 之间插入三个 "0"，再分成两个字节，分别送 THi、TLi。还要注意：加法计数器溢出后，必须用程序重新对 THi、TLi 设置初值，确保下次也从初值开始计数，否则下一次 THi、TLi 将从 0 开始加法计数。

2. 工作方式 1

M1= "0"、M0= "1" 时定时器/计数器设定为工作方式 1，构成 16 位定时器/计数器。如图 4.3 所示是定时器/计数器方式 1 的计数器结构图。THi 是高 8 位加法计数器，TLi 是低 8 位加法计数器。TLi 计数溢出时向 THi 进位，THi 计数溢出时 TFi 被置 "1"。

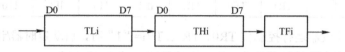

图 4.3　定时器/计数器工作方式 1 的计数器结构图

在工作方式 1 时，计数器的计数初值 X 由下式求出：

$$N = 65536 - X$$

式中，X 为记数次数，范围 1～65536。定时器的定时时间 T 为：

$$T = (65536 - X)T_c$$

如果时钟频率 $f_{osc} = 12\text{MHz}$，那么定时范围为 1～65536μs。T 为定时时间、T_c 为机器周期。

【例 4.1】 已知振荡器振荡频率 $f_{osc} = 12\text{MHz}$，要求定时器/计数器 0 产生周期为 40ms 的方波，正负半波长都为 20ms 定时，试编写初始化程序。

解： 由于定时时间大于 8192μs，应选用工作方式 1。

（1）TH0、TL0 初值的计算。由于机器周期 $T_c = 1$μs，故有：

$$T = (65536 - X)T_c \rightarrow 20\text{ms} = 20000\text{μs} = (65536 - X) \times 1\text{μs}$$

得 $X = 45536 = \text{B1E0H}$，即定时器 T0 的初值为：TH0 = 0B1H，TL0 = 0E0H。

（2）定时方式寄存器 TMOD 的编程。TMOD 各位的内容确定：定时器/计数器 0 为定时器工作方式，C/T(TMOD.2) = "0"；非门控方式，GATE(TMOD.3) = "0"；采用工作方式 1，M1(TMOD.l) = "0"，M0（TMOD.0）= "1"，定时器/计数器 1 没有使用，相应的 D7～D4 为随意值，若取为 0，则(TMOD)= 01H。

（3）初始化程序。

```
START:    MOV     TL0, #0E0H        ；定时器/计数器 0 写入初值
          MOV     TH0, #0B1H
          MOV     TMOD, #01H        ；设置定时器/计数器 0 工作方式 1
          SETB    TR0               ；启动定时器/计数器 0
```

执行指令 SETB TR0 后，定时器/计数器 0 开始定时，待 20ms 到时，硬件使 TF0= "1"，向 CPU 申请中断。在中断服务程序中需要重新对 TH0、TL0 设置初值。

3．工作方式 2

M1＝"1"、M0＝"0"时定时器/计数器设定为工作方式 2，构成自动重新装入初值的 8 位定时器/计数器。如图 4.4 所示是定时器/计数器方式 2 的计数器结构图。

图 4.4 中，TLi 作为 8 位加法计数器使用，THi 作为初值寄存器用。THi、TLi 的初值都由软件预置。TLi 计满溢出时，不仅置位 TFi，而且发出重装载信号，使三态门打开，将 THi 中初值自动送入 TLi，使 TLi 从初值开始重新计数。重新装入初值后，THi 的内容保持不变。工作方式 2 的计数范围为 0～256，f_{osc} ＝ 12MHz 时，定时范围为 1～256μs。

由于工作方式 2 不需要在中断服务程序中重新设置计数初值，两次中断的间隔准确，所以特别适用于定时控制，但其定时时间较短。

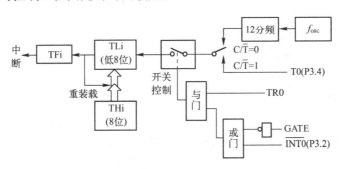

图 4.4　定时器/计数器工作方式 2 的计数器结构图

4．工作方式 3

M1＝"1"、M0＝"1"时，定时器/计数器 0 处于工作方式 3。工作方式 3 仅对定时器/计数器 0 有意义。此时定时器/计数器 1 可以设置为其他工作方式。若要将定时器/计数器 1 设置为工作方式 3，则定时器/计数器 1 将停止工作。

定时器/计数器 0 工作方式 3 的计数器结构图如图 4.5 所示。TL0、TH0 成为两个独立的 8 位加法计数器。TL0 使用定时器/计数器 0 的状态控制位 C/T、GATE、TR0 及引脚 INT0，它的工作情况与工作方式 0 和工作方式 1 类似，仅计数范围为 1～256，定时范围为 1～256μs（f_{osc} ＝12MHz 时）。TH0 只能作为非门控方式的定时器，它借用了定时器/计数器 1 的控制位 TR1、TF1。定时器/计数器 0 采用工作方式 3 后，51 单片机就具有 3 个定时器/计数器，即 8 位定时器/计数器 TL0，8 位定时器 TH0 和 16 位定时器/计数器 1（TH1、TL1）。定时器/计数器 1 虽然还可以选择为工作方式 0、工作方式 1 或工作方式 2，但由于 TR1 和 TF1 被 TH0 借用，不能产生溢出中断请求，所以只用做串行口的波特率发生器。

4.1.3　定时器应用

应用定时器/计数器时应注意两点：一是初始化（写入控制字），二是计算计数初值。
初始化步骤为：
（1）向 TMOD 写工作方式控制字。
（2）向计数器 TLi、THi 装入初值。

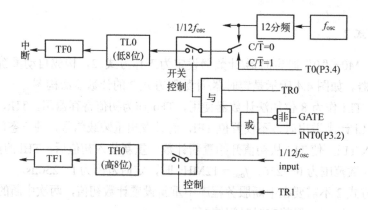

图 4.5 定时器/计数器 0 工作方式 3 的计数器结构图

（3）置 ETX=1"，允许定时器/计数器中断（若需要时）。

（4）置 EA=1"，CPU 开中断（若需要时），或允许 CPU 中断。

（5）置 TRX=1"，启动计数。

【例 4.2】 利用定时计数器 1 定时，采用查询方式，在 P1.1 引脚输出 1000Hz 方波。

解： 设 T1 为工作方式 2，设置为定时状态，定时时间为方波周期的 1/2 即 0.5ms，查询 0.5ms 时间到，将 P1.0 的状态取反（假设晶振频率为 6MHz）。

先设置 TMOD 控制字。定时器/计数器 1 为定时器工作方式，C/T(TMOD.6)= "0"；非门控方式，GATE(TMOD.7)= "0"；采用工作方式 2，M1(TMOD.5)= "1"，M0(TMOD.4)= "0"，定时器/计数器 0 没有使用，相应的 D3～D0 为随意态，若取为 0，则(TMOD)= 20H。

再计算 0.5ms 定时的 T1 初始值 X。由 f_{osc} = 6MHz 得 T_c = 2μs，工作方式 2 时有：

$$T =(256-X)T_c \to 500\mu s =(256- X) \times 2\mu s$$

得 X= 06H → TH1=TL1=06H。

程序如下：

```
            ORG     0100H
SQU:        MOV     TMOD, #20H      ; 设置定时器/计数器工作方式
            MOV     TH1, #06H       ; 设置定时初始值
            MOV     TL1, #06H       ; 工作方式 2 用高 8 位作为低 8 位的装载值
            SETB    TR1             ; 启动定时器/计数器 1
LOOP:       JNB     TF1, $          ; 定时时间不到循环等待
            CLR     TF1             ; 时间到清中断标志位
            CPL     P1.1            ; P1.1 状态取反
            SJMP    LOOP
```

【例 4.3】 P1.0、P1.1 经 7407 驱动 LED 交替发光并以每秒一次的频率闪烁。硬件连接如图 4.6 所示。（采用 6MHz 晶振）

解： 闪烁周期为 1s，亮、灭各占一半，定时时间需要 500ms。使用 6MHz 晶振，单片机最长定时时间仅为 131ms，所以需要采用软件计数方法扩展定时时间。

使用定时/计数器 0，定时方式，工作方式 1。

设置 TMOD 控制字：TMOD = 01H

使用 6MHz 晶振，机器周期为 2μs，设定时间 100ms，定时初值：100ms/2μs =50000，

其十六进制补码为：3CB0H。定时器溢出 5 次为 500ms。

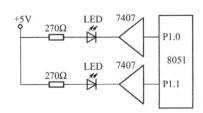

图 4.6　驱动 LED 电路图

右侧流程图（图 4.7）：
开始 → 设置定时器工作方式 → 输出初始状态 → 启动定时器 → 送软件计数初值 → 送定时常数 → 定时器溢出？（N 循环，Y）→ 清TF0 → 定时器溢出？（N 循环，Y）→ P1.0、P1.1求反

其软件流程如图 4.7 所示。程序如下：

```
            ORG     0140H
LED1:  MOV     TMOD，#01H      ;设置定时器工作方式
       SETB    P1.0           ;输出初始状态
       CLR     P1.1
       SETB    TR0            ;启动定时器
LOOP0: MOV     R2，#05H        ;送软件计数初值
LOOP1: MOV     TL0，#0B0H      ;送定时常数
       MOV     TH0，#3CH
       JNB     TF0，$          ;循环等待定时时间到
       CLR     TF0            ;时间到清标志位
       DJNZ    R2，LOOP1       ;软件计数-1≠0循环
       XRL     P1，#03H        ;P1.0、P1.1求反
       SJMP    LOOP0          ;循环
```

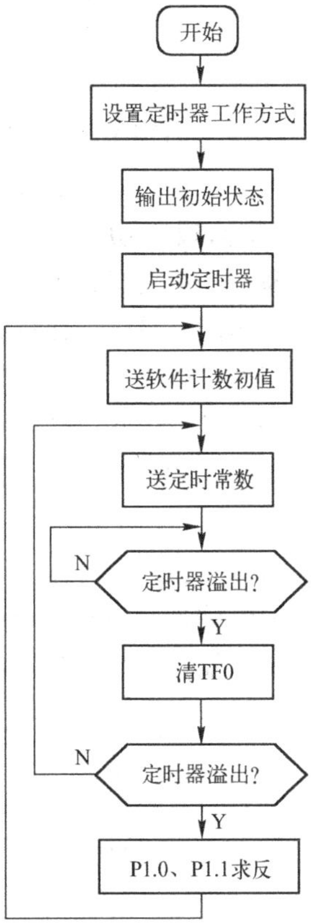

图 4.7　驱动 LED 程序流程图

【例4.4】　当 GATEx =1 时，定时/计数器只有 INTx 为高电平才能进行计数。利用这一点，可以方便地测量脉冲信号的宽度。设被测脉冲接至 INT1 引脚，将定时/计数器 1 设置为定时方式，即可进行脉宽测量。要求测量脉宽单位为 1μs，选用 12MHz 晶振。

解：设置 TMOD 控制字：

GATE1=1，定时/计数器 1 为定时方式 C/T=0，选用工作方式 1，TMOD = 90H。

定时初值为零，在脉冲下跳沿读出计数器的计数值即为脉冲宽度。

程序如下：

```
              ORG     0180H
PULSEW:  MOV     TOMD，#90H     ;设置定时/计数器工作方式
         CLR     A             ;定时初值为零
         MOV     TH1，A
         MOV     TL1，A
         JB      P3.3，$         ;在低电平时启动定时，保证测量整个脉冲宽度
         SETB    TR1           ;启动定时器
         JNB     P3.3，$         ;等待脉冲到来
         JB      P3.3，$         ;等待脉冲结束
         CLR     TR1           ;停止计数
```

```
        MOV     R2，TH1                    ；读出脉冲宽度
        MOV     R3，TL1
        …
```

运行上面程序后，只要将 R2、R3 两单元内容转换成十进制数，即可显示以读出脉冲宽度。由于工作方式 1 的最大计数值为 65536，所以上面程序所测脉冲宽度不能大于 65536μs。

【例 4.5】 利用单片机定时/计数器测量脉冲信号频率。

解：频率定义为单位时间 1s 内的周期数，用定时/计数器测频率，需要用一个定时器产生单位时间，另一个计数器对脉冲计数。若被测量的信号频率较高，而测量精度有限的话，单位时间可以小于 1s。单位时间选用 10ms，其间计的脉冲数乘以 100 即为信号频率。

设置工作方式：设单片机系统时钟频率 f_{osc} = 12MHz。定时/计数器 1 定时，工作方式 1，产生 10ms 单位时间；定时/计数器 0 计数，工作方式 1。

$$TMOD = 00010101B = 15H$$

计数初值：定时器 1 计数值 10000，计数初值的十六进制补码为 0D8F0H。10000 化为十六进制数是=2×16×16×16+7×16×16+1×16+0=2710H，0000H–2710H=0D8F0H。

计数器 0 计数初值为 0000H。程序如下：

```
        ORG         01C0H
FREQ：MOV           TMOD，#15H             ；设置工作方式
        MOV         TH0，#0                ；送计数初值
        MOV         TL0，#0
        MOV         TH1，#0D8H             ；定时 10ms 溢出中断
        MOV         TL1，#0F0H
        MOV         TCON，#50H             ；启动定时/计数器 0 和 1
        JNB         TF1，$                 ；等待单位时间到
        MOV         TCON，#0               ；停止计数（TRi=0）
        MOV         R2，TH0                ；读出计数值
        MOV         R3，TL0
        …
```

将 R2，R3 中的计数值转换成 BCD 码，即为频率，单位是 0.1kHz。用此种方式测量的频率上限为 500kHz。

4.2 单片机中断系统

4.2.1 中断概述

中断是指计算机暂时停止主程序执行转而响应需要服务的紧急事件（执行中断子程序），并在子程序完成后自动返回执行主程序的过程。中断由中断源产生，中断源在需要时可以向 CPU 提出"中断请求"。"中断请求"通常是一种电信号，CPU 一旦对这个电信号进行检测和响应便可自动转入该中断源的中断服务程序处执行，并在执行完后自动返回主程序继续执行不同的中断源，其中断服务子程序的功能也不同。

1．采用中断控制方式的优点

（1）可以提高 CPU 的工作效率。采用中断控制方式 CPU 可以通过分时操作启动多个外设同时工作，并能对它们进行统一管理。CPU 执行主程序时同时安排有关各外设开始工作，当任何一个设备工作完成后，通过中断通知 CPU，CPU 响应中断，在中断服务子程序中为它安排下一工作。这样就可以避免 CPU 和低速外部设备交换信息时的等待和查询，大大提高了 CPU 的工作效率。

（2）可以提高实时数据的处理时效。在实时控制系统中，计算机必须及时采集被控系统的实时参量、越限数据和故障信息，并进行分析判断和处理，以便对系统实施正确的调节和控制。计算机对实时数据的处理时效，是影响产品质量和系统安全的关键。CPU 有了中断功能，系统的失常和故障都可以通过中断立刻通知 CPU，使它可以迅速采集实时数据和故障信息，并对系统做出应急处理。

2．中断源

中断源是指引起中断的设备、部件或事件。通常，中断源有以下几种：

（1）外部设备中断源。外部设备主要为计算机输入和输出数据，它是最常见的中断源。外部设备在用做中断源时，通常要求它在输入或输出数据时能自动产生一个"中断请求"信号（高电平或低电平）送到 CPU 的中断请求输入引脚，以供 CPU 检测和响应。例如，打印机打印完一个字符时可以通过打印中断要求 CPU 为它送下一个打印字符，因此，打印机可以作为中断源。

（2）控制对象中断源。在计算机用做实时控制时，被控对象常常被用做中断源，用于产生中断请求信号，要求 CPU 及时采集系统的控制参量、越限参数以及要求发送和接收的数据等。例如，电压、电流、温度、压力、流量和流速等超越上限和下限以及开关和继电器的闭合或断开都可以作为中断源来产生中断请求信号，要求 CPU 通过执行中断服务程序来加以处理。

（3）故障中断。故障也可以作为中断源，CPU 响应中断对已发生故障进行分析处理，如掉电中断。在掉电时，掉电检测电路可以检测到它并产生一个掉电中断请求，CPU 响应中断，在电源滤波电容维持正常供电的很短时间内，通过执行掉电中断服务程序来保护现场和启用备用电池，以便市电恢复正常后继续执行掉电前的用户程序。

（4）定时脉冲中断源。定时脉冲中断源又称为定时器中断源，是由脉冲电路或定时器产生的。定时脉冲中断源用于产生定时器中断，定时器中断有内部和外部之分。内部定时器中断由单片机内部的定时器/计数器溢出时自动产生，故又称为内部定时器溢出中断；外部计数器中断通常由外部振荡电路的定时脉冲通过 CPU 的中断请求输入线引起。不论是内部定时器中断还是外部计数脉冲中断都可以使 CPU 进行计数处理，以便达到计时或计数控制的目的。

3．中断优先级与中断嵌套

通常，一个 CPU 总会有若干中断源，但在同一瞬间，CPU 只能响应其中的一个中断请求，为了避免在同一瞬间若干个中断源请求中断而带来的混乱，必须给每个中断源的中断请求设定一个中断优先级，CPU 先响应中断优先级高的中断请求。中断优先级直接反映每个中断源的中断请求被 CPU 响应的优先程度，也是分析中断嵌套的基础。

和子程序类似，中断也是允许嵌套的。在某一瞬间，CPU 因响应某一中断源的中断请求并正在执行它的中断服务子程序时，若有中断优先级更高的中断源提出中断请求，那它可以把正在执行的中断服务子程序停下来，转而响应和处理中断优先权更高的中断源的子程序，等到处理完后再转回来继续执行原来的中断服务子程序，这就是中断嵌套。

4．中断系统功能

中断系统是指能够实现中断功能的那部分硬件电路和软件程序。设定中断系统的功能通常是：进行中断优先级排队、实现中断嵌套、自动响应中断、实现中断返回。

4.2.2　51 单片机中断系统结构和功能

1．中断源

MCS-51 有 5 个中断源。外部中断 INT0、INT1，定时器/计数器 0、1 溢出中断和串行口中断。

（1）外部中断 INT0、INT1。输入/输出设备的中断请求、系统故障的中断请求等都可以作为外部中断源，从引脚 INT0 或 INT1 输入。外部中断请求 INT0、INT1 可有两种触发方式：电平触发及脉冲跳沿触发，由 TCON 的 IT0 位及 IT1 位选择。IT0（IT1）＝"0"时，为 INT0、INT1 电平触发方式，当引脚 INT0 或 INT1 上出现低电平时就向 CPU 申请中断，CPU 响应中断后要采取措施撤销中断请求信号，使 INT0 或 INT1 恢复高电平。IT0（IT1）＝"1"时为跳沿触发方式，当 INT0 或 INT1 引脚上出现负跳变时，该负跳变经边沿检测器使 IE0（TCON.1）或 IE1（TCON.3）置 1，向 CPU 申请中断。CPU 响应中断转入中断服务程序时，由硬件自动清除 IE0 或 IE1。CPU 在每个机器周期采样 INT0、INT1，为了保证检测到负跳变，引脚上的高电平与低电平至少应各自保持 1 个机器周期。

（2）定时器/计数器 0、1 溢出中断。定时器/计数器计数溢出时，由硬件分别置 TF0＝"1"或 TF1＝"1"，TFi 向 CPU 申请中断。CPU 响应中断转入中断服务程序时，由硬件自动清除 TF0 或 TF1。

（3）串行口中断。串行口中断由单片机内部串行口中断源产生。串行口中断分为串行口发送中断和串行口接收中断两种。在串行口进行发送/接收数据时，每当发送/接收完一组数据，使串行口控制寄存器 SCON 中的 RI＝"1"或 TI＝"1"，并向 CPU 发出串行口中断请求，CPU 响应串行口中断后转入中断服务程序执行。由于 RI 和 TI 作为一个中断源，所以需要在中断服务程序中安排一段对 RI 和 TI 中断标志位状态的判断程序，以区分发生了接收中断请求还是发送中断请求，而且必须用软件清除 TI 和 RI。

2．中断控制

（1）中断允许控制。MCS-51 单片机有多个中断源，为了便于灵活使用，在每一个中断请求信号的通路中设置了一个中断屏蔽触发器，控制各个中断源的开放或关闭。在 CPU 内部还设置了一个中断允许触发器，只有在允许中断的情况下，CPU 才会响应中断。如果禁止中断，CPU 不响应任何中断，即中断系统停止工作。

中断屏蔽触发器与中断允许触发器由中断允许寄存器 IE 控制工作。IE 的格式如下：

	D7	D6	D5	D4	D3	D2	D1	D0	
IE	EA			ES	ET1	EX1	ET0	EX0	0A8H

IE 的每一位都可以由软件置"1"或清"0"。置"1"——中断允许，0——中断屏蔽。中断允许寄存器 IE 各位作用如图 4.8 所示。

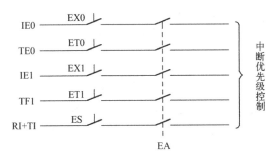

EA—CPU 中断允许位；ES—串行接口串断允许位；ET0，ET1—定时器/计数器中断允许位；EX0，EX1—外部中断允许位

图 4.8　中断允许寄存器 IE 各位作用

CPU 中断允许位 EA：EA = "1"时，CPU 中断允许， EA = "0"时，CPU 屏蔽一切中断请求，不响应全部中断请求。

串行接口中断允许位 ES：ES = "1"时允许串行接口中断，ES = "0"时禁止串行接口申请中断。

定时器/计数器中断允许位 ET0、ET1：ETi = "1"时，允许定时器/计数器申请中断，ETi = "0"时禁止定时器/计数器中断。

外部中断允许位 EX0、EX1：EXi = "1"时允许外部中断申请中断，EXi = "0"时禁止外部中断。

（2）中断优先权选择。MCS-51 单片机有两个中断优先级，每一个中断源都可以通过编程，确定为高优先级中断或低优先级中断，高优先级的优先权高。同一优先级别中的中断源不止一个，所以也有中断优先权排队问题。

中断优先级由中断优先级寄存器 IP 控制。IP 的格式如下：

	D7	D6	D5	D4	D3	D2	D1	D0	
IP				PS	PT1	PX1	PT0	PX0	0B8H

IP 中的每一位都可以由软件来置"1"或清"0"，置"1"——高优先级，清"0"——低优先级。

串行口中断优先级选择位 PS：PS = "1"，串行接口中断确定为高优先级，PS = "0"时则确认为低优先级。

定数器/计数器中断优先级选择位 PT0、PT1：PTi = "1"时，定时器/计数器中断确定为高优先级，PTi = "0"时则确认为低优先级。

外部中断优先级选择位 PX0、PX1：PXi = "1"时，外部中断为高优先级，PXi = "0"时外部中断为低优先级。

中断优先级寄存器 IP 各位作用，如图 4.9 所示。

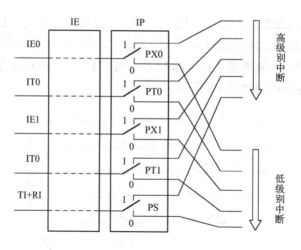

图 4.9　中断优先级寄存器 IP 各位作用

同一优先级中的中断源优先权排队由中断系统的硬件确定，用户无法自行安排。优先权排队顺序如下：

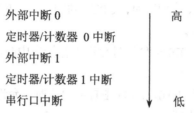

（3）MCS-51 系列单片机的中断响应顺序。CPU 同时接收到几个中断请求时，首先响应优先权最高的中断请求。其次按排队顺序响应中断，正在进行的低优先级中断服务程序能被高优先级中断请求所中断，实现二级中断嵌套。正在进行的中断过程不能被新的同级或低优先级的中断请求所中断，一直到该中断服务程序结束，返回了主程序且执行了主程序中的一条指令后，CPU 才响应新的中断请求。各中断源优先级的设置要注意各个要求服务的中断事件的轻重缓急和中断服务程序的执行时间，原则是：紧急事件和处理时间短的中断优先级别高。

【例 4.6】　某单片机应用系统中需要处理的中断事件有：一路外部中断请求，两路定时/计数器中断和串行口中断。要求定时器 1 的工作方式 2，定时时间 200μs（200 个机器周期），中断服务处理简单，服务程序短；外部中断较为紧急；串行口中断间隔时间长，服务程序长。排定各中断源的中断优先级并确定中断控制字。

解： 排定中断优先级：定时器 1 设置为高优先级；外部中断从引脚 INT0 引入，优先级其次；接下来是定时/计数器 0；串行口中断优先级别较低。

中断允许控制字：IE = 10011011B = 9BH

中断优先级控制字：IP = 00001000B = 08H，只有定时器 1 为高优先级。

3．中断响应

MCS-51CPU 在每个机器周期的结束期间顺序采样各中断请求标志位，如有中断请求标志位置位，且满足下列三个条件，则在下一机器周期响应中断。否则，采样的结果被取消。这三个条件是：

（1）没有同级或高优先级的中断正在处理。

（2）现行的机器周期是所执行指令的最后一个机器周期。

（3）正在执行的指令不是 RETI 或访问 IE、IP 的指令。CPU 在执行 RETI 或访问 IE、IP 的指令后，至少需要再执行一条其他指令后才会响应中断请求。

CPU 响应中断后，由硬件执行如下功能：

（1）根据中断请求源的优先级高低，使相应的优先级状态触发器置 1。

（2）保留断点，即把当前程序计数器 PC 的内容压入堆栈保存。

（3）清零相应的中断请求标志位 IE0、IE1、TF0 或 TF1。

（4）把被响应的中断服务程序的入口地址送入 PC，转而执行相应的中断服务程序。

4. 中断服务程序

各中断源对应的中断服务子程序入口地址如下：

外部中断 0	0003H
定时器/计数器 0 中断	000BH
外部中断 1	0013H
定时器/计数器 1 中断	001BH
串行口中断	0023H

中断响应时，硬件只将返回地址压入堆栈，把中断服务程序的入口地址送入 PC。若在中断服务程序中使用了其他寄存器，则需要在中断服务程序中保护中断现场。通常将累加器 A、DPTR 和程序状态字 PSW 用软件压入堆栈，工作寄存器可以采用切换工作寄存器组的方法保护。中断返回前，按相反的顺序恢复现场。

要注意中断服务程序的执行时间应小于两次中断事件的间隔时间。若中断服务要处理的工作比较复杂，程序执行时间较长，可以在中断服务程序中设置标志，而在主程序中处理有关服务，这样可以保持中断系统响应其他中断申请的灵敏度。

中断服务程序的最后一条指令必须是中断返回指令 RETI。CPU 执行该指令时，先将相应的优先级状态触发器清零，然后从堆栈中弹出栈顶的两个字节到 PC，从而返回到主程序的断点处。保护现场（处理好主程序和子程序都用到的寄存器）及恢复现场的工作必须由用户设计的中断服务程序处理，外部中断为电平触发方式时，中断请求的撤除也要由中断服务程序来实现。串行接口中断时，中断服务程序中应有清除 RI 或 TI 的操作。

4.2.3 中断系统应用

在例 4.1 中，定时/计数器工作时，CPU 循环等待其计数溢出，占用了大量 CPU 的运行时间，其计数过程中 CPU 的其他处理任务只能在不同时间进行，效率低下。若采用中断方式，在计数过程中 CPU 可处理其他工作，这样可大大提高 CPU 的工作效率。

【例 4.7】 在 P1.0 引脚上输出频率 1kHz，占空比 3:1 的方波信号。系统时钟频率 f_{osc} = 12MHz。

解：使用定时/计数器 0 定时，采用工作方式 2，定时常数为 250，允许定时/计数器 0 中断。采用 30H 单元进行软件计数以扩展定时时间。

参考程序如下：

```
                ORG     0000H
                AJMP    MAIN              ; 复位入口
                ORG     000BH
                AJMP    ST0               ; 定时/计数器 0 中断服务程序入口
                ORG     0030H
        MAIN:   MOV     SP，#6FH          ; 重设栈底
                MOV     TMOD，#02H        ; 设置定时/计数器 0 工作方式 2
                MOV     TH0，#06H         ; 送定时器 0 初值
                MOV     TL0，#06H
                SETB    EA                ; 开放 CPU 中断
                SETB    ET0               ; 开放定时/计数器 0 中断
                MOV     30H，#0           ; 软件计数器初值
                SETB    P1.0              ; 输出脉冲初始状态
                SETB    TR0               ; 启动定时/计数器 0
                …                         ; 执行其他处理程序
                ORG     0200H             ; 定时/计数器 0 中断服务程序
        ST0:    PUSH    ACC               ; 保护现场
                PUSH    PSW
                INC     30H               ; 软件计数器加 1
                MOV     A，#03H
                CJNE    A，30H，HIGH       ; 软件计数器≠3 转移
                CLR     P1.0              ; 软件计数器 =3（750μs）输出清"0"
                AJMP    STF               ; 转返回
        HIGH:   INC     A
                CJNE    A，30H，ST01       ; 软件计数器≠4 转返回
                MOV     30H，#00H         ; 清软件计数器
        ST01:   SETB    P1.0              ; 软件计数器 =4（1ms）输出置"1"
        STF:    POP     PSW               ; 恢复现场
                POP     ACC
                RETI                      ; 中断返回
```

【例 4.8】 设计一个按 24 小时制运行的实时时钟。

解： 使用定时/计数器 1 定时，采用工作方式 2，定时时间为 250μs。系统时钟频率 $f_{osc} =$ 12MHz，计数初值为 250，允许定时/计数器 1 中断。

使用 30H、31H，作为扩展定时时间的软件计数器。30H 作为第一级计数器，计数到 40（10ms）；31H 作为第二级计数器，计数到 100（1s=100×40×250μs）。在中断服务程序中对 30H、31H 计数。1s 定时到置"1"秒标志（20H.1），在主程序中进行秒、分、时计数。32H 为秒计数器，用 BCD 码计数，60 秒进位；33H 为分计数器，60 分进位；34H 为时计数器，24 小时清"0"。三个计数器均用 BCD 码计数，程序中也应写成十六进制数形式。

程序如下：

```
                ORG     0000H
                AJMP    MAIN              ; 复位入口
                ORG     001BH
                AJMP    ST1               ; 定时/计数器 1 中断服务程序入口
```

	ORG	0030H	; 主程序
MAIN:	MOV	SP，#6FH	; 重设栈底
	CLR	A	; 软件计数单元清"0"
	MOV	R1，#30H	
	MOV	R2，#5	
LOOP:	MOV	@R1，A	
	INC	R1	
	DJNZ	R2，LOOP	
	CLR	20H.1	; 秒标志位 01H 清"0"
	MOV	TMOD，#20H	; 设置定时/计数器 1 定时工作方式 2
	MOV	TH1，#06H	; 送定时初值
	MOV	TL1，#06H	
	SETB	EA	; 开放 CPU 中断
	SETB	ET1	; 开放定时/计数器 1 中断
	SETB	TR1	; 启动定时器 1
LOOPA:	JNB	20H.1，NEXT1	; 没有秒标志转移
	CLR	20H.1	; 清除秒标志
	MOV	R0，#32H	; R0 指向秒计数器
	MOV	A，#1	; 秒计数器 32H 加 1
	ADD	A，@R0	
	DA	A	; 处理后的数是十进制数
	MOV	@R0，A	
	CJNE	@R0，#60H，NEXT1	; 不到 60 秒转移
	MOV	@R0，#0	; 秒计数器 32H 清"0"
	INC	R0	; R0 指向分计数器
	MOV	A，#1	; 分计数器 33H 加 1
	ADD	A，@R0	
	DA	A	
	MOV	@R0，A	
	CJNE	@R0，#60H，NEXT1	; 不到 60 分转移
	MOV	@R0，#0	; 分计数器 33H 清"0"
	INC	R0	; R0 指向小时计数器
	MOV	A，#1	; 小时计数器加 1
	ADD	A，@R0	
	DA	A	
	MOV	@R0，A	
	CJNE	@R0，#24H，NEXT1	; 不到 24 小时转移
	MOV	@R0，#0	; 小时计数器 34H 清"0"
NEXT1:	ACALL	DISP	; 调用显示"子程序"，将计数送显示
	AJMP	LOOPA	; 循环
; 中断服务程序			
ST1:	PUSH	ACC	; 保护现场
	PUSH	PSW	
	INC	30H	; 第一级计数器加 1
	MOV	A，#28H	; ≠40 转返回
	XRL	A，30H	; 如果相等，异或结果为"0"
	JNZ	STF	; 不相等转 STF
	MOV	30H，A	; 第一级计数器清"0"

```
        INC    31H                ；第二级计数器加 1
        MOV    A，#64H             ；≠100 转返回
        XRL    A，31H
        JNZ    STF
        MOV    31H，A              ；第二级计数器清"0"
        SETB   20H.1              ；置"1"秒标志
STF:    POP    PSW                ；恢复现场
        POP    ACC
        RETI                      ；中断返回
```

4.3 单片机串行口

4.3.1 串行口的基本概念

1．串行通信和并行通信

计算机与外界的信息交换称为通信。基本的通信方法有并行通信和串行通信两种。

一组信息（通常是字节）的各位数据被同时传递的通信方法称为并行通信。并行通信依靠并行 I/O 接口实现。并行通信速度快，但传输线根数多，只适用于近距离（相距数公尺）的通信。

一组信息的各位数据被逐位按顺序先后在一条线上传递的通信方式称为串行通信。串行通信可通过串行接口来实现。串行通信速度慢，但传输线根数少，适宜长距离通信。

2．信息传递方向

根据信息的传递方向，串行通信可以进一步分为单工、半双工和全双工 3 种。信息只能单方向传递称为单工；信息能双向传递，但不能同时双向传递称为半双工；能够同时双向传递则称为全双工。

MCS-51 单片机有一个全双工串行口。全双工的串行通信只需要一根输出线（TXD）和一根输入线（RXD），如图 4.10 所示。

3．异步串行通信

串行通信又有异步通信和同步通信两种方式。MCS-51 单片机主要采用异步通信方式。异步串行通信格式如图 4.11 所示。

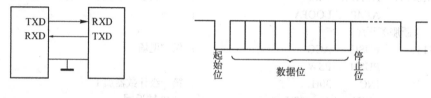

图 4.10 MCS-51 双工通信   图 4.11 异步通信的格式

异步通信用起始位"0"表示字符的开始，然后从低位到高位逐位传递数据，最后用停

止位"1"表示字符结束。一个字符又称一帧信息。在图 4.10 中，一帧信息包括 1 位起始位、8 位数据位和 1 位停止位，数据位也可以增加到 9 位。在 MCS-51 计算机系统中，第 9 位数据 D9 可以用做奇偶校验位，在多机通信方式中也可以用做地址/数据帧标志。两帧信息之间可以无间隔，也可以有间隔，且间隔时间可任意改变，间隔用空闲位"1"来填充。异步通信只用一条线传递数据，通信前收发双方应协商确定传递速度。

4．波特率

异步通信在一帧信息中，每一位的传递时间（位宽）是协商确定的，位传递时间的倒数称为波特率（Baud rate），波特率表示每秒传递的位数。例如，每秒 960 个字符，若每个字符为 10 位，则波特率为 9600。位传递时间是 104μs。

MCS-51 串行 I/O 接口的基本工作是：发送时，将 CPU 送来的并行数据转换成一定格式的串行数据，从引脚 TXD 上按规定的波特率逐位输出；接收时，要监视引脚 RXD，一旦出现起始位"0"，就将外围设备送来的一定格式的串行数据转换成并行数据放在缓冲器中，等待 CPU 读入。

4.3.2　51 单片机的串行口功能与结构

1．功能

MCS-51 单片机中的异步通信串行口能方便地与其他计算机或串行传递信息的外围设备（如串行打印机、CRT 终端等）实现双机、多机通信。

串行口有 4 种工作方式，如表 4.2 所示。

表 4.2　串行口的 4 种工作方式

SM0	SM1	工作方式	功　　能	波 特 率
0	0	方式 0	移位寄存器方式，用于并行 I/O 扩展	$f_{osc}/12$
0	1	方式 1	8 位通用异步接收器/发送器	可变
1	0	方式 2	9 位通用异步接收器/发送器	$f_{osc}/12$ 或 $f_{osc}/24$
1	1	方式 3	9 位通用异步接收器/发送器	可变

方式 0 是同步通信方式，用两条线传递数据：一条传递字符，一条传递每位的同步信号。该功能可通过外接移位寄存器芯片实现扩展并行 I/O 接口。该方式又称移位寄存器方式。方式 1、方式 2、方式 3 都是异步通信方式。方式 1 是 8 位异步通信方式，一帧信息中包括 8 位数据、1 位起始位、1 位停止位，共 10 位组成。方式 1 用于双机串行通信。方式 2、方式 3 都是 9 位异步通信接口，一帧信息中包括 9 位数据、1 位起始位、1 位停止位，共 11 位组成。方式 2、方式 3 的区别在于波特率不同，方式 2、方式 3 可用于双机通信或多机通信。异步通信只需要一条线传递数据。

2．结构

串行口结构示意图如图 4.12 所示，主要由发送数据缓冲器、发送控制器、输出控制门、接收数据缓冲器、接收控制器、输入移位寄存器等组成。发送数据缓冲器只能写入，不能读出，接收数据缓冲器只能读出，不能写入，故两个缓冲器共用一个符号——特殊功能寄存器 SBUF，共用一个地址 99H。串行口中还有两个特殊功能寄存器 SCON、PCON，分别用来控制串行口的工作方式和波特率。波特率发生器由定时器/计数器 1 构成。

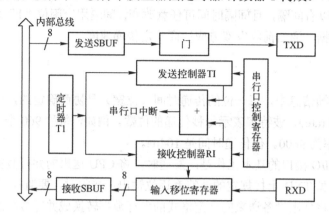

图 4.12   串行口结构示意图

3．串行口控制寄存器 SCON

串行口控制寄存器 SCON 的格式如下：

	D7	D6	D5	D4	D3	D2	D1	D0	
SCON	SM0	SM1	SM2	REN	TB8	RB8	TI	RI	98H

（1）串行口工作方式选择位 SM0、SM1：SM0、SM1 由软件置"1"或清"0"，用于选择串行口的 4 种工作方式。

（2）多机通信控制位 SM2：SM2＝"1"时，接收到一帧信息，如果接收到的第 9 位数据为 1，硬件将 RI 置"1"，申请中断；如果第 9 位数据为"0"，则 RI 不置"1"，且所接收的数据无效。

SM2＝"0"时，只要接收到一帧信息，不管第 9 位数据是 0 还是 1，硬件都置 RI＝"1"，并申请中断。RI 由软件清"0"，SM2 由软件置"1"或清"0"。

多机通信时，各从机先将 SM2 置"1"。接收并识别主机发来的地址，当地址与本机相同时，将 SM2 清"0"，并与主机进行数据传递。各机所发送的第 9 位数据必须为"0"。

（3）允许接收控制位 REN：REN＝"1"时允许并启动接收，REN＝"0"时禁止接收。REN 由软件置"1"或清"0"。

（4）发送第 9 位数据（D8 位）TB8：TB8 是方式 2、方式 3 中要发送的第 9 位数据，事先用软件写入 1 或 0。方式 0、方式 1 不用。

（5）接收第 9 位数据（D8 位）RB8：方式 2、方式 3 中，由硬件将接收到的第 9 位数据存入 RB8。方式 1 中，停止位存入 RB8。

（6）发送中断标志位 TI：发送完一帧信息，由硬件使 TI 置"1"，TI 必须由软件清"0"。

（7）接收中断标志位 RI：接收完一帧有效信息，由硬件使 RI 置"1"，RI 必须由软件清"0"。

4．串行口数据缓冲寄存器 SBUF

串行口数据缓冲寄存器 SBUF 由串行输出移位寄存器和两级缓冲的串行输入寄存器组成。发送时当数据写入 SBUF 时启动串行数据发送，连同此前置入的 TB8，按设定波特率串行输出。发送完一帧信息，置中断标志位 TI。接收时串行数据移入串行输入寄存器完成后，自动将数据并行送入接收 SBUF，并置标志位 RI 为"1"通知 CPU 读取数据，CPU 应该在下一个串行数据接收完成之前读出。

5．工作方式

（1）方式 0：方式 0 为同步传递方式。这时串行口输出端可直接与移位寄存器相连，RXD 引脚传递数据，TXD 引脚输出同步移位脉冲。用来扩展 I/O 口或外接同步输入/输出设备。在方式 0 下发送、接收的是 8 位数据，且低位在前。

发送过程：当 CPU 将数据写入到发送缓冲器 SBUF 时（如执行 MOV　SBUF，A 命令），串行口即将 8 位数据以 $f_{osc}/12$ 的波特率从 RXD 引脚输出，同时由 TXD 引脚输出同步脉冲。当一帧数据（8 位）发送完毕后，置中断标志 TI 为"1"。

接收过程：在 RI="0"时，REN 置"1"启动接收过程。RXD 为数据输入端，TXD 为同步移位脉冲输出端。接收器以 $f_{osc}/12$ 的波特率采样 RXD 引脚输入的数据。当接收完一帧（8 位）数据后，由硬件将 RI 置"1"。

在方式 0 中，SCON 寄存器中的 SM2、TB8、RB8 均无意义，通常将其设为"0"。

（2）方式 1：方式 1 为 8 位异步通信方式。一帧信息为 10 位：1 位起始位、8 位数据位（低位在前）和 1 位停止位。TXD 为发送端，RXD 为接收端。

发送过程：串行口以方式 1 发送数据时，数据由 TXD 端输出。当 CPU 将数据写入到发送缓冲器时，便启动串行口发送。发送完一帧信息，TI 置"1"。

方式 1 发送时的定时信号，即发送移位脉冲，是由定时器 1 送来的溢出信号经过 16 或 32 分频（取决于 SMOD 的值）获得的。因此，其波特率是可变的，其中 m 取决于 SMOD，值为"0"或"1"。

方式 1 的波特率=（$2^m/32$）×T1 的溢出率。

接收过程：接收数据由 RXD 端输入，串行口以所选定波特率的 16 倍速率采样 RXD 端状态。在 REN="1"时，当检测到由 1 到 0 的变化，即一个字符的起始位，则接收过程开始。在移位脉冲的控制下，把收到的数据一位一位地移入接收移位寄存器，直到 9 位全部接收完毕（包括 1 位停止位）且当 RI="0"时，将接收移位寄存器中的 8 位数据装入接收缓冲器 SBUF 中，把停止位送入 RB8，并将 RI 置"1"。

为保证数据接收可靠无误，对每一位数据要连续采样 3 次，接收的值取 3 次采样中至少两次相同的值。这样既可以避开信号两端的边缘失真，又可以防止由于收、发时钟频率不完全一致而导致的接收错误。

（3）方式 2 和方式 3：方式 2、3 可用于多机通信，SM2="1"，第 9 位数据，作为地址/数据的识别位；也可以用于双机通信，此时第 9 位数据可作为奇偶校验位，但必须使 SM2="0"。

这两种方式均为 9 位异步通信方式。一帧信息由 11 位组成：1 位起始位，9 位数据位（低位在前），其中第 9 位数据可以用做奇偶校验位，或在多机通信方式中用做地址/数据帧标志，1 位停止位。方式 2 和方式 3 的操作完全一样，只是波特率不同。方式 2 的波特率是固定的，为 $(2^m/64) \times f_{osc}$；方式 3 的波特率是可变的，为 $(2^m/32) \times$(定时器 1 的溢出率)。

发送过程：方式 2、3 发送时，数据由 TXD 端输出，发送一帧信息为 11 位。启动发送前，必须把要发送的第 9 位数据装入 SCON 寄存器的 TB8 位中（如用 SETB　TB8 或 CLR TB8 指令）。准备好 TB8 的值后，CPU 执行一条将数据写入发送缓冲器 SBUF 的指令即可启动发送过程。串行口会自动把 TB8 的值取出，装入第 9 位数据的位置，再逐一发送出去。一帧信息发送完毕，使 TI 置"1"。

接收过程：接收数据从 RXD 端输入，当 REN = "1"时，CPU 便不断地对 RXD 采样，采样速率为波特率的 16 倍。检测到负跳变时，启动接收器。位检测器对每位采集 3 个值，用三中取二的办法确定每位的状态。接收完一帧信息后，只有满足 RI = "0"、SM2 = "0"或接收到的第 9 位为 1 这两个条件，8 位数据才装入接收缓冲器 SBUF，而将第 9 位数据装入 SCON 中的 RB8 位，并将 RI 置"1"。否则接收到的信息无效，RI 也不置"1"。

6. 多机通信

多机通信系统结构图如图 4.13 所示。串行口用于多机通信时必须使用方式 2 或方式 3。

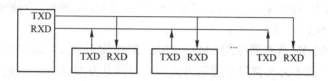

图 4.13　多机通信系统结构图

多机通信系统有 1 个主机与多个从机，从机数最多为 256 个，地址编为 00H、0lH、…、0FFH。如果距离很近，它们可以直接以 TTL 电平通信，距离远可以转换 RS485 标准进行通信。为了区分是数据信息还是地址信息，主机用第 9 位数据 TB8 作为地址/数据的识别位，地址帧的 TB8 = "1"，数据帧的 TB8 = "0"。各从机的 SM2 必须置"1"。在主机与某一从机通信前，先将该从机的地址发送给各从机。由于各从机 SM2 = "1"，接收到的地址帧 RB8 = "1"，所以各从机的接收信息都有效，送入各自的接收缓冲器，并置 RI = "1"。各从机 CPU 响应中断后，通过软件判断主机送来的是不是本从机地址，如是本从机地址，就使 SM2 = "0"，否则保持 SM2 = "1"。

接着主机发送数据帧，因数据帧的第 9 位数据 RB8 = "0"，只有地址相符的从机其 SM2 = "0"，才能将 8 位数据装入 SBUF，其他从机因 SM2 = "1"，数据无效而丢失，从而实现主机与从机的一对一通信。

工作方式 2、3 也可以用于双机通信，此时第 9 位数据可作为奇偶校验位，但必须使 SM2 = "0"。

7. 波特率

工作方式 0 的波特率是固定的，为 $f_{osc}/12$。

工作方式 2 的波特率由 SMOD（PCON.7）决定。SMOD = "1"时波特率为 $f_{osc}/32$，SMOD

= "0" 时则为 $f_{osc}/64$。

工作方式 1、工作方式 3 的波特率取决于定时器/计数器 1 的溢出速率及 SMOD，当 T1 工作方式 2 时，初值为 N，则波特率和 T1 的溢出速率由下式决定：

$$波特率 = 2^{SMOD} \times T1 溢出速率/32$$

其中，T1 溢出速率$=f_{osc}/[12(256-N)]$。

例如，设串行接口工作于工作方式 3，SMOD = "0"，f_{osc} = 11.0592MHz，定时器/计数器 1 工作于定时器方式 2（自动重装载方式），TL1、TH1 的初值为 FDH，试计算波特率。因为定时器/计数器 1 的定时时间为：

$$T=(256-253) \times 12/(11.0592 \times 106)$$

其溢出速率：

$$1/T = 11.0592 \times 10^6/[(256-253) \times 12] = 307194$$

所以波特率为：

$$2^0 \times 307194/32 = 9600 （位/秒）$$

SMOD 是电源控制寄存器 PCON 的 D7 位，故称为波特率加倍位。

电源控制寄存器 PCON 的格式如下：

	D7	D6	D5	D4	D3	D2	D1	D0	
PCON	SMOD				GF1	GF0	PD	IDL	87H

PCON 的最高位 SMOD 是串行口波特率加倍位，SMOD = "1" 时波特率增大一倍。其余各位与串行口无关。PCON 其他各位参见第 1 章。

常用波特率与定时器 1 各参数关系如表 4.3 所示。

表 4.3　常用波特率与定时器 1 各参数关系

工作方式	波特率（kHz）	晶振频率（MHz）	SMOD	定时器 1		
				C/T	工作方式	时间常数
方式 0	1000	12	X	X	X	X
方式 2	375	12	1	X	X	X
方式 1、3	62.5	12	1	0	2	0FFH
	19.2	11.059	1	0	2	0FDH
	9.6	11.059	0	0	2	0FDH
	4.8	11.059	0	0	2	0FAH
	2.4	11.059	0	0	2	0F4H
	1.2	11.059	0	0	2	0E8H

4.3.3　串行口应用

MCS-51 单片机串行口工作方式 0 下，使用 CMOS 或 TTL 移位寄存器可以扩展一个或多个并行输入/输出接口。

【例 4.9】 用并行输入串行输出移位寄存器 74LS165 扩展并行输入口。

解： 如图 4.14 所示是利用两片 74LS165 扩展 2 个 8 位并行输入口的电路。

串行输入端 RXD 与并行输入串行输出移位寄存器 74LS165 串行输出端相连；采用方式

0 时 TXD 是移位脉冲输出端，与所有 74LS165 的移位时钟端相连；P1.0 与 74LS165 的置位（S）/移位（L）控制端相连，P1.0 为"1"时数据并行输入，P1.0 为"0"时数据可串行移位。扩展多个 74LS165 时，相邻芯片的 SER 与 Q H 相连。

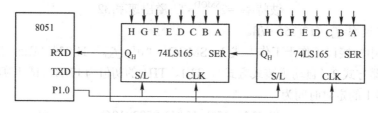

图 4.14　用 74LS165 扩展 8 位并行输入口

读入两个字节并行口数据，存放在单片机内 RAM 中 30H、31H 单元的程序如下：

```
READ:   CLR    P1.0              ;让 165 读入并行数据
        SETB   P1.0              ;允许 165 串行移位
        MOV    SCON, #10H        ;串行口方式 0、允许和启动接收
        JNB    RI, $             ;等待第一个字节接收完成
        CLR    RI                ;清除 RI 标志，以备下一次接收
        MOV    30H, SBUF         ;读入第一个数据
        JNB    RI, $             ;等待第二个字节接收完成
        CLR    RI                ;清除 RI 标志，以备下一次接收
        MOV    31H, SBUF         ;读入第二个数据
        RET
```

【例 4.10】用串行输入并行输出移位寄存器 74LS164 扩展并行输出口。

解：如图 4.15 所示是利用两片 74LS164 扩展 2 个 8 位并行输出口的电路。

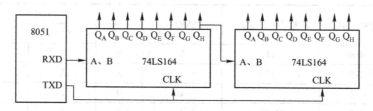

图 4.15　利用串行口扩展并行输出口

单片机的串行输入端 RXD 与串行输入并行输出移位寄存器 74LS164 的串行输入端相连；TXD 与所有 74LS164 的移位时钟端 CLK 相连。扩展多个 74LS164 时，前一片的 Q H 与后一片的移位输入端 A、B 相连。在移位过程中，各输出端的状态在不断变化，若不允许随意变化，应在输出加三态门控制，等移位完成后再打开三态门输出数据。将单片机内 RAM 中 30H、31H 单元数据输出的程序如下：

```
MOV    SCON, #00H        ;串行口工作方式 0、初始化
MOV    SBUF, 31H         ;输出发送第一个字节数据
JNB    TI, $             ;等待第一个字节发送完成
CLR    TI                ;清除 TI 标志，以备下一次发送
MOV    SBUF, 30H         ;输出发送第二个字节数据
```

```
        JNB     TI, $              ; 等待第二个字节发送完成
        CLR     TI                 ; 清除 TI 标志, 两字节发送完成
        END
```

【例 4.11】 AB 两台单片机, 均采用 11.0592MHz 晶振。A 机以 1200Hz 波特率将内部 RAM 中 30H～39H 的 10 个字节经串行口发向 B 机, 存入其 RAM 中 30H～39H 单元。

解: AB 两机的 RXD、TXD 交叉相连, 并连通两机地线。

AB 两机串行口同样设置为工作方式 1; 均采用定时器 1 工作方式 2, 由表 4.2 查得时间常数 0E8H; 采用查询控制方式。

A 机发送程序:

```
        MOV     TMOD, #20H         ; 定时器 1 工作方式 2
        MOV     TH1, #0E8H         ; 送定时初值
        MOV     TL1, #0E8H
        SETB    TR1                ; 启动定时器 1
        MOV     SCON, #40H         ; 串行口工作方式 1
        MOV     R0, #30H           ; R0 指向数据缓冲区首地址
        MOV     R2, #0AH           ; R2 存数据个数
LOOP:   MOV     A, @R0             ; 取发送数据
        MOV     SBUF, A            ; A 的内容送串行口发送
        JNB     TI, $              ; 等待发送完毕
        CLR     TI                 ; 清除发送中断标志位
        INC     R0                 ; 调整数据指针
        DJNZ    R2, LOOP           ; 未发送完循环
        ...
```

B 机接收程序:

```
        MOV     TMOD, #20H         ; 定时器 1 工作方式 2
        MOV     TH1, #0E8H         ; 送定时初值
        MOV     TL1, #0E8H
        SETB    TR1                ; 启动定时器 1
        MOV     SCON, #50H         ; 串行口工作方式 1 并启动接收
        MOV     R0, #30H           ; R0 指向数据缓冲区首地址
        MOV     R2, #0AH           ; R2 存数据个数
LOOP:   JNB     RI, $              ; 等待接收完毕
        CLR     RI                 ; 清除接收中断标志位
        MOV     A, SBUF            ; 取接收数据
        MOV     @R0, A             ; 送数据缓冲区
        INC     R0                 ; 调整数据指针
        DJNZ    R2, LOOP           ; 未发送完循环
        ...
```

要能正常完成通信任务, B 机的程序要先于 A 机程序运行。

4.4 任务式教学: 时钟及显示程序应用

第 3 章我们制作了数码管显示电路, 并用延时程序实现了动态扫描显示技术, 但在应用

程序中单片机还要完成很多其他功能，不适合软件延时，因此多采用定时器及其中断方式进行延时，并通过寄存器在主/子程序之间传递参数，本节将研究用定时器代替各种延时程序，完成时钟显示任务。假设晶振为 6MHz，驱动 LED 数码管每秒闪烁一次，定时时间需要 500ms。使用定时/计数器 0，定时方式 1，工作方式设置 TMOD 控制字：TMOD = 01H，使用 6MHz 晶振，机器周期为 2μs，设定时器的定时时间计算方法一：$T=(65536-X)T_c$，$T=(65536-X)T_c$ →100ms=100000μs =$(65536-X)$ ×2μs→X=65536-50000=15536=3CB0H，

计算方法二：定时初值：100ms/2μs =50000，其十六进制补码为：3CB0H。定时器溢出 5 次为 500ms。

采用查询方式参考程序如下：

```
              ORG      0000H
LED1:  MOV       TMOD，#01H        ；设置定时器 0 工作方式 1
        SETB      TR0              ；启动定时器 0
        MOV       R3，#06H         ；数码管计数
        MOV       R4，#0FEH        ；数码管显示位驱动码 0FEH =1111 1110B
        MOV       DPTR，#TAB       ；显示字码表
        CLR       A                ；准备使用查表指令
        MOVC      A，@A+DPTR       ；查表指令
        MOV       P0，A            ；输出显示字码
        MOV       P2，R4           ；输出显示位码
LOOP0:  MOV       R2，#05H         ；软件计数，增加延时量
LOOP1:  MOV       TL0，#0B0H       ；重新给初值，确定下次时间
        MOV       TH0，#3CH        ；如果想连续显示，则增加该值
LOOP2:  JNB       TF0，LOOP2       ；查询定时溢出
        CLR       TF0              ；软件清除溢出标志
        DJNZ      R2，LOOP1        ；R2 软件计时共 5 次
        INC       DPTR             ；查下一个显示码
        CLR       A
        MOVC      A，@A+DPTR
        MOV       P0，A            ；送字驱动码
        MOV       A，R4            ；处理位码，下一位显示
        RL        A                ；移动一位 1111 1110B→1111 1101B
        MOV       R4，  A          ；暂存位码以备下次使用
        MOV       P2，R4           ；输出位码
        DJNZ      R3，LOOP0        ；位输出计数
        SJMP      LED1             ；六位数码管显完重新开始
TAB:   DB  0C0H，0F9H，0A4H，0B0H，99H，92H，82H，0F8H，80H，90H   ；共阳驱动码
        END
```

/*晶振为 6MHz，驱动 6 个数码管每秒闪烁一次，定时需要 500ms*/
#参考 C51 程序 include<reg51.h>

```
unsigned char code TAB[10]={0xC0,0xF9,0xA4,0xB0,0x99,0x92,0x82,0xF8,0x80,0x90};//字型码
void main()
{
    unsigned char i=0,j=0,wei=0x01;
    TMOD=0x01;  //模式设置，00000001，定时器 0，工作与模式 1（M1=0，M0=1）
```

```
        TR0=1;                          //打开定时器
        TL0=0xB0;//由于晶振为 6MHz,机器周期为 2μs,100 000μs=(65536−X)*2μs    得 X=3CB0;
        TH0=0x3C;
        while(1)
        {
                for(i=0;i<7;i++)                        //只显示 TAB 表中的前 7 个字型码
                {
                        P0=TAB[i];                      //字控
                        P2=~wei;                        //位控（符号~为取反）
                        wei<<=1;                        //wei 左移 1 位
                        if(wei==0x40) wei=0x01;
                        while(j<5)              //定时器溢出 5 次时,跳出循环 5*100ms=500ms;
                        {
                                if(TF0==1)      //单片机一直在查询定时器 0 的溢出标志位 TF0 状态
                                {
                                        TF0=0;j++;      //定时器每溢出 1 次,i+1;
                                        TL0=0xB0;
                                        TH0=0x3C;
                                }
                        }
                        j=0;
                }
        }
}
```

如果每个数码管显示的内容不一样,数码显示的内容也是变化的,下面是一个时钟程序,由于程序较长,采用了模块编程方法,该程序由初始化程序、主程序、中断子程序、显示处理子程序等组成。其中主程序由各功能子程序组成,中断子程序实现显示扫描和计时功能,显示处理程序则是把一个字节的内容如 18,变成 01 和 08 分别送显示缓冲区,再由显示扫描程序把这两个数的编码分别送到两数码管上显示。

```
                ORG     0000H
                LJMP    START
                ORG     000BH                   ; 定时器 T0 入口
                LJMP    LOOPT0
                ORG     0030H
START:  MOV     SP,#65H                          ; 堆栈指针 66H~7FH,初始化程序
        MOV     60H,#00H                         ; 显示缓冲区,对应 6 个数码管
        MOV     61H,#00H
        MOV     62H,#00H
        MOV     63H,#00H
        MOV     64H,#00H
        MOV     65H,#00H
        MOV     50H,#00H                         ; 存放时间的地方,计时缓冲区 1/1000 秒
        MOV     51H,#00H                         ; 计时缓冲区 1/100 秒
        MOV     52H,#00H                         ; 秒,计时缓冲区
        MOV     53H,#00H                         ; 分,计时缓冲区
```

```
            MOV    54H，#00H              ; 时，计时缓冲区
            MOV    55H，#00H              ; 计时缓冲区
            MOV    56H，#00H              ; 计时缓冲区
            MOV    P0，#0FFH             ; 字输出口，输出初始化
            MOV    P2，#0FFH             ; 位输出
            MOV    R2，#00H              ; 显示扫描计数
            MOV    TMOD，#01H            ; T0 定时方式 1，低四位控制 T0
            MOV    TH0，#0FEH            ; 给 T0 初值，约定时 1m 秒
            MOV    TL0，#0CH
            SETB   PT0                   ; 中断优先级设置
            SETB   ET0                   ; 开中断
            SETB   EA                    ; 开总中断
            SETB   TR0                   ; 启动定时器 T0
L01：       LCALL  DISPLAY               ; 调显示处理，把时间送到显示缓冲区，主程序
            LCALL  K1                    ; 调用键盘处理子程序
            SJMP   L01                   ; 主程序循环执行
LOOPT0：    PUSH   ACC                   ; T0 中断处理子程序，约 1ms 运行 1 次
            PUSH   PSW                   ; PUSH 保护现场
            PUSH   DPH
            PUSH   DPL
            MOV    A，B
            PUSH   ACC
            MOV    TH0，#0FEH            ; 给 T0 初值，保证每次中断时间一样
            MOV    TL0，#0CH
            INC    R2                    ; 显示扫描程序，R2 计数第几个数码管
            CJNE   R2，#06H，LOOP5        ; 共 6 个数码管
LOOP5：     JNC    LOOP6                 ; 大于 6 返回
            SJMP   LOOP7                 ; 小于 6 扫描对应数码管
LOOP6：     MOV    R2，#00H              ; 大于 6 写成 0
LOOP7：     CJNE   R2，#00H，LOOPT01      ; R2 数值 00H～05H，R2 为 0
            MOV    A，60H                ; 把 60H 内容送第 1 个数码管显示
            MOV    DPTR，#TAB            ; 指向显示码首地址
            MOVC   A，@A+DPTR            ; 查显示码
            MOV    P0，A                 ; 字显示码送 P0
            MOV    P2，#0FEH             ; 位显示码 FEH=1111 1110B
            SJMP   LOOP06               ; 显示 1 位，退出扫描，跳至计时程序
LOOPT01：   CJNE   R2，#01H，LOOPT02      ; 显示第 2 个数码管
            MOV    A，61H                ; 取第 2 个数码管的缓冲区
            MOV    DPTR，#TAB
            MOVC   A，@A+DPTR
            MOV    P0，A
            MOV    P2，#0FDH
            SJMP   LOOP06               ; 退出扫描，跳至计时程序
LOOPT02：   CJNE   R2，#02H，LOOPT03      ; 显示第 3 个数码管
            MOV    A，62H
            MOV    DPTR，#TAB
```

```
        MOVC   A，@A+DPTR
        MOV    P0，A
        MOV    P2，#0FBH
        SJMP   LOOP06                  ; 退出扫描，跳至计时程序
LOOPT03：CJNE   R2，#03H，LOOPT04       ; 显示第 4 个数码管
        MOV    A，63H
        MOV    DPTR，#TAB
        MOVC   A，@A+DPTR
        MOV    P0，A
        MOV    P2，#0F7H
        SJMP   LOOP06
LOOPT04：CJNE   R2，#04H，LOOPT05       ; 显示第 5 个数码管
        MOV    A，64H
        MOV    DPTR，#TAB
        MOVC   A，@A+DPTR
        MOV    P0，A
        MOV    P2，#0EFH
        SJMP   LOOP06
LOOPT05：CJNE   R2，#05H，LOOP06        ; 显示第 6 个数码管
        MOV    A，65H
        MOV    DPTR，#TAB
        MOVC   A，@A+DPTR
        MOV    P0，A
        MOV    P2，#0DFH
LOOP06：MOV    A，50H                   ; 计时程序
        INC    A                        ; 十六进制计时
        MOV    50H，A
        CJNE   A，#0AH，LOOPEND         ; 10 次
        MOV    50H，#00H                ; 计时程序，50 H 是 1/1000 秒
        MOV    A，51H
        INC    A                        ; A 的内容加 1
        MOV    51H，A                   ; 相当于 51H 的内容加 1
        CJNE   A，#64H，LOOPEND         ; 是否计时 100 次
        MOV    51H，#00H                ; 51 H 是 1/100 秒计时单元
        MOV    A，52H                   ; 秒计时单元
        INC    A
        DA     A                        ; 处理成十进制计时
        MOV    52H，A                   ; 秒单元加 1
        CJNE   A，#60H，LOOPEND         ; 是否到 60 秒？
        MOV    52H，#00H                ; 到 60 秒则秒单元清 0
        MOV    A，53H                   ; 到 60 秒则分钟加 1
        INC    A
        DA     A
        MOV    53H，A
        CJNE   A，#60H，LOOPEND         ; 是否到 60 分？
        MOV    53H，#00H                ; 到 60 分则分清 0
```

```
         MOV   A，54H              ; 到 60 分则小时加 1
         INC   A
         DA    A
         MOV   54H，A
         CJNE  A，#24H，LOOPEND    ; 是否到 24 小时？
         MOV   54H，#00H           ; 到 24 时则小时清 0
LOOPEND: POP   ACC                 ; 恢复现场，堆栈操作是后进先出
         MOV   B，A
         POP   DPL
         POP   DPH
         POP   PSW
         POP   ACC
         RETI                      ; 中断返回
TAB:  DB  0C0H，0F9H，0A4H，0B0H，99H，92H，82H，0F8H，80H，90H
DISPLAY: MOV   A，52H              ; 把时间送到显示缓冲区，显示处理子程序
         ANL   A，#0FH
         MOV   60H，A              ; 显示缓冲区 60H 是秒的个位
         MOV   A，52H              ; 秒的十位送第 2 显示缓冲区
         SWAP  A                   ; 高低四位互换
         ANL   A，#0FH            ; 只有低四位包含显示信息
         MOV   61H，A              ; 显示缓冲区 61H 是秒的十位
         MOV   A，53H              ; 分送第 3 和第 4 数码管
         ANL   A，#0FH            ; 35→05
         MOV   62H，A              ; 05→62H，分的个位
         MOV   A，53H              ; 分的高位
         SWAP  A                   ; 35→53
         ANL   A，#0FH            ; 53→03
         MOV   63H，A              ; 03→63H，分的十位
         MOV   A，54H              ; 小时送第 5 和第 6 数码管
         ANL   A，#0FH            ; 18→08
         MOV   64H，A              ; 08→64H，小时的个位
         MOV   A，54H              ; 小时的高位
         SWAP  A                   ; 18→81
         ANL   A，#0FH            ; 81→01
         MOV   65H，A              ; 01→65H，小时的十位
K1：  RET                          ; 键盘程序略
         END
```

/*程序为时钟程序参考 C51 如下*/

```c
#include <reg51.h>
void display();
void Delay1ms(unsigned int n);
unsigned int csec;// 1/1000 秒;
unsigned char hour,min,sec;//时，分，秒;
unsigned char code TAB[10]={0xC0,0xF9,0xA4,0xB0,0x99,0x92,0x82,0xF8,0x80,0x90};
void main()
```

```c
{
ET0=1;EA=1;                                      //开定时器 0 和总中断
TMOD=0x01;TH0=0xFE;TL0=0x0C;TR0=1;               //定时器 0，方式 1，初值 0xFE0C,
csec=0,hour=12,min=58,sec=18;                    //设定时间初值，定时 1ms，TR0=1，启动定时器 0;
    while(1){
         display();
           }
}
void display()                                   //显示
{
  unsigned char data LED[6],i=0,wei=0x01,n=0;
   LED[0]=hour/10;                               //小时十位数
   LED[1]=hour%10;                               //小时个位数
  LED[2]=min/10;                                 //分十位
   LED[3]=min%10;                                //分个位
  LED[4]=sec/10;                                 //秒十位
   LED[5]=sec%10;                                //秒个位
  for(i=0;i<6;i++)
     {
      n=LED[i];
         P0=TAB[n];                              //字输出
      P2=~wei;
         wei=wei<<1;                             //位输出
      if(wei==0x40) wei=0x01;                    //6 位数码管显示
      Delay1ms(1);
        }
}//延时时间由软件计算得来，需精确延时可使用定时器
void Delay1ms(unsigned int n)                    //软件延时 1ms,
{
    int x,y;
    for(x=n;x>0;x--)
          for(y=123;y>0;y--);
}    // void TimeCou()interrupt 1 为定时器 0 中断函数 interrupt 0～5 对应 6 中断源
void TimeCou()interrupt 1                        //定时器 0 中断子函数，interrupt 3 对应定时器 1
{
  TH0=0xFE;TL0=0x0C;
  csec=csec+1;
  if(csec!=1000) return;                         //1/1000 秒
  csec=0;
  sec++;
  if(sec!=60) return;                            //秒
  sec=0;
  min++;
  if(min!=60) return;                            //分
  min=0;
  hour++;
```

```
        if(hour!=24) return;                //小时
        hour=0;
        return;
    }
```

本 章 小 结

1. 单片机定时器/计数器的结构和应用，定时器工作原理，定时器相关寄存器的使用，（TCON/ TMOD/IE /IP/THi/TLi）寄存器及其位的定义和编程使用方法。

2. 51 系列单片机中断系统的组成和应用，中断系统相关寄存器 IE/IP 及其位的含义，中断响应的过程，中断入口地址和中断系统编程方法。

3. 串行口结构和工作原理，串行口相关寄存器 SCON/SBUF，串行口应用，多机通信。

习 题 4

一、填空题

4.1 8031 有两个_____位可编程定时器/计数器，其中定时作用是指对单片机_____脉冲进行计数，而计数器作用是指对单片机_____脉冲进行计数。

4.2 MCS-51 单片机系列有_____个中断源，可分为_____个优先级。上电复位时_____中断源的优先级别最高。

4.3 如果定时时间为 T，定时初值为 X，机器周期为 T_c，则定时方式 0 的定时初值计算公式为：$T=(2^{13}-X)T_c$。请写出定时方式 1、2、3 的定时初值计算公式_____，_____，_____。

4.4 单片机的外部中断源有_____，_____和_____。

4.5 中断源的允许是由_____寄存器决定的，中断源的优先级别是由_____寄存器决定的。

4.6 8031 的异步通信口为_____（单工/半双工/全双工）。

二、选择题

4.7 8031 定时/计数器共有四种操作模式，由 TMOD 寄存器中 M1 M0 的状态决定，当 M1 M0 的状态为 01 时，定时/计数器被设定为（　　）。

    A．13 位定时/计数器   B．16 位定时/计数器

    C．自动重装 8 位定时/计数器   D．T0 为 2 个独立的 8 位定时/计数器，T1 停止工作

4.8 8031 定时/计数器是否计满可采用等待中断的方法处理，也可通过对（　　）的查询进行判断。

    A．OV 标志   B．CY 标志   C．中断标志   D．奇偶标志

4.9 当定时器 0 向单片机的 CPU 发出中断请求时，若 CPU 允许并接受中断时，程序计数器 PC 的内容将被自动修改为（　　）。

    A．0003H   B．000BH   C．0013H   D．001BH   E．0023H

4.10 定时器 T0 的溢出标志为 TF0，采用查询方式，若查询到有溢出时，该标志（　　）。

    A．由软件清零   B．由硬件自动清零   C．随机状态   D．AB 都可以

4.11 串行口中断入口地址是（　　）。

    A．000BH   B．0023H   C．1000H   D．0013H

4.12 与定时/计数器有关的特殊功能寄存器有哪几个？

4.13 定时/计数器 1 工作在方式 0，定时时间为 5ms，试编程对其进行初始化。（振荡频率为 12MHz）

4.14 系统晶体振荡频率为 12MHz，使用定时器和中断，在 P1.0 上产生 10kHz 方波。

4.15 编写初始化程序，用定时/计数器 0 产生 20ms 中断。

4.16 8051 单片机有几个中断源，各自的中断服务程序入口地址是多少？

4.17 按串行口、外部中断 0、定时器 1 的顺序设定中断优先级，写出 IE、IP 命令字。

4.18 如何编程将 51 单片机的外部中断设置为边沿触发方式？

4.19 简述 SCON 中 SM2、TB8、RB8 的作用。

4.20 系统振荡频率为 12MHz，用 T1 做波特率发生器，波特率为 1200 bit/s。编写出定时/计数器 1 的初始化程序。

4.21 对于双机通信系统，传递字符为 8 位，无奇偶校验位，波特率为 4800bit/s，系统振荡频率为 12MHz，试编写初始化程序。

第5章 MCS-51系列单片机的扩展

主要内容

1. 单片机系统扩展方法，它是指单片机在应用时常需外接I/O口和存储器，以增强单片机功能，单片机一般有固定的扩展模式。

2. 简介常用存储器扩展方法，常用存储器芯片及串行数据存储器扩展、串行I^2C芯片应用。理实一体化电脑时钟制作和编程。

5.1 MCS-51系列单片机系统扩展方法

5.1.1 最小系统和系统扩展方法

单片机是在一片芯片内集成了计算机的基本组成电路，独立使用能更好地发挥其体积小、重量轻、耗电少、价格低的优点。使用最少芯片组成的系统称为最小系统。MCS-51系列单片机经多年发展，已经有很多公司在生产兼容51内核的各种不同配置的单片机，其存储器容量和内部模块的功能，可以满足各种不同应用的需求。片内程序存储器的容量可以达到32KB以上，片内数据存储器也有超过2KB的，还有的在片内集成了EEPROM、ADC、DAC等各种功能模块。所以，在设计单片机应用系统时，首先要尽量选择满足系统需要的最小系统。

在使用过程中若单片机本身的功能部件确实不够，就需要扩展。单片机系统的扩展包括程序存储器扩展，数据存储器扩展和接口电路扩展。当前单片机型号很多，同一个系列中片内程序存储器容量有多种形式可供选择，安全性能更高一些，串行存储器应用更多，下面谈这两个问题。

由于MCS-51系列单片机的并行接口可以组成总线，所以有很强的扩展功能。采用常用的电路芯片，按照典型的电路连接，就能方便地构成各种不同扩展的应用系统。

MCS-51单片机的扩展也可以利用串行总线，市场上有多种带有I^2C、SPI串行总线接口的接口芯片。单片机若有相应总线控制接口，则系统硬件和软件设计将十分简单。即使没有相应的总线控制接口，也可以根据总线的时序要求，编写控制程序，用几位并行接口引脚实现串行总线扩展。

5.1.2 MCS-51单片机的总线组成

系统扩展时，用单片机组成地址总线（AB）、数据总线（DB）和控制总线（CB）。MCS-51单片机总线组成如图5.1所示，P0口作为8位数据总线，P0口和P2口组成16位地址总线，P0口径地址锁存器形成地址总线低8位，P2口做地址总线高8位；P3口的第二功能用做控制总线。

即使进行并行总线扩展，也应该尽量减少扩展芯片数量。程序存储器和数据存储器扩展，用一片大容量芯片与用几片小容量芯片连接方法相比，电路连接简单，成本也低。接口电路的扩展，应尽量选用大规模集成电路的可编程接口芯片。

当必须用并行总线扩充多个集成电路芯片时，要考虑总线的驱动能力。驱动能力不够，要加总线驱动器。可以用两片 74LS244 组成单向地址总线驱动器，用一片 74LS245 组成双向数据总线驱动器。

使用并行总线扩展，MCS-51 单片机的并行 I/O 口就只剩下 P1 口为用户口。

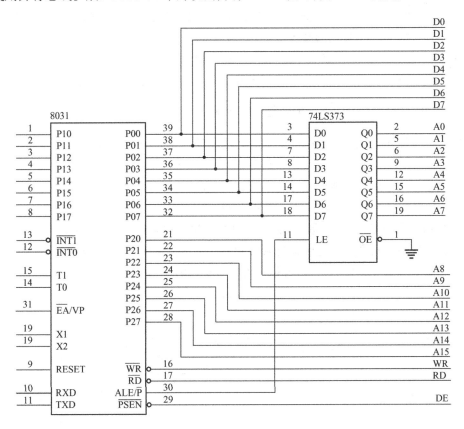

图 5.1　MCS-51 单片机总线组成

5.2　存储器扩展

5.2.1　程序存储器扩展

1. EPROM 存储器

一般用 EPROM 进行程序存储器扩展。MCS-51 的程序存储器空间最大为 64K，扩展时可选用的 EPROM 芯片有：2764（8K×8=64K 位）、27128（16K×8）、27256（32K×8=256K 位）、27512（64K×8）。

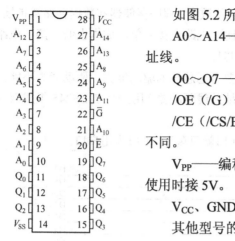

图 5.2　27256 引脚图

如图 5.2 所示是 27256 的引脚图。引脚功能如下：

A0～A14——地址输入，32KB 存储空间需要使用这 15 条地址线。

Q0～Q7——数据总线，8 位宽度，Q7 为高位。

/OE（/G）——输出允许，低电平有效。

/CE（/CS/E）——片选信号，低电平有效。不同厂商符号可能不同。

V_{PP}——编程电源输入端，根据说明编程时多数接+12V。平时使用时接 5V。

V_{CC}、GND——+5V 电源、地线。

其他型号的 EPROM，主要区别是地址线条数不同。

2．扩展程序存储器

复位后，执行外扩 EPROM 程序存储器的程序时，应将 MCS-51 的 EA 引脚接 GND；若复位后，从内部 EPROM 中执行程序，要将 EA 引脚接+5V 电源。

扩展程序存储器后，还要执行片内 ROM 中的低 4K 程序，不必将外扩 EPROM 接到 4K 地址以后，只需将外扩 EPROM 前 4K 空起来不用。

如图 5.3 所示的电路图中扩展了 32KB 的 EPROM 27256。数据总线 D0～D7，地址总线 A0～A14 接 27256 对应引脚，地址总线 A15 悬空，单片机程序选通/PSEN 接芯片 27256 的读控制/OE（/G）引脚。芯片的芯片选择控制/CE（/E）接地，V_{PP} 接+5V 电源。

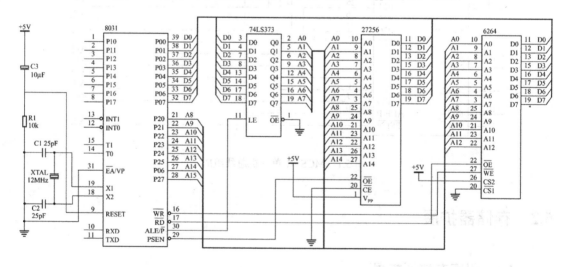

图 5.3　单片机 8031 扩展存储器电路

使用其他容量的 EPROM 只须改变地址位数：当用 2764 时，地址总线的 A14、A13 悬空，用 27128 时，A14 悬空，用 27512 时，则还要连接 A15。

在程序开发中还有 EEPROM（E²PROM）电可擦存储器 28 和 29 系列，如 AT28C64 等，其引脚与 2764、6264 兼容，但其第 27 脚为 $\overline{WE}$，它不像 27 系列改写芯片内容前需要用紫外线擦除，而能方便地进行多次改写，掉电后其内容也能长期保存。其引脚图和 6264 差不多

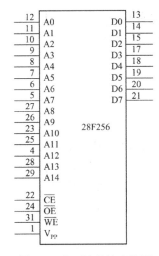

图 5.4 电可擦只读存储器
28F256 的引脚图

一样，如图 5.4 所示，是 32 引脚 DIP 封装的电可擦存储器 28F256 的引脚图。

EEPROM 是一种电可擦除可编程的只读存储器，是目前广泛被使用的一种只读存储器，其主要优点是能在应用系统中进行在线改写，并能在断电情况下保存数据或程序而不需要保护电源，特别是近年来生产的+5V 电可擦除可编程只读存储器，电可擦除只读存储器因兼有程序存储器和数据存储器的特点，故在单片机应用系统中，既可作为程序存储，也可用做数据存储器。作为程序存储器时，其连接方式同一般 27 系列程序存储器一样采用三总线方式，作数据存储器用时，要注意多数电可擦除存储器写入周期很长，往往有 ms 级，远远长于单片机的写周期μs 级，故对其写入控制线可用单片机的单个 I/O 口，如 P1.0，还要专门编写相关的写入程序，或单独用编程器写入。

5.2.2 数据存储器扩展

1. 静态 RAM

单片机扩展数据存储器一般用静态 RAM。MCS-51 的数据存储器空间最大为 64KB，要考虑给外扩接口电路留出地址空间。扩展时可选用的静态 RAM 芯片有：

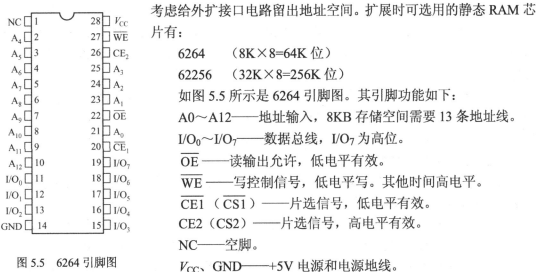

图 5.5 6264 引脚图

6264 （8K×8=64K 位）

62256 （32K×8=256K 位）

如图 5.5 所示是 6264 引脚图。其引脚功能如下：

A0～A12——地址输入，8KB 存储空间需要 13 条地址线。

I/O_0～I/O_7——数据总线，I/O_7 为高位。

$\overline{OE}$——读输出允许，低电平有效。

$\overline{WE}$——写控制信号，低电平写。其他时间高电平。

$\overline{CE1}$（$\overline{CS1}$）——片选信号，低电平有效。

CE2（CS2）——片选信号，高电平有效。

NC——空脚。

V_{CC}、GND——+5V 电源和电源地线。

62256 无 CE2——（CS2），26 脚为 A13，1 脚为 A14。

2. 扩展数据存储器

图 5.3 电路图中扩展了 8KB 的静态 RAM 6264，数据总线 D0～D7，地址总线 A0～A12 接 6264 对应引脚，不接地址线 A13～A15，$\overline{WE}$ 接 $\overline{WR}$，$\overline{OE}$ 接 $\overline{RD}$。只扩展一片静态 RAM 时，CS2（CE2）接高电平，$\overline{CS1}$（/CE1）接地。图 5.3 中 6264 地址是 XXX00000 00000000～XXX1111111111111，其中 X 为任意值，即数据存储器地址可为 0000H～1FFFH，共 8K 字节。程序存储器地址是 X0000000 00000000～X1111111 11111111，即程序存储器的地址可为

0000H～7FFFH，共 32K 字节。因为和 CPU 相连的地址线每条都可能有 0 和 1 两种变化，没相连的地址线变化对存储器没影响，可以是任意值，实际应用时常常只把最小地址作为其地址。当使用 62256 时，应增加连接 A13、A14。

5.3 串行存储器 E²PROM 的应用

常有单片机应用系统在掉电时要保存一些重要的数据，此时可以用 E²PROM 完成这一任务。串行 E²PROM 占用系统硬件资源少，是常用的方法。串行 E²PROM 是可在线电可擦除和电写入的存储器，具有体积小、接口简单、数据保存可靠、可方便改写、功耗低等特点，而且可低电压写入，在单片机系统中应用十分普遍。如串行数据存储器 24C02 和 X84041、串行时钟芯片 DS1302、串行模数转换器 TLC2543C 等。

5.3.1 I²C 总线

I²C 是由 Philips 公司推出的一种新型总线标准，具有接口线少，控制方式简单，器件封装外形结构小，通信速率高等特点。它通过 SDA（串行数据线）及 SCL（串行时钟线）两根线在连到总线上的器件之间传递信息，并根据地址识别每个器件。I²C 总线上允许连接多种接口电路，如 A/D 及 D/A 转换器、实时时钟/日历、LCD 驱动器、键盘接口等，也可以连接串行 E²PROM。

I²C 总线是由数据线 SDA 和时钟线 SCL 构成的串行总线，可以发送和接收数据。在 CPU 和被控器件间双向传递，最高传递速率为 400Kb/s。SDA 是双向串行数据线，用于地址、数据的输入和数据的输出，使用时需加上拉电阻。SCL 是时钟线，为器件数据传输的同步时钟信号。

I²C 总线的数据传递格式是：在 I²C 总线开始信号后，主控器件送出的第一个字节数据是用来选择从器件的地址，其中前 7 位为地址码，第 8 位为方式位(R/W)。方式位为"0"表示发送，即 CPU 把信息写到所选择的接口或存储器；方式位为"1"表示 CPU 将从接口或存储器读信息。开始信号后，系统中的各个器件将自己的地址和 CPU 送到总线上的地址进行比较，如果与 CPU 发送到总线上的地址一致，则该器件即为被 CPU 寻址的器件，其接收信息还是发送信息则由第 8 位（R/W）确定。

数据在 I²C 总线上以字节为单位进行传递，每次传递先传最高位。每次传递的数据字节数不限，在每个被传递的字节后面跟一个应答位（ACK），总线上第 9 个时钟脉冲对应于应答位，数据线上低电平时为应答信号，高电平时为非应答信号。传递数据开始前，CPU 发送起始位，通知接收器件做好接收准备。起始位的时序是当 SCL 为高电平时，SDA 由高变低。一组数据传递结束时，CPU 发送停止位，停止位的时序是当 SCL 为高电平时，SDA 由低变高。数据传递格式如下：

起始位	从器件地址	R/W	ACK	数据	ACK	数据	ACK	……	停止位

SDA 上的数据在 SCL 高电平时必须稳定，在 SCL 低电平时才允许变化，也就是说时钟信号 SCL 为高电平时，SDA 由高电平到低电平为开始；当时钟信号 SCL 为高电平时，SDA 由低电平到高电平为结束。从开始到结束期间为忙，结束到下次开始为闲。I²C 总线属集电

极开路器件，SCL 总线上有一个器件为低电平，将影响所有器件，并使 SCL 变低，高电平不影响其他器件，当所有器件的 SCL 低电平结束后 SCL 总线才变为高电平。第一个变低电平的器件把总线 SCL 拉成低电平。

5.3.2 串行 E²PROM-X24C02

X24C02 是内含 256×8 位低功耗 CMOS 的 E²PROM，具有功耗小、工作电压宽（2.5～5.5V）、擦写次数多（大于 10 000 次）、写入速度快（小于 10ms）等特点。如图 5.6 所示为 X24C02 的引脚图。图 5.6 中 A0、A1、A2 是三条地址线，使用时接电源或地，用于确定从芯片的器件地址。Vcc 和 Vss 分别为正、负电源。SDA 为串行数据输入/输出，数据通过这条双向 I²C 总线串行传递。SCL 为串行时钟输入线。$\overline{\text{WC}}$ 为写操作控制端，接"0"允许写入，接"1"禁止写入。在这点少数厂家的产品可能有不同规定。

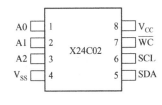

图 5.6 X24C02 的引脚图

1. 器件寻址与字节寻址

I²C 总线的器件地址的高 4 位是器件类型识别符，X24C02 E²PROM 的器件类型识别符是 1010。接着的三位是由 A2、A1、A0 决定的器件地址，这三位接不同电平，可以在一个系统中接最多 8 片 X24C02。最低位是读写控制位，"0"表示写操作，"1"表示读操作。

X24C02 E²PROM 中有 256 个字节（2K 位），为指定读写单元，还需要在器件地址后跟一个字节数据地址，用于指明字节地址。

2. 字节写操作

单片机送出起始位后，接着送从器件地址码（7 位）、R/W 位（0），表示 ACK 位后面为待写入数据字节的地址和待写入数据字节，最后用停止位结束一个字节的写入。其格式如下：

起始位	从器件地址	0	ACK	字节地址	ACK	数据	ACK	停止位

3. 操作

X24C02 还允许 4 个字节顺序写入，在以上格式中，连续送 4 个字节数据，再发停止位。

4. 字节读操作

字节读操作需要在读之前，先用写操作指定字节地址，在应答位之后，再送起始位和从器件地址码、R/W 位（1），随后读出数据。其格式如下：

X24C02 允许多个字节顺序读出，在以上格式中，连续读多个字节数据，再发停止位。

起始位	从器件地址	0	ACK	字节地址	ACK	起始位	从器件地址	1	ACK	数据	ACK	停止位

5.3.3 51 单片机扩展 X24C02

51 单片机扩展 X24C02 的电路连接如图 5.7 所示。写器件地址为 0A0H（1010 000 0 分别是识别符、地址和读写控制位），读器件地址为 0A1H（只有读写控制位不同）。

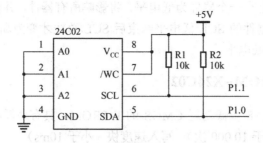

图 5.7　51 单片机扩展 X24C02 的电路连接图

其 C51 参考程序如下：

```
/*------------------------------------------------
    名称：IIC 协议 EEPROM24c02，公司：    编写：XYZP    日期：2014.3
    内容：此程序用于检测 EEPROM 性能，测试方法如下：写入 24c02 一些数据，然后在内存中
清除这些数据，掉电后主内存将失去这些信息，然后从 24c02 中调入这些数据。看是否与写入的
相同。
-----------------------------------------------*/
    #include "12864.h"      //LCD128*64 显示屏
    #define AddWr 0xa0       //写数据地址，需要参考 24c02 芯片文档
    #define AddRd 0xa1       //读数据地址
    sbit Sda=P2^6;           //定义总线连接端口，数据线
sbit Scl=P2^7;               //时钟线
//sbit WP=P2^5;              //24c02 写保护，这里不使用
/*----------------------- 延时程序-----------------------------------*/
    void mDelay(unsigned char j)
    {
    unsigned int i;
    for(;j>0;j--)
        {
          for(i=0;i<125;i++)
             {;}
        }
    }
/*---------------------启动 I²C 总线----------------------------------*/
    void Start(void)
    {
    Sda=1;
    _nop_();_nop_();
    Scl=1;
    _nop_();_nop_();_nop_();_nop_();_nop_();
    Sda=0;
    _nop_();_nop_();_nop_();_nop_();_nop_();
    Scl=0;
    }
/*--------------------- 停止 I²C 总线----------------------------------*/
```

```c
void Stop(void)
{
 Sda=0;
 _nop_();
 Scl=1;
 _nop_();_nop_();_nop_();_nop_();_nop_();
 Sda=1;
 _nop_();_nop_();_nop_();_nop_();_nop_();
 Scl=0;
}
```
/*-------------------------------应答 I²C 总线-------------------------------*/
```c
void Ack(void)
{
 Sda=0;
 _nop_();_nop_();_nop_();
 Scl=1;
 _nop_();_nop_();_nop_();_nop_();_nop_();
 Scl=0;
 _nop_();_nop_();
}
```
/*-------------------------------非应答 I²C 总线-------------------------------*/
```c
void NoAck(void)
{
Sda=1;
 _nop_();_nop_();_nop_();
Scl=1;
 _nop_();_nop_();_nop_();_nop_();_nop_();
Scl=0;
 _nop_();_nop_();
}
```
/*-----------------------------发送一个字节-------------------------------*/
```c
void Send_byte(unsigned char Data)
{
unsigned char BitCounter=8;
unsigned char temp;
do
 {
     temp=Data;
     Scl=0;
     _nop_();_nop_();_nop_();_nop_();_nop_();
     if((temp&0x80)==0x80)
         Sda=1;
     else
         Sda=0;
         Scl=1;
         temp=Data<<1;
```

```
                    Data=temp;
                    BitCounter--;
                }
        while(BitCounter);
            Scl=0;
        }
/*----------------- 读入一个字节并返回----------------------------------------*/
    unsigned char Read(void)
    {
        unsigned char temp=0;
        unsigned char temp1=0;
        unsigned char BitCounter=8;
        Sda=1;
        do
            {
                Scl=0;
                _nop_();_nop_();_nop_();_nop_();_nop_();
                Scl=1;
                _nop_();_nop_();_nop_();_nop_();_nop_();
                if(Sda)
                    temp=temp|0x01;
                else
                    temp=temp&0xfe;
                if(BitCounter-1)
                    {
                        temp1=temp<<1;
                        temp=temp1;
                    }
                        BitCounter--;
                }
            while(BitCounter);
            return(temp);
        }
/*------------------- 写入数据----------------------------------------------*/
    void WrToROM(unsigned char Data[],unsigned char Address,unsigned char Num)
    {
        unsigned char i;
        unsigned char *PData;
        PData=Data;
        for(i=0;i<Num;i++)
            {
                Start();
                Send_byte(AddWr);              //写入芯片地址
                Ack();
                Send_byte(Address+i);          //写入存储地址
                Ack();
```

```
            Send_byte(*(PData+i));              //写数据
            Ack();
            Stop();
            mDelay(20);
            }
    }
/*---------------------读出数据-------------------------------------*/
    void RdFromROM(unsigned char Data[],unsigned char Address,unsigned char Num)
    {
    unsigned char i;
    unsigned char *PData;
    PData=Data;
    for(i=0;i<Num;i++)
        {
            Start();                            //写入芯片地址
            Send_byte(AddWr);
            Ack();
            Send_byte(Address+i);               //写入存储地址
            Ack();
            Start();
            Send_byte(AddRd);                   //读入地址
            Ack();
            *(PData+i)=Read();                  //读数据
            Scl=0;
            NoAck();
            Stop();
            }
    }
void set_24c02()
{// unsigned char Number[10]={0x06,0x5b,0x4f,0x66,0x6d,0x7d,0x07,0x7f,0x6f,0x3f};
// 显示码值 123456
unsigned char Number[10]={48,49,50,51,52,53,54,55,56,57};        //显示码值 123456
unsigned char i;
    // WP=0;
    Ini_Lcd();
        CLK_DIV = 0X03;                         //写保护关掉
    P2=0xFE;
    Disp_HZ(0x81,"存储变量测试",6);
    WrToROM(Number,4,10);                       //写入 24c02
    mDelay(200);
    Number[0]=0;                                //清除当前数据
    Number[1]=0;
    Number[2]=0;
    Number[3]=0;
        Number[4]=0;
        Number[5]=0;
```

```
                Number[6]=0;
                Number[7]=0;
                Number[8]=0;
                RdFromROM(Number,4,10);                      //调用存储数据
                while(1)
                    {
                                for(i=0;i<10;i++)
                                {
                                 //if(i==10)
                                        //Send(0,0x01);
                                        Disp_SZ2(0x90,Number[i]);
                                        mDelay(200);
                                }/*P0=~Number[i];              //显示存储数据
                                mDelay(200);                    //延时用于演示显示数据
                                i++;
                                if(i==10)
                                i=0;     */
                    }
            }
```

1. 送起始位子程序（汇编语言）

送起始位子程序为：

```
        STARTBIT：      CLR         P1.1
                        SETB        P1.0
                        NOP
                        SETB        P1.1
                        NOP
                        CLR         P1.0
                        NOP
                        CLR         P1.1
                        RET
```

2. 送停止位子程序（汇编语言）

送停止位子程序为：

```
        STOPBIT：       CLR         P1.0
                        NOP
                        SETB        P1.1    ；SCL
                        NOP
                        SETB        P1.0    ；SDA
                        NOP
                        CLR         P1.1
                        RET
```

3. 数据发送子程序（汇编语言）

数据发送子程序为（入口条件：A 中为待发送数据）：

```
WDATA:      MOV     R7，#8
            CLR     P1.1
WDATA1:     CLR     P1.1
            RLC     A                   ; 先送高位
            MOV     P1.0，C             ; 位传递
            SETB    P1.1
            DJNZ    R7，WDATA1          ; 字节传递循环
            CLR     P1.1                ; 8 位数传完
            NOP
            SETB    P1.1                ; 停止位
            NOP
            SETB    P1.0
            JB      P1.0，$             ; 应答位检查
            CLR     P1.1
            NOP
            RET
```

4. 字节写子程序

字节写子程序为（入口条件：待写数据在 R6 中，写入单元地址在 R5 中）：

```
WRBYTE:     ACALL   STARTBIT            ; 发起始位
            MOV     A，#0A0H            ; 送写器件地址
            ACALL   WDATA
            MOV     A，R5               ; 指定字节地址
            ACALL   WDATA
            MOV     A，R6               ; 传递字节数据
            ACALL   WDATA
            ACALL   STOPBIT             ; 发停止位
            RET
```

5. 读数据子程序

读数据子程序为（程序出口：读出字节在 A 中）：

```
RDATA:      MOV     R7，#8
RDATA1:     CLR     P1.1
            NOP
            SETB    P1.1
            NOP
            MOV     C，P1.0             ; 位读入
            RLC     A
            DJNZ    R7，RDATA1          ; 读字节循环
            CLR     P1.1                ; ACK
            NOP
```

```
                SETB        P1.0
                NOP
                SETB        P1.1
                NOP
                RET
```

6. 字节读子程序

字节读子程序为（入口条件：读字节地址在 R5 中；程序出口：读出字节在 A 中）：

```
RDBYTE:         ACALL       STARTBIT          ；发起始位
                MOV         A，#0A0H           ；送写器件地址
                ACALL       WDATA
                MOV         A，R5             ；指定字节地址
                ACALL       WDATA
                NOP
                ACALL       STARTBIT          ；发起始位
                MOV         A，#0A1H           ；送读器件地址
                ACALL       WDATA
                ACALL       RDATA             ；读出数据
                ACALL       STOPBIT           ；发停止位
                RET
```

5.4 串行温度传感器 DS18B20

5.4.1 DALLAS 公司 DS18B20 基本参数

DALLAS 公司生产的单线数字温度传感器 DS18B20、DS1822，外形如图 5.8 所示，支持

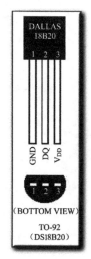

图 5.8 DS18B20 的封装

"一线总线"接口，测量温度范围为–55℃～+125℃，在–10℃～+85℃范围内，精度为±0.5℃。DS1822 的精度较差为±2℃。现场温度直接以"一线总线"的数字方式传输，大大提高了系统的抗干扰性，适合于恶劣环境的现场温度测量，新的产品支持 3～5.5V 的电压范围，DS18B20 可以程序设定 9～12 位的分辨率，精度为±0.5℃。用户设定的报警温度存储在 EEPROM 中，掉电后依然保存。DS1822 与 DS18B20 软件兼容，是 DS18B20 的简化版本。其省略了存储用户定义报警温度、分辨率参数的 EEPROM，精度降低为±2℃，是经济型产品。DS18B20 内部结构主要由 4 部分组成：64位光刻 ROM、温度传感器、非挥发的温度报警触发器 TH 和 TL、配置寄存器。DS18B20 的管脚排列如下：DQ 为数字信号输入/输出端；GND 为电源地；V_{DD} 为外接供电电源输入端（在寄生电源接线方式时接地）。

光刻 ROM 中的 64 位序列号是出厂前被光刻好的，它可以看做是该 DS18B20 的地址序列码。64 位光刻 ROM 的排列是：开始 8 位（28H）是产品类型标号，接着的 48 位是该 DS18B20 自身的序列号，最后 8 位是前面 56 位的循环

冗余校验码（CRC=X8+X5+X4+1）。光刻 ROM 的作用是使每一个 DS18B20 都各不相同，这样就可以实现一根总线上挂接多个 DS18B20 的目的。DS18B20 中的温度传感器可完成对温度的测量，以 12 位转化为例：用 16 位符号扩展的二进制补码读数形式提供，以 0.0625℃/LSB 形式表达，其中 S 为符号位。双字节 12 位温度格式如表 5.1 所示。

表 5.1　双字节 12 位温度格式

温度值位指示	Bit7	Bit6	Bit5	Bit4	Bit3	Bit2	Bit1	Bit0
温度值的低字节	2^3	2^2	2^1	2^0	2^{-1}	2^{-2}	2^{-3}	2^{-4}
温度值位指示	Bit15	Bit14	Bit13	Bit12	Bit11	Bit10	Bit9	Bit8
温度值的高字节	S	S	S	S	S	2^6	2^5	2^4

　　表 5.1 中是 12 位转化后得到的 12 位数据，存储在 18B20 的两个 8 比特（位）的 RAM 中，Bit0 是最低位，二进制数中的前面 5 位是符号位，如果测得的温度大于 0，这 5 位为 0，只要将测到的数值乘以 0.0625 即可得到实际温度；如果温度小于 0，这 5 位为 1，测到的数值需要取反加 1 再乘以 0.0625 即可得到实际温度。例如，+125℃ 的数字输出为 07D0H，+25.0625℃ 的数字输出为 0191H，−25.0625℃ 的数字输出为 FE6FH，−55℃ 的数字输出为 FC90H。双字节温度与十进制温度的转换关系如表 5.2 所示。

表 5.2　双字节温度与十进制温度的转换关系

温度值（℃）	双字节温度（二进制表示）	双字节温度（十六进制表示）
+125	0000 0111 1101 0000	07D0H
+85.5	0000 0101 0101 1000	0558H
+25.0625	0000 0001 1001 0001	0191H
+10.125	0000 0000 1010 0010	00A2H
0	0000 0000 0000 0000	0000H
−1.5	1111 1111 1110 1000	FFE8H
−10.125	1111 1111 0101 1110	FF5EH
−25.0625	1111 1110 0110 1111	FE6FH
−55	1111 1100 1001 0000	FC90H

　　DS18B20 温度传感器的内部存储器包括一个高速暂存 RAM（数据缓冲寄存器）和一个非易失性的可电擦除的 E²RAM，后者存放高温度和低温度触发器 TH、TL 和结构寄存器。前者暂存存储器包含了 8 个连续字节，前两个字节是测得的温度信息，第一个字节的内容是温度的低 8 位，第二个字节是温度的高 8 位。第三个和第四个字节是 TH、TL 的易失性复制，第五个字节是结构寄存器的易失性复制，这三个字节的内容在每一次上电复位时被刷新。第六、七、八个字节用于内部计算。第九个字节是冗余检验字节。该字节各位的意义如下：TM R1 R0 1 1 1 1 1，如表 5.3 所示。

　　该寄存器的低 5 位一直都是 1，TM 是测试模式位，用于设置 DS18B20 处在工作模式还是处在测试模式。在 DS18B20 出厂时该位被设置为 0，用户不要去改动。R1 和 R0 用来设置分辨率，如表 5.4 所示（DS18B20 出厂时被设置为 12 位）。

　　根据 DS18B20 的通信协议，主机控制 DS18B20 完成温度转换必须经过三个步骤：每一次读写之前都要对 DS18B20 进行复位，复位成功后发送一条 ROM 指令，最后发送 RAM 指令，这样才能对 DS18B20 进行预定的操作。复位要求主 CPU 将数据线下拉 500μs，然后释放（输出高），DS18B20 收到信号后等待 16～60μs 左右，后发出 60～240μs 的存在低脉冲，拉低总线，主 CPU 收到此信号表示复位成功。温度转换时间如表 5.4 所示。

表 5.3   DS18B20 温度传感器内部存储的寄存器内容

寄存器内容	字节地址
温度低 8 位	0
温度高 8 位	1
高温限值	2
低温限值	3
配置寄存器	4
保留	5
计数剩余值	6
每度计数值	7
CRC 校验	8

表 5.4   分辨率设置表

R1	R0	分辨率	温度最大转换时间(ms)
0	0	9 位	93.75
0	1	10 位	187.5
1	0	11 位	375
1	1	12 位	750

DS18B20 的读写时序长度约 60 微秒（μs）以上，都以主机发出的低电平开始。其中第一个 15 微秒内 CPU 完成准备动作.对于 DS18B20 的读时序是从主机把单总线拉低之后，在 15 微秒之内就得释放单总线，以便让 DS18B20 把数据传输到单总线上。第二个 15 微秒内完成操作任务，后面还有 30 微秒，DS18B20 在完成一个读写时序过程需要 60μs 才能行。

对于 DS18B20 写 0 时序和写 1 时序的要求不同，当要写 0 时序时，单总线要被拉低至少 60μs，保证 DS18B20 能够在 15μs 到 45μs 之间能够正确地采样 IO 总线上的 0 电平，当要写 1 时序时，单总线被拉低之后，在 15μs 之内就得释放单总线。温度传感器 DS18B20 指令（命令）说明如表 5.5 所示。

表 5.5   温度传感器 DS18B20 指令（命令）说明

命令功能	指令代码	功能说明
读 ROM	33H	读 DS18B20 中的 64 位光刻 ROM 序列号
启动转换	44H	启动温度转换，结果存入内部高速暂存器 RAM 中
写温限值	4EH	向内部字节地址 2 和 3 中写入上下限温度值
匹配 ROM	55H	发出命令后，还发送 64 位 ROM 序列号寻找对应号码的 18B20
读供电	B4H	读电源供给方式：18B20 发 0 为寄生供电，1 为外接供电
读取温度	BEH	读取温度寄存器等 9 字节的内容
跳过 ROM	CCH	单片 18B20 时，跳过读序列号操作，直接发温度转换
报警搜索	ECH	执行后，当温度超过上下限值时 18B20 才做响应
搜索 ROM	F0H	搜索同一条线上挂接有几个 18B20，识别 ROM

5.4.2   温度传感器 DS18B20 使用中注意事项

DS18B20 虽然具有测温系统简单、测温精度高、连接方便、占用口线少等优点，但在实际应用中也应注意以下几方面的问题：

（1）较小的硬件开销需要相对复杂的软件进行补偿，由于 DS18B20 与微处理器间采用串行数据传递，因此，在对 DS18B20 进行读写编程时，必须严格地保证读写时序，否则将无法读取测温结果。在使用 PL/M、C 等高级语言进行系统程序设计时，对 DS18B20 操作部分最好采用汇编语言实现。因其读写时序最短只有几个 μs，复位约几百 μs，转换约几百 ms，这更增加了使用难度。

（2）在 DS18B20 的有关资料中均未提及单总线上所挂 DS18B20 的数量问题，容易使人误认为可以挂任意多个 DS18B20，在实际应用中并非如此。当单总线上所挂 DS18B20 超过 8 个时，就需要解决微处理器的总线驱动问题，这一点在进行多点测温系统设计时要加以注意。

（3）连接 DS18B20 的总线电缆是有长度限制的。试验中，当采用普通信号电缆传输长度超过 50m 时，读取的测温数据将发生错误。当将总线电缆改为双绞线带屏蔽电缆时，正常通信距离可达 150m，当采用每米绞合次数更多的双绞线带屏蔽电缆时，正常通信距离将进一步加长。这种情况主要是由总线分布电容使信号波形产生畸变造成的。因此，在用 DS18B20 进行长距离测温系统设计时要充分考虑总线分布电容和阻抗匹配问题。

（4）在 DS18B20 测温程序设计中，向 DS18B20 发出温度转换命令后，程序总要等待 DS18B20 的返回信号，一旦某个 DS18B20 接触不好或断线，当程序读该 DS18B20 时，将没有返回信号，程序会进入死循环。这一点在进行 DS18B20 硬件连接和软件设计时也要给予一定的重视。测温电缆线建议采用屏蔽 4 芯双绞线，其中一组线接地线与信号线，另一组接 V_{CC} 和地线，屏蔽层在源端单点接地，当用 P1.0 和 DS18B20 相连接时参考程序如下：

```
DQ        EQU       P1.0              ；定义 P1.0 端口为单总线 DQ
          ORG       0000H             ；本程序时钟频率为 6MHz
          AJMP      MAIN
          ORG       1000H
MAIN:     LCALL     INIT_18B20        ；调复位子程序
          MOV       A，#0CCH
          LCALL     WRITE_18B20       ；跳过读序列号操作
          MOV       A，#4EH            ；写限制温度命令
          LCALL     WRITE_18B20
          MOV       A，#TH             ；写入上限温度值
          LCALL     WRITE_18B20
          MOV       A，#TL
          LCALL     WRITE_18B20       ；写入下限温度值
          MOV       A，CONFIG12
          LCALL     WRITE_18B20       ；设为 12 位转换精度
MAIN1:    LCALL     INIT_18B20        ；复位子程序
          LCALL     RD_TEMPER         ；读温度
          LCALL     LDVV              ；调数据处理子程序，简写程序
          LCALL     DISPLAY           ；调显示子程序，省略程序
          LJMP      MAIN1
；**********DS18B20 复位程序**************
INIT_18B20:  MOV     R7，#02H         ；复位时查询次数
LOP0:     SETB      DQ                ；18B20 数据总线，或输入和输出端
          MOV       R0，#80H
          CLR       DQ                ；DQ 为单一数据线
TSR1:     DJNZ      R0，TSR1          ；维持 DQ 低电平 480～960μs
          SETB      DQ
          MOV       R0，#21H
TSR2:     DJNZ      R0，TSR2
          JNB       DQ，TSR3          ；查看 18B20 把 DQ 拉低否
          DJNZ      R7，LOP0          ；未拉低则延时再查，6 次结束
```

	SETB	P2.0	; 延时期未能查到 18B20
	SJMP	TSR4	
TSR3:	SETB	FLAG1	; 置标志位 FLAG1，表明 DS18B20 存在
	CLR	P2.0	; 二极管指示
TSR5:	MOV	R0，#052H	
TSR6:	DJNZ	R0，TSR6	; 延时后结束
	SETB	DQ	
	AJMP	TSR7	
TSR4:	CLR	FLAG1	; 未能查到
	SETB	P2.0	; 取消指示灯
	SETB	DQ	; 表明不存在
TSR7:	RET		

; *****************读转换后的温度值*****************

RD_TEMPER:	SETB	DQ	
	LCALL	INIT_18B20	
	JB	FLAG1，TSS2	
	RET		; 若不存在则返回
TSS2:	CLR	FLAG1	
	LCALL	INIT_18B20	
	MOV	A，#0CCH	; 跳过 ROM
	LCALL	WRITE_18B20	
	MOV	A，#44H	; 发出温度转换命令
	LCALL	WRITE_18B20	; 转换时间见表 5.4 所示
	LCALL	DELAY	; 调延时子程序延时 500ms 略
	LCALL	INIT_18B20	; 调复位子程序
	MOV	A，#0CCH	; 跳过 ROM
	LCALL	WRITE_18B20	
	MOV	A，#0BEH	; 发出读温度转换命令
	LCALL	WRITE_18B20	
	LCALL	READ2_18B20	; 读两个字节的温度
	RET		

; ***************写 DS18B20 程序************

WRITE_18B20:	MOV	R2，#8	
	SETB	DQ	
WR1:	CLR	DQ	
	MOV	R3，#3	
	DJNZ	R3，$	; 写前保持 15μs 低电平
	RRC	A	
	MOV	DQ，C	; 写入 1 位
	MOV	R3，#10H	
	DJNZ	R3，$	; 等待 18B20 读入
	SETB	DQ	
	DJNZ	R2，WR1	; 8 位写完否
	SETB	DQ	; 写完结束
	RET		

; ***********读 18B20 程序，读出两个字节的温度*********

| READ2_18B20: | MOV | R4，#2 | ; 低位存在 29H，高位存在 28H |
| | MOV | R1，#29H | |

```
RE00:   MOV     R2, #8
RE01:   SETB    DQ
        NOP
        CLR     DQ              ; 低电平开始数据周期
        NOP
        NOP
        SETB    DQ              ; 高电平释放单总线约 10μs 内
        MOV     R3, #2H
        DJNZ    R3,     $       ; 约在低电平后第 15μs 读取
        MOV     C, DQ           ; 读入 1 位温度到 C 中
        RRC     A
        MOV     R3, #12H         ; 约 60μs 完成 1 个读取周期
        DJNZ    R3, $
        SETB    DQ
        DJNZ    R2, RE01        ; 共读 8 位
        MOV     @R1, A          ; 保存
        DEC     R1              ; 保存下一数据单元地址
        DJNZ    R4, RE00        ; 读温度第 2 字节
        RET
; ************读出的温度进行数据转换**************
LDVV:   MOV     A, 29H          ; 看成温度大于 0
        MOV         C, 28H.0    ; 将 28H 中的最低位移入 C
        RRC     A
        MOV         C, 28H.1
        RRC     A
        MOV         C, 28H.2
        RRC         A
        MOV C, 28H.3
        RRC A
        MOV 30H, A              ; 整数温度结果存入 30H 单元
        JNC   LOP2             ; 小数点后面的数四舍五入
        INC   30H
LOP2:   RET
```

DS18B20 温度传感器 C51 参考程序如下：（C51 语言，11.0592Hz）

```c
#include "18b20.h"
#define nops();   {_nop_(); _nop_(); _nop_(); _nop_();} //定义空指令
void delay(unsigned int n)          //延时 μs 级
{
    while (n--);
}
void delay_ms(unsigned int n)       //延时 ms 级
{
    unsigned char m=120;
    while (n--)
        while (m--);
}
```

```c
/* 18B20 复位函数*/
void DS18b20_reset(void)
{
    bit flag=1;
    while (flag)
    {
        while (flag)
        {
            DQ = 1;                     //单数据线
            delay(1);
            DQ = 0;
            delay(50);                  // 550μs
            DQ = 1;
            delay(6);                   // 66μs
            flag = DQ;
        }
        delay(45);          /          /延时 500μs
        flag = ~DQ;
    }
    DQ=1;
}
/* 18B20 写 1 个字节函数*  向 1-WIRE 总线上写 1 个字节*/
void write_byte(unsigned char val)
{
    unsigned char i;
    for (i=0; i<8; i++)
    {
        DQ = 1;
        _nop_();
        DQ = 0;
        nops();                         //4μs
        DQ = val & 0x01;                //最低位移出
        delay(6);                       //66μs
        val >>= 1;                      //右移 1 位
    }
    DQ = 1;
    delay(1);
}
/** 18B20 读 1 个字节函数*  从 1-WIRE 总线上读取 1 个字节*/
unsigned char read_byte(void)
{
    unsigned char i, value=0;
    for (i=0; i<8; i++)
    {
        DQ=1;
        _nop_();
        value >>= 1;
```

```
                DQ = 0;
                nops();                        //4μs
                DQ = 1;
                nops();                        //4μs
                if (DQ)
                        value|=0x80;
                delay(6);                      //66μs
        }
    DQ=1;
    return(value);
}
/** 启动温度转换*/
void start_temp_sensor(void)
{
    DS18b20_reset();
    write_byte(0xCC);                  //发 Skip ROM 命令
    write_byte(0x44);                  //发转换命令
}
/** 读出温度*/
unsigned int read_temp(void)
{
        unsigned char temp_data[2];        //读出温度暂放
        unsigned int temp;
        DS18b20_reset();                   //复位
        write_byte(0xCC);                  //发 Skip ROM 命令
        write_byte(0xBE);                  //发读命令
        temp_data[0]=read_byte();          //温度低 8 位
        temp_data[1]=read_byte();          //温度高 8 位
        temp = temp_data[1];
        temp <<= 8;
        temp |= temp_data[0];
        temp >>= 4;
        return temp;                       //返回温度值
}
void set_18b20()
{
 int ans;
//    CLK_DIV = 0X03;                    //调试，显示，程序调试用语句
        while(1)
        {
                start_temp_sensor();
                //delay_ms (1000);      //延时 1 秒，程序调试用语句
                ans=read_temp();
                Disp_SZ1(0x84,ans);                //调显示
                Disp_HZ(0x85,"度",1);              //调显示
        }
}
```

5.5 任务式教学

5.5.1 音乐程序

1. 音乐程序说明

计算机可以模拟发声是众所周知的事，电子琴就是利用电子电路发声的典型，当前 MP3 的流行也是电子发声的代表事件。这里讲解用单片机发声的方法，重点在了解计算机发声的原理，学习单片机的编程方法，数据放在程序存储器中，采用查表程序编写，使用定时器产生声音所需频率的方波，经放大整形后送扬声器发出一个音，如图 5.9 所示，再按节拍送下一频率的声音，声音的节拍由延时程序给定，也就是说其发声的原理是：音调由不同的频率产生，由延时程序产生节拍，由定时器定时产生方波频率，如 1kHz 频率的声音，周期是 1ms，正负半周各 500μs，当用 6MHz 晶体，定时方式 1 时，可计算定时器初值如下：$(2^{16}-X)×12/6=500μs$，$X=65535-250=65285=FF05H$，本次采用的音调、频率、定时器初值对应关系如表 5.6 所示，这个表中数据音调较低，实验时可适当调高，节拍一秒钟约几拍，常见是 1/4 拍子。其确定方法见下面例子，懂简谱时较好理解。

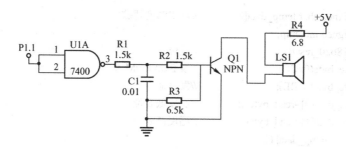

图 5.9　音乐程序电路参考图

表 5.6　音调、频率和定时器初值对应关系

音调	<u>4</u>	<u>5</u>	<u>6</u>	<u>7</u>	1	2	3
频率	175	196	220	248	262	294	330
T1 初值	FA49	FAE6	FB7E	FC0C	FC2F	FC8F	FCF8
音调	4	5	6	7	$\overline{1}$	$\overline{2}$	$\overline{3}$
频率	349	392	440	494	523	587	659
T1 初值	FD23	FD73	FDBA	FDFA	FE18	FE4C	FE94

查表方法：《我的祖国》第一句简谱和 T1 初值对应如下：

简谱：　　　　1 2　　　　　　3 5　　　　　　$\overline{1}$ 6　　　　　　5

T1 初值：FC2F02 FC8F02　　　FCF802　FD7302　　FE1801 FDBA01　　　FD7304

由上可知每一个音调对应 3 个字节数据，前两个是音调，第三个是节拍。程序中音调由定时器产生，节拍由延时得到，把一个曲子的所有数据放入数据表 DATA1 中，用 00H，00H，00H 结束，程序可循环播放这段曲子。

2．程序清单

程序清单如下：

	ORG	0000H	
	LJMP	START	；主程序
	ORG	001BH	
	LJMP	LT1	；跳到中断子程序
START:	MOV	TMOD，#11H	；T1 定时方式 1
	SETB	ET1	；T1 开中断
	SETB	EA	
	MOV	DPTR，#DATA1	；指向数据表
	MOV	A，#00H	；查表指令中用到 A 的内容
LOP:	MOVC	A，@A+DPTR	；查表 A+DPTR 得到的 16 位地址中的数
	JZ	START	；查到 00 则运行下一轮
	MOV	R5，A	；暂存准备在中断程序中使用 R5 的内容
	MOV	TH1，A	；T1 装入高 8 位
	INC	DPTR	；查下一个值
	MOV	A，#00H	
	MOVC	A，@A+DPTR	
	MOV	R6，A	；产生中断时 T1 还要多次装入初值
	MOV	TL1，A	；第 2 个值装入 TL1
	SETB	TR1	
	INC	DPTR	；指向第 3 个值
	MOV	A，#00H	
	MOVC	A，@A+DPTR	
	MOV	R2，A	；装入 R2 的内容，用于产生节拍，延时
LOP1:	MOV	R3，#80H	；延时程序 FEH×80H×(R2)=255×128×4=128ms
LOP2:	MOV	R4，#0FEH	；(R2)=04H 这样一个音响约 0.25 秒
LOP3	DJNZ	R4，LOP3	；延时产生节拍，R2 的内容决定延时长度
	DJNZ	R3，LOP2	
	DJNZ	R2，LOP1	
	INC	DPTR	
	MOV	A，#00H	
	SJMP	LOP	
LT1:	PUSH	DPH	；中断子程序，该程序中的入出栈指令可省略
	PUSH	DPL	；先保护现场
	PUSH	ACC	
	CPL	P1.1	；输出半个脉冲
	CLR	TR1	；防误差，这句在这个程序中意义不大
	MOV	TH1，R5	；为定时器准备下次中断的定时起始值
	MOV	TL1，R6	
	SETB	TR1	；防误，可和指令 CLR　TR1 同时不用
	POP	ACC	；出栈
	POP	DPL	

```
              POP      DPH
              RETI                           ；中断子程序返回
        DATA1：
        DB 0FB，7EH，06H，0FC，0F8，02H，0FC，99H，02H，0FCH，0F8H，02H，0FCH
        DB 2FH，02H，0FCH，0CH，02H，0FBH，7EH，04H，0FBH，7EH，04H，0FBH，7EH，04H
        DB 0FCH，0F8H ，02H，0FDH，0BCH，04H，0FDH，73H，02H，0FCH，0F8H，02H，0FCH，99H
        DB 02H，0FCH，2FH，02H，0FCH，99H，02H ，0FCH，0F8H，04H，0FCH，0F8H，04H
        DB 0FCH，0F8H，02H，0FDH，73H，02H，0FDH，0BCH，06H，0FDH，0FAH，02H
        DB 0FDH，0BCH，02H， 0FDH，73H，02H，0FCH，0F8H，02H，0FCH，99H，02H
        DB 0FCH，2FH，02H，0FCH，2FH，04H，0FCH，99H，02H，0FCH，0F8H，04H
        DB 0FCH，0F8H，04H，0FCH，99H，06H，0FCH，0F8H，02H，0FCH，0CH，02H
        DB 0FBH，7EH，02H，0FAH，0E6H，04H，0FBH，07EH，04H，0FBH，7EH，04H
        DB 0FBH，7EH，04H，0FCH，0F8H，02H，0FDH，73H，06H，0FCH，0F8H，02H
        DB 0FCH，0F8H，04H，0FCH，0F8H，04H，0FEH，17H，05H，0FDH，0BCH，02H
        DB 0FDH，0BCH，04H，FDH，0BCH，02H，0FEH，17H，02H，0FDH，0BCH，04H
        DB 0FDH，73H，04H，…，00H，00H，00H
              END
```

　　如果把这个程序用于实验，可先准备一个比较熟悉的曲子，根据前面表格写出音乐数据表。输出电路也可用其他功放电路代替，这种单管电路主要是电路简单，但如果它的门电路一直输出高电平，扬声器中将有直流电流通过。它对方波的整形效果也一般，其总体效果有待改进。

5.5.2　键盘显示输出电路综合应用

　　键盘是电子产品中的常用部件，在第 2 章实训中用到了键盘，但实际对键盘编程时会发现很多问题，键盘的硬件连接就有静态和动态扫描之分，动态扫描键盘如图 5.10 所示。其电路实物如图 5.11 所示。有时按键时可能反应不灵敏，也可能按一次键结果处理成了几次，还有一次按了多个键等各种问题，有关键盘的理论讲解放在第 6 章，在前面显示程序基础上加入了键盘程序。用小写字母给出，本节重点练习在现有程序中加入新程序，请参考该程序调试出实用的键盘程序，根据实训结果和自己的想法调试程序，增加程序功能。考虑到制作印制电路板及可能增加的电路功能，该电路多给出了一些电路供参考，实际操作时安装一部分电路，就使用一部分，读者自己权衡其中的性价比。

```
        ORG      0000H
                 LJMP     START
                 ORG      000BH         ；定时器 T0 入口
                 LJMP     LOOPT0
                 ORG      0030H
        START：   MOV      SP，#65H       ；堆栈指针深度 66H～7FH
                 MOV      60H，#00H      ；显示缓冲区，对应 6 个数码管
                 MOV      61H，#00H
                 MOV      62H，#00H
                 MOV      63H，#00H
                 MOV      64H，#00H
                 MOV      65H，#00H
```

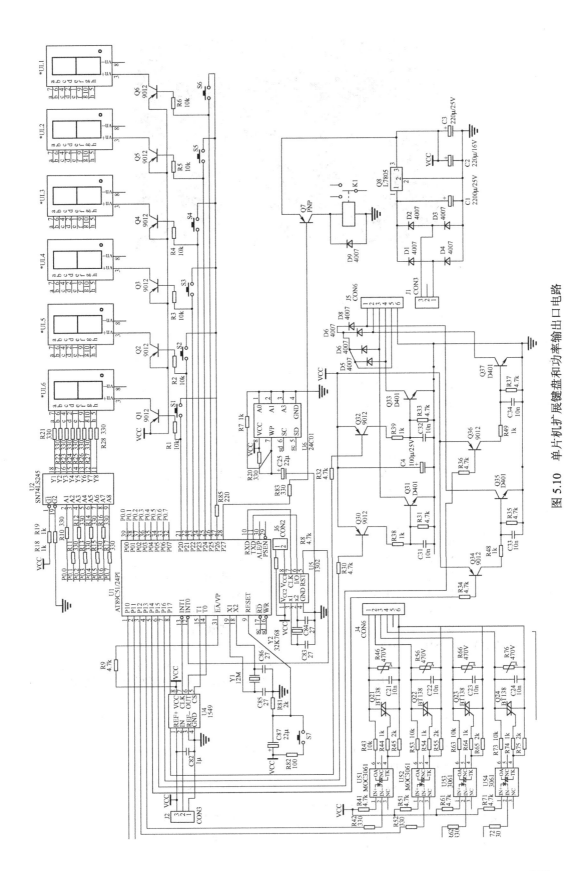

图 5.10 单片机扩展键盘和功率输出输出口电路

图 5.11　单片机扩展键盘和功率输出口电路实物

	MOV	50H，#00H	；存放时间的地方 1/1000 秒
	MOV	51H，#00H	；1/100 秒
	MOV	52H，#18H	；秒
	MOV	53H，#23H	；分
	MOV	54H，#08H	；时
	MOV	5AH，#00H	
	MOV	P0，#0FFH	；字输出口初始化
	MOV	P2，#0FFH	；位输出口初始化
	MOV	R2，#00H	；显示扫描计数
	MOV	TMOD，#01H	；定时方式，低四位控制 T0
	MOV	TH0，#0FEH	；赋初值或设置初值
	MOV	TL0，#0CH	
	SETB	PT0	；中断优先级设置
	SETB	ET0	；中断允许设置
	SETB	EA	；开总中断，设置总中断允许
	SETB	TR0	；启动定时器 T0
L01：	LCALL	DISPLAY	；调显示处理子程序，把时间送到显缓
	LCALL	K1	；调键盘程序
；	LCALL	DZDL2	；调电子打铃子程序，暂时不用
	SJMP	L01	；还可插入其他子程序
LOOPT0：	PUSH	ACC	；T0 中断子程序，1ms 运行 1 次
	PUSH	PSW	；保护现场。ACC、PSW、DPTR 、B 寄存器
	PUSH	DPH	；主要保护在主子程序中都要用到的寄存器
	PUSH	DPL	
	MOV	A，B	
	PUSH	ACC	
	MOV	TH0，#0FEH	；重新赋初值，确保每次中断间隔相同
	MOV	TL0，#0CH	
	INC	R2	；显示扫描程序，R2 指定第几个数码管
	CJNE	R2，#06H，LOOP5	
LOOP5：	JNC	LOOP6	；总共 6 个数码管，0～5
	SJMP	LOOP00	；大于或等于 6 归成 0

```
LOOP6:     MOV      R2，#00H                       ; R2 的值为 00H～05H
LOOP00：CJNE      R2，#00H，LOOPT01              ; R2 为 0 显示第 1 个数码管
           MOV      A，60H
           MOV      DPTR，#TAB
           MOVC     A，@A+DPTR
           MOV      P0，A
           MOV      P2，#0FEH
LOOPT01：CJNE     R2，#01H，LOOPT02              ; R2 为 01 显示第 2 个数码管
           MOV      A，61H
           MOV      DPTR，#TAB
           MOVC     A，@A+DPTR
           MOV      P0，A
           MOV      P2，#0FDH
LOOPT02：CJNE     R2，#02H，LOOPT03              ; R2 为 02 显示第 3 个数码管
           MOV      A，62H
           MOV      DPTR，#TAB
           MOVC     A，@A+DPTR
           mov      c，00h                         ; 每秒在分的个位闪亮数码管小数点 1 次
           mov      acc.7，c                       ; P0 口的最高位是数码管的小数点
           MOV      P0，A                          ; 注意：编译程序不区大小写
           MOV      P2，#0FBH                      ; 本程序调试好的部分用大写
LOOPT03：CJNE     R2，#03H，LOOPT04              ; 对比前面的程序新增部分用了小写
           MOV      A，63H                         ; 本程序通过大小写的使用来调试程序
           MOV      DPTR，#TAB
           MOVC     A，@A+DPTR
           MOV      P0，A
           MOV      P2，#0F7H
LOOPT04：CJNE     R2，#04H，LOOPT05              ; R2 为 04 显示第 5 个数码管
           MOV      A，64H
           MOV      DPTR，#TAB
           MOVC     A，@A+DPTR
           mov      c，00h                         ; 在时分的个位点亮小数点
           mov      acc.7，c                       ; 小数点每秒亮暗 1 次
           MOV      P0，A                          ; 实训时可以把其中一个数码管倒装
           MOV      P2，#0EFH                      ; 让两数码管的小数点在一起闪亮
LOOPT05：CJNE     R2，#05H，LOOP06               ; 并为倒装的数码管单独编写编码表
           MOV      A，65H                         ; R2 为 05 显示第 6 个数码管
           MOV      DPTR，#TAB
           MOVC     A，@A+DPTR
           MOV      P0，A
           MOV      P2，#0DFH
LOOP06：MOV        A，50H                         ; 计时程序，50 H 是 1/1000 秒计时单元
           INC      A                              ; 加 1
           MOV      50H，A                         ;
           CJNE     A，#0AH，LOOPEND               ; 十六进制计时，相当于 10
           MOV      50H，#00H                      ; 计满时到 1/100 秒归 0
lop006：   setb     p2.6                           ; 扫描键盘程序，读取键值
           mov      a，p2                          ; 读入
```

```
          jb      acc.6，loop07         ; 判断读入是否有效，为 1 则无键按下
          mov     58h，r2               ; R2 内容可作为键值
          inc     58h                   ; 当前键值存 58H
          MOV     A，58H
          CJNE    A，59H，LP111          ; 上次键值在 59H
          INC     5AH                   ; 5AH 作为去抖动延时计数器
          MOV     A，5AH
          CJNE    A，#05H，LP222         ; 多次读取键值相同才有效
          mov     5ah，#00h             ; 按键盘计数器复位
          MOV     5BH，59H              ; 有效键值送 5BH
          setb    10H                   ; 设置有效键值标志位
LP222：   SJMP    loop07
LP111：   MOV     59H，58H              ; 暂存键值于 59H 备用
          SJMP    loop07
        ; sjmp    loop08                ; 程序调试时用过的指令这样处理
        ; loop07: clr 10h               ; 调试程序中多写的指令可以暂且不删除
loop07：  MOV     A，51H                ; 1/100 秒计时单元
          INC     A
          MOV     51H，A
          CJNE    A，#64H，LOOPEND       ; 是否计时 100 次
          MOV     51H，#00H
          cpl     00h                   ; 标志 00h 的内容每半秒取反
          jb      00h，LOOPEND          ; 用它可使小数点每秒闪亮 1 次
          MOV     A，52H                ; 秒实时时间寄存器
          INC     A
          DA      A
          MOV     52H，A
          CJNE    A，#60H，LOOPEND       ; 60 秒 1 分钟
          MOV     52H，#00H
          MOV     A，53H                ; 分实时时间寄存器
          INC     A
          DA      A
          MOV     53H，A
          CJNE    A，#60H，LOOPEND       ; 60 分 1 小时
          MOV     53H，#00H
          MOV     A，54H                ; 小时实时时间寄存器
          INC     A
          DA      A
          MOV     54H，A
          CJNE    A，#24H，LOOPEND
          MOV     54H，#00H
LOOPEND： POP     ACC                   ; 恢复现场
          MOV     B，A
          POP     DPL
          POP     DPH
          POP     PSW
          POP     ACC
          RETI                          ; 中断返回
```

```
TAB:      DB 0C0H，0F9H，0A4H，0B0H，99H，92H，82H，0F8H，80H，90H
DISPLAY：MOV    A，52H              ；把时间送显示缓冲区
         ANL    A，#0FH
         MOV    60H，A
         MOV    A，52H
         SWAP   A
         ANL    A，#0FH
         MOV    61H，A
         MOV    A，53H
         ANL    A，#0FH
         MOV    62H，A
         MOV    A，53H
         SWAP   A
         ANL    A，#0FH
         MOV    63H，A
         MOV    A，54H
         ANL    A，#0FH
         MOV    64H，A
         MOV    A，54H
         SWAP   A
         ANL    A，#0FH
         MOV    65H，A
         Ret                        ；显示子程序结束返回
K1：     jnb    10h，kend           ；键盘处理子程序，无键按下则结束
         clr    10h                 ；清键值标志位
         mov    a，5Bh              ；取键值
         cjne   a，#01h，k222
         MOV    A，52H              ；第1个键值为秒加1
         INC    A                   ；加1
         DA     A                   ；调整为十进制加1
         MOV    52H，A
         CJNE   A，#60H，kend       ；60秒1分钟
         MOV    52H，#00H           ；加到60秒就清0
         sjmp   kend                ；操作结束
k222：   cjne   a，#02h，k333       ；第2个键盘为秒减1
         MOV    A，52H              ；秒缓冲器
         add    A，#99h             ；采用十进制减法
         DA     A                   ；该单片机没有十进制减法指令
         MOV    52H，A
         CJNE   A，#99H，kend       ；本地0减1为99，转换成59秒
         MOV    52H，#59H           ；时间是60进制
         sjmp   kend
k333：   cjne   a，#03h，k444       ；第3个键盘为分加1
         MOV    A，53H              ；分加1
         INC    A                   ；
         DA     A                   ；
         MOV    53H，A
         CJNE   A，#60H，kend
```

```
                MOV     53H，#00H
        sjmp    kend
k444：   cjne    a，#04h，k555              ；第 4 个键盘为分减 1
        MOV     A，53H                    ；分减 1
        add     A，#99h                   ；如 37+99=136，A 的内容=36
        DA      A                        ；136 取两位=36，相当于减 1
        MOV     53H，A
        CJNE    A，#99H，kend              ；如果 53H 的时间采用十六进制
        MOV     53H，#59H                 ；并且在显示时再换成十进制，则此处好处理
        sjmp    kend
k555：   cjne    a，#05h，  k666            ；第 5 个键盘为小时加 1
        MOV     A，54H                    ；小时加 1
        INC     A
        DA      A
        MOV     54H，A
        CJNE    A，#24H，kend
        MOV     54H，#00H                 ；此处也可加 sjmp kend 指令
k666：   cjne    a，#06h，  kend            ；第 6 个键盘为小时减 1
        MOV     A，54H                    ；小时减 1
        add     A，#99h
        DA      A
        MOV     54H，A
        CJNE    A，#99H，kend              ；十进制 0 点减 1 为 99，0 点钟就是 24 点钟
        MOV     54H，#23H                 ；小时是 24 进制
kend：   RET                              ；应用系统全部程序写出来都是很长的
        END                              ；总算结束了，程序流程图等等都省了吧
```

　　下面是一段电子打铃程序，分成两个子程序 DZDL1 和 DZDL2，子程序 DZDL1 放在上面中断子程序秒钟所处处，用于核对秒是否在打铃时间。子程序 DZDL2 可作为子程序放在主程序中，也可放在子程序中，用于核对数据表（该表列出所有要打铃的时间值）中的小时和分是否和实时时间相同，请把该程序插入上面的程序中试用，使用时在 P1 口外接发光二极管可以模拟电子打铃，也可如图 5.10 所示在 P1 口外接光电耦合和晶闸管等电路，采用压敏电阻 470V 和电容保护晶闸管，把电铃串联在接线柱上再接 220V 电源。使用 220V 电源时光耦和晶闸管这些电路带热电，应特别要注意安全，小心预防触电、绝缘和短路事件发生。电子打铃程序相对上面的基础程序要简单一些，到目前为止，理实一体化课程已经完成了电子打铃系统开发的全部工作，单片机其他项目的开发和这大同小异，现在应当好好总结理实一体化教学经验教训，做到掌握单片机应用系统及其程序开发方法。

```
DZDL1：  MOV     A，#12H                   ；打铃到 12 秒结束，电子打铃子程序之一
        CJNE    A，  50H ，LDZ2            ；取实时时间 50H 内容秒，查对是否到 12 秒
LDZ2：   JNC     LDZ3                     ；超过 12 秒？
        MOV     P1，#0FFH                 ；超过，停止打铃
        CLR     12H                      ；清打铃标志位
        SJMP    LDZ7
LDZ3：   MOV     A，#01H                   ；从第 1 秒开始打铃，电子打铃部分
        CJNE    A，50H ，  LDZ7            ；是否为 1 秒
```

	SETB	12H	; 是第 1 秒设置打铃标志位
LDZ7:	RET		; 秒核对完毕
DZDL2:	JNB	12H，LDZ71	; 打铃子程序之二，无标志则不打铃
	MOV	R4，#10H	; 打铃时间总数为 16 个，共 32 个字节
	MOV	DPTR，#TAB2	; 16 个时间存放地址首址
LDZ41:	CLR	A	
	MOVC	A，@A+DPTR	; 查打铃表中的时间小时
	CJNE	A，52H，LDZ5	; 核对小时是否和实时时间 52H 内容相同
	INC	DPTR	; 相同，准备核对分是否相同
	CLR	A	
	MOVC	A，@A+DPTR	; 查打铃表中的时间分
	CJNE	A，51H，LDZ6	; 核对小时是否和实时时间 51H 内容相同
	MOV	P1，#00H	; P1 口输出，P1 口挂接电铃，低电平有效
	SJMP	LDZ71	; 时、分、秒全部和实时时间相同才打铃
LDZ5:	INC	DPTR	; 准备核对下一个打铃时间，
LDZ6:	INC	DPTR	; 小时和分共为一个时间，共占 2 字节
	DJNZ	R4，LDZ41	; 每次查表把表中的 16 个时间全部核对 1 次
	SJMP	LDZ71	; 全部打铃时间核对完毕
LDZ71:	RET		; 下面 TAB2 是 16 个上下课时间，共 32 个字节
TAB2:	DB	08H,00H,08H,45H,08H,55H,09H,40H，10H,00H,10H,45H,10H,55H,11H,40H	
	DB	14H,40H,15H,00H,15H,45H,15H,55H，16H,40H,18H,45H,19H,00H,21H,00H	

本 章 小 结

1．介绍单片机 I/O 口和存储器扩展方法，简介单片机常用外部存储器 27、62、28 系列芯片。这些芯片在实验室还经常使用。

2．以 24C02 为例介绍新型串行数据存储器芯片的使用方法。串行接口在如 IC 卡等现代产品中有广泛使用，不同串行接口芯片使用方法大同小异，常用二线制或三线制接口方法。

3．介绍应用系统编程方法。编写应用系统程序。理实一体化制作了有调时功能的电子打铃系统。

习 题 5

5.1 扩充外部总线时，P0 口上会出现哪些信息？

5.2 编程将内部 RAM 中 30H～3FH 的数据送到外扩数据存储器 2800H 开始的单元。

5.3 扩充串口存储器 X24C02，电路连接如图 5.7 所示。编写连续从 24C02 中 80H 读出 20H 个数据，放入从 50H 开始的内部 RAM 的程序。

第6章 单片机接口

主要内容

1. MCS-51 单片机内部集成了并行接口、串行接口、定时计数器等接口电路。

2. 单片机通过接口与其他电路设备相联系，当这些接口电路的数量或功能不能满足系统要求时，需要进行 I/O 接口电路扩展。

3. 单片机常用扩展接口有可编程接口、显示/键盘接口、功率接口、数/模转换接口，串行接口等多种。

6.1 输入/输出接口概述

1. I/O 接口的作用

输入/输出（I/O）接口是 CPU 和外部设备间进行信息交换的桥梁。其作用主要是：

（1）实现总线与不同外设之间的速度匹配。

（2）改变数据格式。

（3）改变信号的电平形式、驱动能力。

2. I/O 端口的编址与寻址

I/O 端口是指接口电路中的寄存器或缓冲器，每个端口应该有一个地址，CPU 通过端口地址对端口中的信息进行读/写。

I/O 端口可以传递数据，称为数据端口；可以传递命令字，称为命令端口；还可以传递接口或外设状态，称为状态端口。

I/O 端口的地址有两种编址方式：独立编址和统一编址。MCS-51 单片机使用的是统一编址方式。所谓统一编址是 I/O 端口地址与外扩数据存储器地址使用同一地址空间。统一编址方式的主要特点是：没有独立的输入/输出指令，使用传递指令对端口进行访问；外设端口占用数据存储器空间。

MCS-51 单片机访问外扩 I/O 接口时，将地址送入 DPTR，使用 MOVX 指令完成对端口的输入/输出操作。

接口电路的地址码由地址总线的连接方式决定，若扩展数据存储器和接口电路较少，可以用线选法连接，将各个接口电路的片选端分别接到不同的地址线上；若外扩接口较多，则需要将地址线经译码器译码后，连接到接口电路的片选端。地址码的确定要保证该地址只能选中唯一的接口电路。

3．并行 I/O 接口扩展

MCS-51 单片机本身有 4 个 8 位并行 I/O 口，但这些 I/O 口不能完全提供给用户，当需要通过总线扩展存储器或接口电路时，能够供使用的 I/O 口只有 P1 口和 P3 口的部分引脚。因此，在实际应用中，大都需要扩展 I/O 口。

简单并行 I/O 口的扩展如下。在应用系统中，采用 TTL 电路或 CMOS 电路锁存器、三态缓冲器，可以实现简单 I/O 口的扩展。如图 6.1 所示给出了一个简单 I/O 口扩展实例。

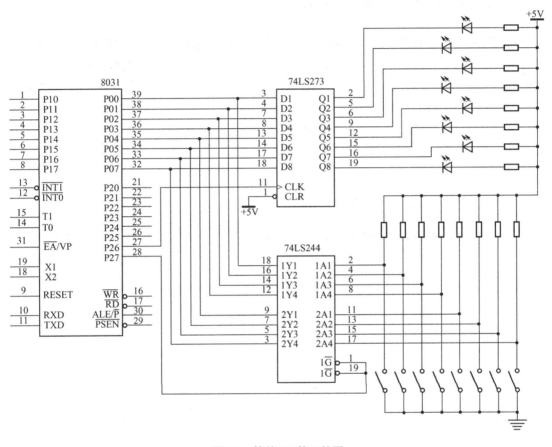

图 6.1　简单 I/O 接口扩展

图 6.1 中采用三态缓冲器 74LS244 作扩展输入口，将 74LS244 的输入端接 8 个开关用来输入数据。输入由地址引脚 P27 选通，74LS244 的地址为 7F00H。74LS244 将外部信息输入到总线。无键按下时，输入全都为 "1"，若某键按下，则该位对应输入为 "0"。

采用 8D 锁存器 74LS273 作扩展输出口，将 74LS273 的输出端接 8 个发光二极管 LED 用来显示数据。输出由地址引脚 P2.6 控制，74LS273 的地址为 0BF00H。输出控制着 LED。当某位输出 "0" 电平时，该位对应的 LED 发光。

图 6.1 有如下程序，电路功能实现了按下任意键，对应的 LED 发光。

```
LOOP:   MOV     DPTR，#7F00H     ；数据指针指向 74LS244 地址
        MOVX    A，@DPTR         ；从 74LS244 读入数据，检测按钮状态
```

```
MOV    DPTR，#0BF00H    ；数据指针指向 74LS273 地址
MOVX   @DPTR，A         ；向 74LS273 输出数据，驱动相应的 LED
SJMP   LOOP            ；循环
```

此例中 I/O 接口扩展数量不多，并采用线选法寻址。实际使用时 P27 还要和读信号（$\overline{RD}$）进行逻辑或非后，再加到芯片 74LS244 上。P26 也要和写控制信号（$\overline{WR}$）逻辑或非后才加到 74LS273 芯片上。

6.2　可编程接口芯片 8255A 的扩展

Intel8255A 是一种最常用的可编程接口芯片，它们是为微型计算机专门设计的一种通用并行接口，有很强的功能，能实现多种数据传递方式。下面介绍 Intel8255A 可编程接口芯片的结构、引脚功能，以及它的工作方式及初始化编程，并举例说明它的使用方法。8255A 可编程并行 I/O 口扩展芯片可以直接与 MCS-5l 系列单片机系统总线连接，它具有 3 个 8 位的并行 I/O 口，具有 3 种工作方式。通过编程能够方便地采用无条件传递、查询传递或中断传递方式，完成 CPU 与外围设备之间的信息交换。该芯片可作为单片机与并行外围设备连接时的接口电路。

1．8255A 的结构及引脚功能

（1）8255A 的结构。8255A 内部结构如图 6.2 所示，其中包括 3 个 8 位并行数据 I/O 端口，两个工作方式控制电路，一个读/写控制逻辑电路和一个 8 位数据总线缓冲器。各部分功能介绍如下：

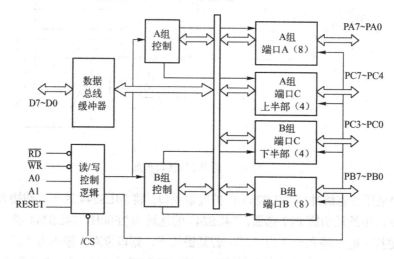

图 6.2　8255A 内部结构图

① 3 个 8 位并行 I/O 端口 A、B、C。

A 口：具有一个 8 位数据输出锁存/缓冲器和一个 8 位数据输入锁存器，可编程为 8 位输入，或 8 位输出，或 8 位双向寄存器。

B 口：具有一个 8 位数据输出锁存/缓冲器和一个 8 位数据输入缓冲器，可编程为 8 位输入或输出寄存器，但不能双向输入/输出。

C 口：具有一个 8 位数据输出锁存/缓冲器和一个 8 位数据输入缓冲器，C 口可分作两个
4 位口，用于输入或输出，也可作为 A 口和 B 口选通方式工作时
的状态控制信号。

② 工作方式控制电路。A、B 两组控制电路把三个端口分成
A、B 两组，A 组控制 A 口各位和 C 口高 4 位，B 组控制 B 口各
位和 C 口低 4 位。两组控制电路各有一个控制命令寄存器，用来
接收由 CPU 写入的控制字，以决定两组端口的工作方式。也可
根据控制字的要求对 C 口按位清"0"或置"1"。

③ 读/写控制逻辑电路。接收来自 CPU 的地址信号及一些控
制信号，控制各个口的工作状态。

④ 数据总线缓冲器。数据总线缓冲器是一个三态双向缓冲
器，用于和单片机系统的数据总线直接相连，以实现 CPU 和
8255A 之间信息的传递。

（2）引脚功能。8255A 为双列直插式 40 引脚封装芯片，如
图 6.3 所示。

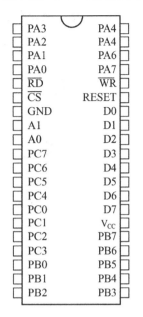

图 6.3　接口 8255A 引脚图

D7～D0——三态双向数据线，与单片机数据总线连接，用
来传递数据信息。

PA7～PA0、PB7～PB0 及 PC7～PC0——A 口、B 口及 C 口的输入/输出线。

$\overline{CS}$——片选信号线，低电平有效。

$\overline{RD}$——读出信号线，低电平有效，控制数据的读出。

$\overline{WR}$——写入信号线，低电平有效，控制数据的写入。

A1、A0——端口选择信号，用来寻址控制端口和 I/O 端口。

RESET——复位信号线（RST），高电平有效。有效时，控制寄存器的内容都被清零，3
个 I/O 端口都被置成输入方式。

V_{CC}、GND——+5V 电源、地线。

2．8255A 端口的寻址

一块 8255A 芯片内，A、B 两组控制电路各有一个控制寄存器，由 CPU 写入的控制字来
决定 3 个 I/O 端口的工作方式。两个控制寄存器一起构成控制端口，占用一个端口地址。同
时 8255A 芯片内有 A、B、C 三个 I/O 端口，各须占用一个端口地址。这 4 个端口地址用两
个 A1、A0 端口信号线选择，如下所示：

A1	A0	端口
0	0	A 口
0	1	B 口
1	0	C 口
1	1	控制口

在 8031 单片机应用系统中扩展 8255A 芯片时，其端口地址分配决定于 $\overline{CS}$、A1、A0 三
个引脚与地址总线的连接情况，改变连接形式，端口地址也随之改变。8051 扩展 8255A 可编
程接口芯片如图 6.4 所示。如图 6.4 中，片选信号 $\overline{CS}$ 及地址线 A1、A0 分别接至 8051 单片机

的 P2.7 和 P2.1、P2.0，8255A 的 A、B、C 口及控制口地址分别为 7C00H、7D00H、7E00H、7F00H。注意：地址不是唯一的。

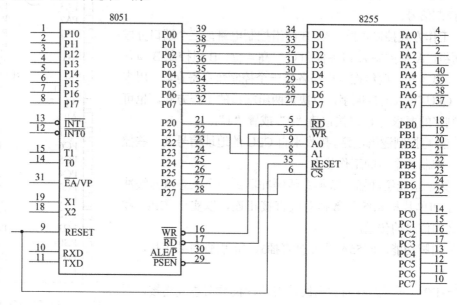

图 6.4 8051 扩展 8255A 可编程接口芯片

对地址计算和说明如下，对于存储器来说地址 X 位可为任意值。

A 口地址为：0XXX XX00 XXXX XXXXB，其中 X 为 0 或 1，都对电路没影响。

B 口地址为：0XXX XX01 XXXX XXXXB，当高 8 位的 X 看成 1，低 8 位看成 0。

C 口地址为：0XXX XX10 XXXX XXXXB。

3. 8255A 的工作方式及控制字

（1）8255A 的工作方式。8255A 有 3 种工作方式，即方式 0、方式 1、方式 2。

① 方式 0　基本输入/输出方式。在这种工作方式下，不需要任何选通信号，A 口、B 口及 C 口的两个 4 位口（C 口的高 4 位和低 4 位）都可以由程序设定为基本输入或输出。作为输出口时，输出数据被锁存；作为输入口时，输入数据不被锁存。按照方式 0 工作时，CPU 可以通过简单的传递指令对任意一个端口进行读/写。这样各端口就可以作为无条件输入/输出接口或查询式输入/输出接口。按查询方式工作时，A 口、B 口可以作为两个数据输入/输出端口，C 口低 4 位用做状态输入线，接收外围设备的状态。

② 方式 1　选通输入/输出方式。只有 A 口和 B 口可以选择这种工作方式。在这种工作方式下，A、B、C 三个口分为两组。A 组包括 A 口和 C 口的高 4 位。A 口可由编程设定为输入或输出口，C 口的高 4 位用做输入/输出操作的控制和联络信号；B 组包括 B 口和 C 口的低 4 位，B 口可由编程设定为输入或输出口，C 口的低 4 位，用作输入/输出操作的控制和联络信号。A 口和 B 口的输入数据或输出数据都被锁存。

③ 方式 2　双向输入/输出工作方式。只有 A 口可以选择这种工作方式。在这种工作方式下，A 口成为 8 位双向数据总线端口，既可以发送数据，又可以接收数据。C 口的 PC7～PC3 用来作为 A 口的联络信号。此时，B 口和 C 口剩下的 3 位 PC2～PC0 仍可选择

方式 0 或方式 1。

（2）8255A 的控制字。8255A 在投入工作前必须设定工作方式，工作方式由初始化程序对 8255A 的控制寄存器写入控制字来决定。控制字共有两种：工作方式控制字和 C 口的按位置位/复位控制字。

① 工作方式控制字。控制 A 口、B 口、C 口的工作方式的控制字。其格式如图 6.5 所示。其中 D7 是特征位，D7="1" 表示是工作方式控制字，D6～D3 用来定义 A 口和 C 口的高 4 位（即 A 组）的工作方式；D2～D0 用来定义 B 口和 C 口的低 4 位（即 B 组）的工作方式；在方式 1 或 2 时，D3 或 D0 只能定义 C 口中未用做联络线的各位是用做输入还是用做输出，而不会改变作为联络线的各位的固定作用。

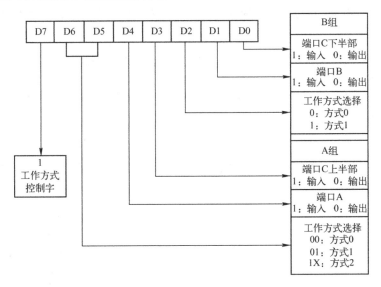

图 6.5　8255A 工作方式控制字格式

② C 口的按位置位/复位控制字。8255A 的 C 口各位可以按位操作，以实现某些控制功能。对控制寄存器写入一个置位/复位控制字，即可把 C 口的某一位置 "1" 或清 "0"，而不影响其他位的状态。该控制字的格式和定义，如图 6.6 所示。其中 D7 是特征位，D7="0" 表示是置位/复位控制字；D6～D4 未用，一般置成 000；D3～D1 用来确定对 C 口的哪一位进行置位/复位操作；D0 用于对由 D3～D1 确定的位进行置 "1" 或清 "0"。

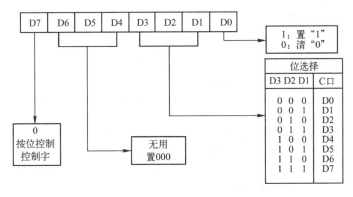

图 6.6　C 口按位置位/复位控制字的格式和定义

4. 8255A 应用举例

在实际的应用系统中，要根据外围设备的类型选择 8255A 的工作方式，并在初始化程序中把相应控制字写入控制端口。

用 MCS-51 单片机扩展 8255A 电路外接打印机。PA 口工作在基本输出方式接打印机 8 位数据线，作为打印数据输出。PC 口高 4 位工作在基本输入方式，PC4 接打印机 BUSY，以查询方式进行控制。PC 口低 4 位工作在基本输出方式，PC0 接打印机/STB，其时序如图 6.7 所示。可用按位置位/复位输出锁存脉冲。

（1）初始化。根据系统要求，PA 口以方式 0 输出，PC 口高 4 位以方式 0 输入，PC 口低 4 位以方式 0 输出，设 PB 口以方式 0 输入。相应工作方式控制字为 8AH。初始化程序如下：

```
MOV    DPTR, #7F00H    ; DPTR 指向控制寄存器地址
MOV    A, #8AH         ; A 中为工作方式控制字，可参见图 6.5 所示
MOVX   @DPTR, A        ; 工作方式控制字送控制寄存器
MOV    A, #01H         ; 置 PC0= "1"，可参见图 6.6 所示
MOVX   @DPTR, A        ; 完成置位
```

（2）打印子程序。当忙信号（BUSY）为 "0" 时打印机才能接收打印字符，所以要先查询 PC4，PC4= "0" 时，输出打印字符，然后在 PC0 输出锁存脉冲（STB）。其时序如图 6.7 所示，如图 6.8 所示是其程序流程图。

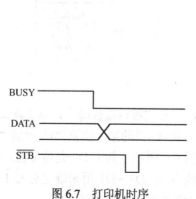

图 6.7 打印机时序

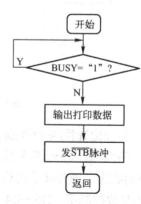

图 6.8 程序流程图

设待打印字符在寄存器 R2 中。打印子程序如下：

```
PRINT:  MOV    DPTR, #7E00H    ; DPTR 指向 C 口
LOOP:   MOVX   A, @DPTR        ; 等待 BUSY= "0"
        JB     ACC.4, LOOP
        MOV    A, R2           ; 取打印字符
        MOV    DPTR, #7C00H    ; DPTR 指向 A 口
        MOVX   @DPTR, A        ; 输出打印字符
        MOV    DPTR, #7F00H    ; DPTR 指向控制口
        MOV    A, #00H         ; 清 PC0= "0"
        MOVX   @DPTR, A
        MOV    A, #01H         ; 置 PC0= "1"
```

```
MOVX    @DPTR，A          ；完成/STB 信号
RET
```

6.3 键盘、显示接口

键盘、LED 显示是小型应用系统最常用的人-机接口。键盘用于向系统中输入参数或命令，8 段 LED 数码显示器用来显示系统状态或过程参数。这种人-机接口成本低，配置灵活，接口方便。

6.3.1 按钮开关与单片机的接口

按钮开关输入的是电平变化信号，通常变化速率不高，按一下开关闭合一次，输入一个信号。它可以用并行接口，通过查询方式进行检测。实际应用中开关多是机械接点开关，在闭合和断开瞬间会有机械抖动，故须考虑去抖动措施。

如图 6.9 所示是通过 P2 口外接 4 个按钮开关的电路，开关闭合时，相应位输入为"0"；断开时，输入为"1"。由于 P1、P2、P3 口内部都有上拉电阻，所以开关接在 P1、P2、P3 口上的电路都相同，若用 P0 口接开关，则需要接上拉电阻。

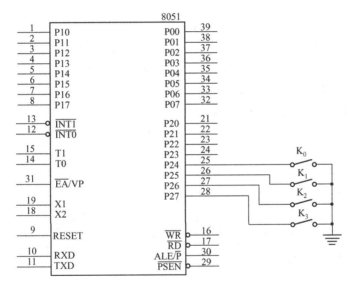

图 6.9 开关接口电路

在程序中采用延时的方法消除按钮开关闭合、断开时抖动的影响，DELAY 是一段 20ms 延时子程序。为保证按一下按钮处理一次，在程序中还要判断按钮是否释放，否则由于单片机执行程序比手按键的速度快得多，按一次键会产生多次处理。

按钮开关处理程序如下：

```
MOV     A，P2          ；判断有无键按下
ANL     A，#0F0H
XRL     A，#0F0H
JZ      KEYR          ；无键按下转移
ACALL   DELAY         ；延时去抖动
MOV     B，P2          ；读 P2 口状态
```

```
LOOP:   MOV     A，P2        ；判断键释放
        ANL     A，#0F0H
        XRL     A，#0F0H
        JNZ     LOOP        ；键未释放循环等待
        JNB     B.4，KEY1    ；转按钮 1 处理
        JNB     B.5，KEY2    ；转按钮 2 处理
        JNB     B.6，KEY3    ；转按钮 3 处理
        JNB     B.7，KEY4    ；转按钮 4 处理
        ACALL   DELAY       ；延时去抖动
KEYR:   ……                 ；后续程序
```

6.3.2 矩阵键盘与单片机的接口

若按键开关数量多，用按钮开关接口占用并行接口位太多，常见的是将许多按键开关组合在一起、组成一个键盘矩阵。例如，4×4 键盘组成 16 个按键，接成 4 行、4 列，在每个行、列交叉处跨接一个按键，只需要占用 8 位接口线。

1．键盘工作原理

按键组合成键盘后常排列成矩阵的形式，称为矩阵式键盘或行列式键盘。首先查看键盘中有无按键按下，先对各行线都送以低电平，如读回各列线的电平值仍为全"1"，说明无按键按下；如非全"1"，则说明已有按键按下。延时去抖动后再判定是哪个按键被按下，判定按键位置可以采用逐行扫描法或行列反转法。用逐行扫描法或行列反转法得到的是按键的位置码，通常还要用查表法将其转换成键值。

2．键盘应用示例

4×4 键盘矩阵，如图 6.10 所示。在图 6.10 中，用 P1 口接一个 4×4 键盘。设：S0～S9 为数字键，键值为 0～9，用于向单片机系统输入数据；S10～S15 为命令键，键值为 A～F，用于对计算机系统送操作命令；每键只有 1 个功能；行线接 P1 口的高 4 位；列线接 P1 口的低 4 位。

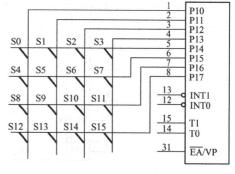

图 6.10 4×4 键盘矩阵

（1）键盘扫描子程序。键盘扫描子程序如下：

```
KEY:    MOV     A，#0F0H
        MOV     P1，A
        XRL     A，P1
        JZ      KEYR        ；无键按下返回
        ACALL       DELAY   ；延时去抖动
        MOV     30H，P1      ；读闭合键行位置
        MOV     P1，#0FH     ；反转
        MOV     A，P1        ；读闭合键列位置
        ORL     30H，A       ；合成键盘位置码
LOOP:   MOV     A，P1        ；等待键释放
        XRL     A，#0FH
```

```
                JNZ     LOOP
                ACALL   DELAY           ；延时去抖动
        KEYR:   RET
```

（2）键值转换。键盘矩阵中各键的位置码的特点是：对应该键行、列的位为"0"，其他各位均为"1"。例如，S7 键的位置码是：11010111B=0D7H；S12 键的位置码是：01111110B=7EH。将各键的位置码顺序排列成键值表，用查表法进行键值转换。

键值转换子程序如下：

```
        TRAN:   MOV     DPTR，#KEYTAB        ；DPTR 指向键值表
                MOV     R2，#0               ；键值初值送 R2
                MOV     R3，#10H             ；循环次数送 R3
        LOOPT:  MOV     A，R2
                MOVC    A，@A+DPTR           ；读键值表
                XRL     A，30H               ；与位置码比较
                JZ      KTR                 ；相等返回，键值在 R2 中
                INC     R2                  ；键值+1
                DJNZ    R3，LOOPT
        KTR:    RET                         ；若返回时 R2=10H 为错
        KEYTAB: DB      0EEH，0EDH，0EBH，0E7H   ；键值表
                DB      0DEH，0DDH，0DBH，0D7H
                DB      0BEH，0BDH，0BBH，0B7H
                DB      7EH，7DH，7BH，77H
```

6.3.3 LED 显示器与单片机的接口

单片机应用系统常用的显示器件是 LED 发光二极管和 8 段 LED 数码管，前者多用于信号或状态指示；后者可用于数据显示。

1．LED 发光二极管与单片机的接口

如图 6.11 所示是 LED 发光二极管的接口电路应用示例。对于 89C51 这样的芯片，1 位并行口输出低电平可以吸收10mA 的电流，足以驱动 LED 发光二极管，所以不用再加驱动器。但应注意一个并行口的总驱动能力不大于 15mA。若一个 LED 发光二极管驱动电流取 5mA，同时驱动的 LED 发光二极管不能超过三个。

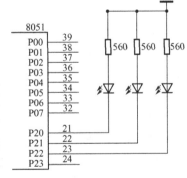

图 6.11 LED 发光二极管的接口电路应用示例

可以用位处理指令 CLR P2.X 点亮对应的 LED；用位处理指令 SETB P2.X 熄灭对应的 LED。

2．8 段 LED 数码管与单片机的接口

（1）LED 数码管。LED 数码管有共阴极管和共阳极管两种，其内部电路如图 6.12 所示，图 6.12（a）所示为共阴极 8 段 LED 数码管，图 6.12（b）所示为共阳极 8 段 LED 数码管。

（2）LED 数码管驱动电路。如图 6.13 所示电路是用 P0 口作字型码输出笔画信息，经74HC244 驱动共阴 8 段 LED 数码管的阳极；P2.0~P2.3 经 7406 反向驱动 4 个 8 段 LED 数码

管的阴极，作字位选择。单片机采用扫描的方法控制。

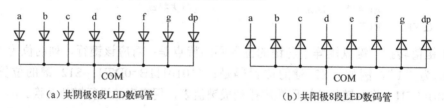

（a）共阴极8段LED数码管　　　　　　　　　（b）共阳极8段LED数码管

图 6.12　8 段 LED 数码管内部结构

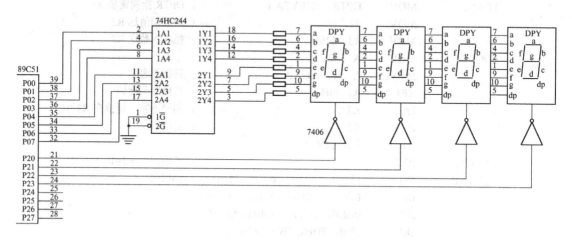

图 6.13　LED 数码管扫描驱动电路

（3）字型码转换。字型码是根据显示数字时，显示的笔段位置与相应发光二极管连接关系做出来的。将各数字的字型码构成一个表格预存储于内存，根据要显示的数字执行一段查表程序，查得相应笔划信息再送数码管显示。字型码表中数字的字型代码分别为：

0　　　1　　　2　　　3　　　4　　　5　　　6　　　7　　　8　　　9

0C0H，0F9H，0A4H，0B0H，99H，92H，82H，0F8H，80H，90H

（4）动态扫描驱动。动态扫描各数码管是轮流点亮的，每个数码管点亮 1ms，由于人的视觉暂留，看上去像同时亮着。控制数码管点亮的位选信号是依次逐一送出的，每个数码管应显示数码的字型码与其位选信号同时送出，于是各管将按序显示各自的数码字符。如此循环往复不已。

（5）显示子程序。在内部 RAM 的 30H～33H 设立显示缓冲区，30H 对应最高位，缓冲区中一个单元存一位 BCD 码。DELAY1 为 1ms 延时子程序。循环调用显示子程序，可以在 4 位 LED 数码管上稳定显示缓冲区中的 BCD 码。其显示子程序如下：

```
DISP:   MOV    DPTR，#TAB        ; DPTR 指向字型码表
        MOV    R0，#30H          ; R0 指向显示缓冲区
        MOV    R2，#4            ; 显示位数送入 R2
        MOV    R3，#01H          ; 显示字符位置送入 R3
LOOPD:  MOV    A，@R0            ; 取待显示字符 BCD 码
        MOVC   A，@A+DPTR        ; 查表，转换为字型码
        MOV    P0，A             ; 送显示字符字型码
        MOV    A，R3             ; 送显示字符位选信号
```

CPL	A		；共阳数码，7406 取反
MOV	P2，A		
RL	A		；字符位选信号左移 1 位
MOV	R3，A		
INC	R0		；调整显示缓冲区指针
ACALL	DELAY1		；延时 1ms
DJNZ	R2，LOOPD		；循环显示
RET			
TAB:	DB	0C0H，0F9H，0A4H，0B0H，99H	；字型码表
	DB	92H，82H，0F8H，80H，90H	

6.3.4 zlg7289A LED 数码管及键盘控制器

zlg7289A 是具有串行接口的 LED 数码管及键盘控制器，可以驱动 8 个 8 段共阴极 LED 数码管，连接 8×8 键盘矩阵，其内部带有译码器，可接受 BCD 码或十六进制数，能用命令控制消隐，左移，右移和段寻址。

1．引脚功能

zlg7289A 引脚如图 6.14 所示。

V_{CC}——+5V 电源

NC——空脚

GND——地线

/CS——片选，低电平有效

CLK——串行接口同步时钟，上升沿时数据有效

DIO——串行接口数据输入/输出，接收指令时为输入端；读取键盘数据时为输出端

/KEY——按键有效，有键按下为"0"并保持到按键释放

SG～SA——LED 数码管 g 段至 a 段驱动输出

DP——小数点驱动输出

DIG0～DIG7——数码管 0 至数码管 7 驱动输出

RC、CLKO——振荡器输入/输出端，时钟输入端

/RST——复位

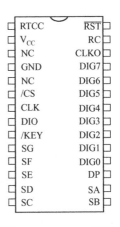

图 6.14　zlg7289A 引脚

2．串行接口

zlg7289A 采用串行方式与单片机接口，在/CS 为低电平时，串行指令和数据从 DATA 端送入，与 CLK 信号同步，在 CLK 信号上升存入缓冲寄存器。指令、数据的传递顺序都是高位在前。

读键盘要先发出读键盘指令，随后的一个字节，从 zlg7289A 中读出键盘代码。

zlg7289A 串口的传递时序，如图 6.15 所示。

3．控制指令

zlg7289A 指令有两类：不带数据的指令，占一个字节；带数据的指令，占两个字节，前一字节为指令，后一字节为数据。

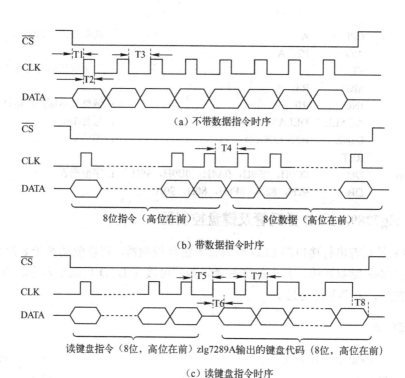

（a）不带数据指令时序

8位指令（高位在前）　　　　　8位数据（高位在前）

（b）带数据指令时序

读键盘指令（8位，高位在前）zlg7289A输出的键盘代码（8位，高位在前）

（c）读键盘指令时序

注：图中 T1≤50μs；T4、T5≤25μs；T2、T3、T6、T7≤8μs；T8<5μs

图 6.15　zlg7289A 串口的传递时序

指令代码功能和有关说明如表 6.1 所示。

表 6.1　zlg7289A 指令代码功能和有关说明

类　　　型	代　　码	功　　能	说　　明
不带数据	0A0H	右移指令	左、右移，最后一位为 0；循环移位移出位到另一端；闪烁、消隐、属性等随位移动
	0A1H	左移指令	
	0A2H	循环右移	
	0A3H	循环左移	
	0A4H	复位	消除所有显示及闪烁消隐属性
	0DFH	测试	所有数码管点亮并闪烁
带数据	80~87H	下载数据方式 0 译码	代码字节低 3 位对应 d1~d8 位，数据字节 D7 位控制小数点；数据字节低 4 位为 BCD（方式 0）或十六进制数（方式 1）；不译码时数据字节为 DP、A、B、C、D、E、F、G
	0C8H~0CFH	下载数据方式 1 译码	
	090A~097H	下载数据方式不译码	
	88H	闪烁	数据字节为 D0~D7 对应 d1~d8
	98H	消隐	
	0C0H	段关闭	数据字节为 00~3FH 对应 d1 的 G 段~d8 的 DP 段
	0EH	段点亮	
	15H	读键盘	数据字节为读出键盘代码

4．zlg7289A 的应用

zlg7289A 的典型应用电路如图 6.16 所示。

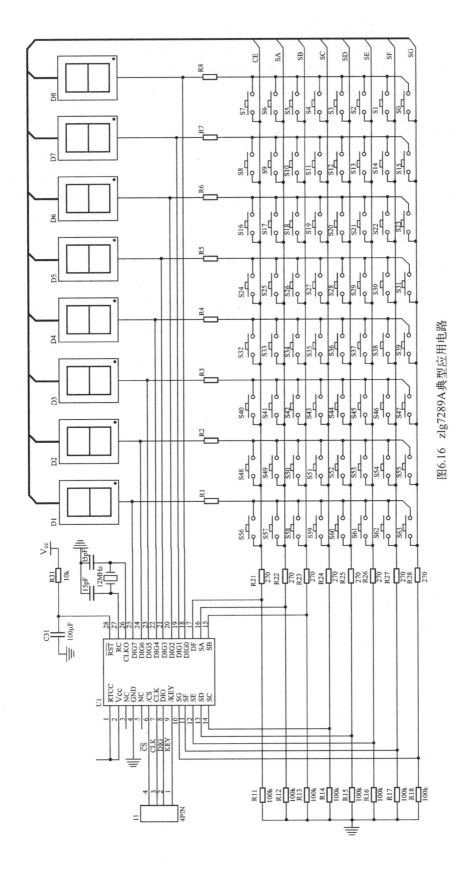

图6.16 zlg7289A典型应用电路

zlg7289A 应连接共阴式数码管，在实际应用中，无需用到的数码管和键盘可以不连接，省去数码管和对数码管设置消隐属性均不会影响键盘的使用。

如果不用键盘，则典型电路中连接到键盘的 8 只 10kΩ电阻和 100kΩ下拉电阻均可以省去。除非不接数码管，否则串入 DP 及 SA～SG 连线的 8 只电阻均不能省去。

在实际应用中，8 只下拉电阻和 8 只键盘连接位选线 DIG0～DIG7 的 8 只电阻（位选电阻），应遵循一定的比例关系，典型值为 10 倍。

下拉电阻的取值范围是（10～100)kΩ，位选电阻的取值范围是（1～10)kΩ。在不影响显示的前提下，下拉电阻应尽可能地取较小的值，这样可以提高键盘部分的抗干扰能力。

zlg7289A 需要一外接晶体振荡电路供系统工作。其典型值分别为 F=16MHz，C=15pF。

zlg7289A 的 RESET 复位端在一般应用情况下，可以直接和 Vcc 相连，在需要较高可靠性的情况下，可以连接一外部复位电路，或直接由单片机控制。在上电或 RESET 端由低电平变为高电平后，zlg7289A 大约要经过 18～25ms 的时间才会进入正常工作状态。

上电后，所有的显示均为空。所有显示位的显示属性均为"显示"及"不闪烁"。当有键按下时，KEY 引脚输出低电平，此时如果接收到"读键盘"指令，zlg7289A 将输出所按下键的代码。如果在没有按键的情况下收到"读键盘"指令，zlg7289A 将输出 0FFH。

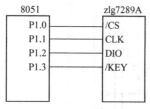

图 6.17 zlg7289A 与 8051
单片机接口电路

5. zlg7289A 与 MCS-51 单片机的接口

zlg7289A 与 51 单片机接口电路如图 6.17 所示。用 P1 口连接 zlg7289A 串行口，按照 zlg7289A 接口时序编写传递程序。P1.3 接 /KEY，在程序中用查询方式判断有无键按下；也可以接 INT0，用中断方式读取键盘。

6. 驱动程序

程序中调用的子程序 DS10 为 10μs 延时程序；DS50 为 50μs 延时程序。待发送的指令或数据在 A 中。

字节传递子程序如下：

```
SEND:    MOV    R2, #08H        ；发送 8 位
         ACALL  DS50            ；延时 50μs
SENDLP:  RLC    A
         MOV    P1.2, C
         NOP
         NOP
         SETB   P1.1            ；发时钟脉冲上沿、CLK
         ACALL  DS10            ；延时 10μs
         CLR    CLK             ；发时钟脉冲下沿，P1.1
         ACALL  DS10            ；延时 10μs
         DJNZ   R2, SENDLP
         CLR    P1.2
         RET
```

读键盘代码子程序如下：

```
KEY:      MOV      R2，#8        ; 接收 8 位
          SETB     P1.2
          ACALL    DS50         ; 延时 50μs
KEYLP:    SETB     P1.1         ; 发时钟脉冲上沿
          ACALL    DS10         ; 延时 10μs
          MOV      C，P1.2      ; 接收数据位
          RLC      A            ; 移入累加器
          CLR      P1.1         ; 发时钟脉冲下沿
          ACALL    DS10         ; 调用 10μs 延时程序
          DJNZ     R2，KEYLP
          CLR      P1.2
          RET
```

6.3.5　点阵图形液晶显示模块接口

液晶显示器以其工作电压低，体积小，微功耗等优点，在便携式仪表和低功耗系统中得到越来越广的应用。

液晶显示模块是将液晶显示器件与控制，驱动电路和 PCB 板装配在一起的组件，带有串行接口或并行接口，可以直接与单片机连接。

液晶显示模块按显示图形和控制方式，分为笔段式液晶显示模块、点阵字符型液晶显示模块和点阵图形液晶显示模块。点阵图形液晶显示模块可以控制图形点阵中任一点的显示状态，显示出字符、汉字、图形。下面以 HD61202U 液晶显示驱动控制器控制的 128×64 点阵图形液晶显示为例，分析液晶显示与单片机的接口。

HD61202U 是带显示存储器的图形液晶显示列驱动控制器。它的特点是内置 64×64 位的显示存储器，显示屏上各像素点的显示状态与显示存储器的各位数据一一对应，显示存储器的数据直接作为图形显示的驱动信号。显示数据为"1"，相应的像素点显示；显示数据为"0"，相应的像素点不显示。

HD61202U 不能独立工作，需要与带振荡器和显示时序发生器的行驱动器 HD61203U 配套才能形成完整的液晶驱动和控制系统。内置 HD61202U 图形液晶显示模块的驱动和控制系统是由一片 HD61203U 作为 64 路行驱动器，两片 HD61202U 组成 128 点列的列驱动器组。所以内置 HD61202U 图形液晶显示模块的电路特性实际上是 HD61203U 和 HD61202U 组合的电路特性。

1．HD61202U 液晶显示模块接口

模块对外提供 16 脚的接口，HD61202U 液晶显示模块接口引脚定义如表 6.2 所示。

表 6.2　HD61202U 液晶显示模块接口引脚定义

序　号	符　号	状　态	功　能
1	/CSA	输入	片选 A
2	/CSB	输入	片选 B
3	GND	—	电源地
4	V_{CC}	—	逻辑电源正
5	V_0	—	液晶显示驱动电源

序　号	符　号	状　态	功　能
6	D/I	输入	寄存器选择信号
7	R/W	输入	读/写选择信号
8	E	输入	使能信号
9	DB0	三态	数据总线（最低位）
10	DB1	三态	数据总线
11	DB2	三态	数据总线
12	DB3	三态	数据总线
13	DB4	三态	数据总线
14	DB5	三态	数据总线
15	DB6	三态	数据总线
16	DB7	三态	数据总线（最高位）

注：/CSA="0" /CSB="1" 选中液晶显示模块左区。

/CSA="1" /CSB="0" 选中液晶显示模块右区。

2．HD61202U 液晶显示模块指令

HD61202U 一共有 7 条指令，从作用上可分为两类。第一条和第二条指令为显示状态设置类；其余指令为数据读/写操作指令。下面详细解释各个指令的功能。

（1）读状态字。读状态字指令格式如下：

BUSY	0	ON/OFF	RESET	0	0	0	0

状态字是计算机了解 HD61202U 当前状态，或是 HD61202U 向计算机提供其内部状态的唯一的信息渠道。状态字为一个字节，其中仅有 3 位有效位，它们是：

① BUSY 表示当前 HD61202U 接口控制电路运行状态。"BUSY=1"表示 HD61202U 正在处理计算机发来的指令或数据。此时接口电路被封锁，不能接受除读状态字以外的任何操作。"BUSY=0"表示 HD61202U 接口控制电路已处于"准备好"状态，等待计算机的访问。

② ON/OFF 表示当前的显示状态。"ON/OFF=1"表示关显示状态，"ON/OFF=0"表示开显示状态。

③ RESET 表示当前 HD61202U 的工作状态，即反映 RESET 端的电平状态。当 RESET 为低电平状态时，HD61202U 处于复位工作状态，即"RESET=1"。当 RESET 为高电平状态时，HD61202U 为正常工作状态，即"RESET=0"。

在指令设置和数据读/写时要注意状态字中的 BUSY 标志。只有在"BUSY=0"时，计算机对 HD61202U 的操作才能有效。因此计算机在每次对 HD61202U 操作之前，都要读出状态字判断 BUSY 是否为"0"。若不为"0"，则计算机需要等待，直至"BUSY=0"为止。

（2）显示开关设置。显示开关设置指令格式如下：

0	0	1	1	1	1	1	D

该指令设置显示开/关触发器的状态，由此控制显示数据锁存器的工作方式，从而控制显示屏上的显示状态。D 位为显示开/关的控制位。当"D=1"为开显示设置，显示数据锁存器正常工作，显示屏上呈现所需的显示效果。此时在状态字中"ON/OFF=0"。当"D=0"为关

显示设置，显示数据锁存器被置零，显示屏呈不显示状态，但显示存储器并没有被破坏，在状态字中"ON/OFF=1"。

（3）显示起始行设置。显示起始行设置指令格式如下：

1	1	L5	L4	L3	L2	L1	L0

该指令设置了显示起始行寄存器的内容。HD61202U 有 64 行显示的管理能力，该指令中 L5～L0 为显示起始行的地址，取值在 0～3FH（1～64 行）范围内，它规定了显示屏上最顶一行所对应的显示存储器的行地址。如果定时地、间隔地、等间距地修改（如加 1 或减 1）显示起始行寄存器的内容，则显示屏将呈现显示内容向上或向下平滑滚动的显示效果。

（4）页面地址设置。页面地址设置指令格式如下：

1	0	1	1	1	P2	P1	P0

该指令设置了页面地址——X 地址寄存器的内容。HD61202U 将显示存储器分成 8 页，指令代码中 P2～P0 就是要确定当前所要选择的页面地址，取值范围为 0～7H，代表第 1～8 页。该指令规定了以后的读/写操作将在哪一个页面上进行。

（5）列地址设置。列地址设置指令格式如下：

0	1	C5	C4	C3	C2	C1	C0

该指令设置了 Y 地址计数器的内容，C5～C0 取值在 0～3FH（1～64）代表某一页面上的某一单元地址，随后的一次读或写数据将在这个单元上进行。Y 地址计数器具有自动加 1 功能，在每一次读/写数据后它将自动加 1，所以在连续进行读/写数据时，Y 地址计数器不必每次都设置一次。

页面地址的设置和列地址的设置将显示存储器单元唯一地确定下来，为后来的显示数据的读/写做了地址的选通。

（6）写显示数据。写显示数据指令格式如下：

该操作将 8 位数据写入先前已确定的显示存储器的单元内。操作完成后列地址计数器自动加 1。

（7）读显示数据。读显示数据指令格式如下：

数	据

该操作将 HD61202U 接口部的输出寄存器内容读出，然后列地址计数器自动加 1。

3．HD61202U 液晶显示模块与单片机的接口

液晶显示模块与单片机的接口有直接访问方式和间接控制方式两种，直接访问方式是把液晶显示模块作为存储器或 I/O 接口直接挂在单片机的总线上，液晶显示模块的数据线接到单片机数据总线上、片选及寄存器选择信号由单片机地址总线提供，读/写操作由单片机读/写控制信号提供。

间接控制方式是将液晶显示模块接口与单片机并行 I/O 口连接，单片机通过对并行 I/O 口的操作，间接实现对液晶显示模块的控制，此时须有一个 8 位并行 I/O 口接液晶显示模块的数据线，另有 4 位并口 I/O 线接 E、I/O、R/W 和 CS。这种方式的特点是电路简单，控制时序由软件实现，可以很方便地实现单片机与液晶显示模块的接口。

如图 6.18 所示是 51 单片机以间接控制方式实现的液晶显示模块接口电路。在电路中以 51 单片机的 P1 口作为数据口，P3.0 为/CSA，P3.1 为/CSB，P3.2 为 D/I，P3.3 为 R/W，P3.4 为 E 等信号。电位器用于显示对比度的调节。

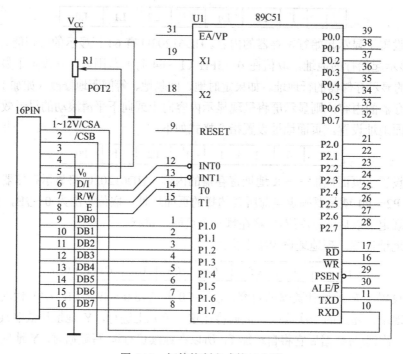

图 6.18　间接控制方式接口电路

4．液晶显示模块控制程序

液晶显示模块控制程序流程图如图 6.19 所示。在应用 128×64 的液晶显示模块时，显示屏被分为左右两个区，驱动子程序分为左区和右区的驱动子程序。下面以左区驱动子程序为例。右区驱动子程序与左区驱动子程序仅在片选信号上有所不同。

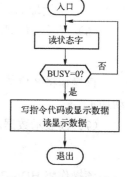

图 6.19　液晶显示模块
控制程序流程图

CSA	EQU	P3.0	；片选/CSA
CSB	EQU	P3.1	；片选/CSB
D/I	EQU	P3.2	；寄存器选择信号
R/W	EQU	P3.3	；读/写选择信号
E	EQU	P3.4	；使能信号

（1）左区写指令代码子程序如下：

PRM0:	CLR	CSA	；片选设置为"01"
	SETB	CSB	；
	CLR	D/I	；D/I=0
	SETB	R/W	；R/W=1
PRM01:	MOV	P1，#0FFH	；P1 口置"1"
	SETB	E	；E=1
	MOV	A，P1	；读状态字

```
        CLR     E                   ；E=0
        JB      ACC.7，PRM01        ；若"忙"标志为"1"再读
        CLR     R/W                 ；R/W=0
        MOV     P1，COM             ；写指令代码
        SETB    E                   ；E=1
        CLR     E                   ；E=0
        RET
```

（2）左区写显示数据子程序如下：

```
PRM1:   CLR     CSA                 ；片选设置为"01"
        SETB    CSB                 ；
        CLR     D/I                 ；D/I=0
        SETB    R/W                 ；R/W=1
PRM11:  MOV     P1，#0FFH           ；P1 口置"1"
        SETB    E                   ；E=1
        MOV     A，P1               ；读状态字
        CLR     E                   ；E=0
        JB      ACC.7，PRM11        ；若"忙"标志为"1"再读
        SETB    D/I                 ；D/I=1
        CLR     R/W                 ；R/W=0
        MOV     P1，DAT             ；写数据
        SETB    E                   ；E=1
        CLR     E                   ；E=0
        RET
```

（3）左区读显示数据子程序如下：

```
PRM2:   CLR     CSA                 ；片选设置为"01"
        SETB    CSB                 ；
        CLR     D/I                 ；D/I=0
        SETB    R/W                 ；R/W=1
PRM21:  MOV     P1，#0FFH           ；P1 口置"1"
        SETB    E                   ；E=1
        MOV     A，P1               ；读状态字
        CLR     E                   ；E=0
        JB      ACC.7，PRM21        ；若"忙"标志为"1"再读
        SETB    D/I                 ；D/I=1
        MOV     P1，#0FFH           ；P1 口置"0"
        SETB    E                   ；E=1
        MOV     DAT，P1             ；读数据
        CLR     E                   ；E=0
        RET
```

程序中 COM 为命令字，DAT 为数据存储单元。

6.4 单片机功率接口

在由单片机组成的工业控制系统中需要推动一些功率很大的交直流负载，其工作电压高，工作电流大，还常常会引入各种现场干扰。为保证单片机系统安全可靠地运行，在设计

功率接口时要仔细考虑驱动和隔离的方案。低压直流负载可以采用功率晶体管驱动，高压直流负载和交流负载常采用继电器驱动，交流负载也可以用双向晶闸管或固体继电器驱动。常用的隔离可采用光电耦合器或继电器，隔离时一定要注意，单片机用一组电源，外围器件用另一组电源，两者间从电路上要完全隔离。

6.4.1 功率晶体管接口

1. 晶体管驱动继电器

如图 6.20 所示是直接使用并行口 P2 的一位，经晶体管驱动继电器。单片机输出"1"电平时，晶体管导通，继电器线圈流过电流，触点吸合。单片机输出"0"电平时，晶体管截止，继电器线圈没有电流，触点释放。单片机输出"1"电平时的驱动电流大约 100μA，晶体管电流放大倍数不够大会使晶体管达不到饱和，这时应采用达林顿管接法或在晶体管基极与+5V 之间接上拉电阻。

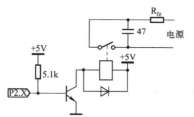

图 6.20　晶体管驱动继电器电路

继电器线圈两端并接的二极管起续流作用，目的是在晶体管关断瞬间，给继电器线圈提供释放磁场能量的回路，保护晶体管的安全。为防止继电器接点断开时产生火花，干扰单片机系统，还要在继电器接点两端并接电容。

2. 晶体管阵列

当需要多路晶体管驱动输出时，可选用集成晶体管阵列，以简化电路，降低成本。如图 6.21 所示是 7 路晶体管阵列 MC1413 的内部电路结构和引脚图。

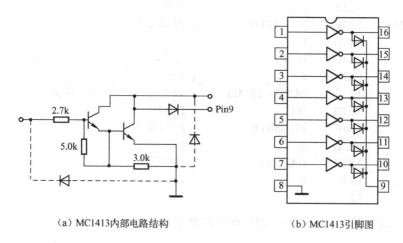

（a）MC1413内部电路结构　　　　　　（b）MC1413引脚图

图 6.21　MC1413 的内部电路结构和引脚图

MC1413 中每一路达林顿晶体管可提供 500mA 驱动电流，集电极电压可达 50V。每一路晶体管均带有续流二极管，用于带感性负载时保护晶体管。

6.4.2　光电耦合器隔离

1. 光电耦合器

光电耦合器是将发光器件和光敏器件集成在一起，通过光线实现耦合，构成的电—光—电转换器件。如图 6.22 所示是常用的光电耦合器电路符号。

当发光二极管中流过电流时，发光二极管发光，光敏三极管在光线激励下饱和导通。发光二极管中没有电流时，光敏三极管截止。

图 6.22　光电耦合器电路符号

光电耦合器的发光部分和受光部分间没有电的联系，具有很高的绝缘电阻，可承受 2000V 以上的高压，并能避免输出端对输入端的电磁干扰。普通光电耦合器的传输速率在 10kHz 左右，高速光电耦合器的传输速率超过 1MHz。实际使用中光电耦合器输入侧的发光二极管的驱动电流取 10～20mA，输出侧的光敏三极管的耐压大于 30V。

2. 光电隔离电路

光电耦合电路可以用在开关量或脉冲信号的输入隔离和输出隔离。使用时要注意信号传递的逻辑关系。图 6.23 与图 6.24 所示分别是输入隔离电路和输出隔离电路。

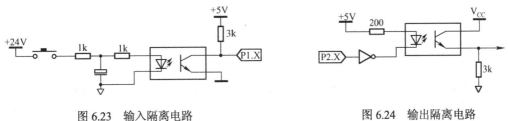

图 6.23　输入隔离电路　　　　　　　　图 6.24　输出隔离电路

图 6.23 所示输入隔离电路中的按钮按下，+24V 电源经限流电阻，发光二极管形成回路，发光二极管发光，光敏三极管饱和导通，输出逻辑"0"；按钮放开，发光二极管中无电流，光敏三极管截止，输出逻辑"1"。电解电容的作用是消除按键抖动。

在如图 6.24 所示的输出隔离电路中，单片机输出"1"电平，经反相器反相，发光二极管中流过电流，发光二极管发光，光敏三极管饱和导通，输出逻辑"1"；单片机输出"0"电平，经反相器反相，发光二极管中无电流，发光二极管不发光，光敏三极管截止，输出逻辑"0"。在两个电路中，改变光敏三极管所接电阻的位置，可以改变对应逻辑关系。

6.4.3　双向晶闸管接口

用单片机控制工频交流电，最方便的是采用双向晶闸管。为避免晶闸管导通瞬间产生的冲击电流所带来的干扰和对电源的影响，可以采用过零触发的方式。如图 6.25 所示是利用过零触发带光电隔离的双向晶闸管 MOC3061，触发大容量双向晶闸管的电路。

MOC3061 是输出端为双向晶闸管的光电耦合器，其内部带有过零检测电路，输入端发光二极管发光后，只有主回路正弦电压过零时双向晶闸管才导通。MOC3061 输出端额定电

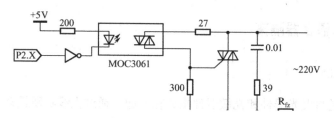

图 6.25　过零触发双向晶闸管触发电路

压 600V，最大重复浪涌电流 1A，最大电压上升率大于 1000V/μs，输入输出隔离电压大于 7500V。输入控制电流 15mA。

单片机输出"1"电平，经反相器反相，发光二极管中流过电流，发光二极管发光，当主回路正弦电压过零时，MOC3061 内部双向晶闸管导通，经 27Ω电阻向外接双向晶闸管提供触发电流使其导通。单片机输出"0"电平，发光二极管中无电流，发光二极管不再发光，当双向晶闸管内电流过零后阻断。双向晶闸管两端接的阻容电路是保护双向晶闸管的。使用双向晶闸管控制交流电压时要注意，双向晶闸管的漏电流较大。

6.5　A/D、D/A 转换器接口

在自动控制系统中，通常被控信号是由传感器检测得到的模拟电量，其信号幅值随时间连续变化。而单片机只能处理数字信号或脉冲信号。因此，在单片机控制系统中，经常需要用到 A/D 和 D/A 转换器。

6.5.1　D/A 转换器接口

D/A 转换器（DAC）是能把数字量转换成模拟量的器件。D/A 转换器可以直接从单片机接收数字量，并转换成与输入数字量成正比的模拟量，以推动执行机构动作，实现对被控对象的控制。DAC 按可转换的数字量位数，可分为 8 位、10 位、12 位等；按接口的数据传递格式，可分为并行和串行两种。

1. D/A 转换器的性能指标

DAC 的性能指标是选用 DAC 芯片型号的依据，也是衡量芯片质量的重要参数。DAC 性能指标有很多，主要有以下四个：

（1）分辨。分辨率是指 DAC 最低一位数字量变化引起模拟量幅度的变化量，取决于输入数字量的二进制位数，用 LSB 表示。一个 n 位的 DAC 所能分辨的最小电压增量，定义为满量程值的 $1/2^n$。例如：满量程为 5V 的 8 位 DAC 芯片的分辨率为 $5V/2^8$=19.5mV；而同样量程的 10 位 DAC 的分辨率为 $10V/2^{10}$=4.9 mV。

（2）满度误差。满度误差是指 DAC 输入数字量为全"1"时，DAC 的实际模拟输出值和理论值的偏差。通常，DAC 的满度误差为分辨率的一半，即为 1/2LSB。

（3）线性度。线性度是指 DAC 的实际转换特性曲线和理想直线之间的最大偏差。通常，线性度不应超出±1/2LSB。

（4）转换时间。转换时间是指完成一次 DA 转换所需要的时间。

2. DAC0832

DAC0832 是一种常用的 DAC 芯片，是美国国家半导体公司（NS）研制的 DAC0830 系列 DAC 芯片的一种，其主要特点如下：

- 8 位分辨率，可以很方便地与 MCS-51 单片机接口。
- 片内两级缓冲，可实现双缓冲、单缓冲和直通三种工作方式。
- 电流型输出，外接运算放大器可提供电压输出。
- DIP20 封装，单一电源（5～15V）。

（1）DAC0832 内部结构。DAC0832 内部由三部分电路组成，如图 6.26 所示。8 位输入寄存器与 8 位 DAC 寄存器用于存放待转换数字量，形成两级缓冲，当数据进入 8 位 DAC 寄存器，经 8 位 D/A 转换电路，输出和数字量成正比的模拟电流，要得到模拟输出量，还需要外接运算放大器才能得到模拟输出电压。

（2）引脚功能。DAC0832 共有 20 条引脚，双列直插式封装。如图 6.27 所示是 DAC0832 引脚图。

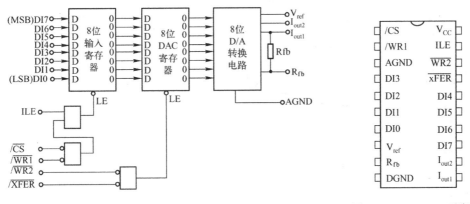

图 6.26 DAC0832 内部结构　　　　图 6.27 DAC0832 引脚图

数字量输入线 DI7～DI0（8 条），用于和 CPU 数据总线相连，输入 CPU 送来的待转换数字量，DI7 为最高位。

控制线（5 条），其作用如表 6.3 所示。

表 6.3 DAC0832 工作方式

控　制　信　号					工　作　方　式
/WR1	/CS	ILE	/WR2	/XFER	
/WR	ADD1	"1"	/WR	ADD2	双缓冲方式
/WR	ADD1	"1"	"0"	"0"	单缓冲方式
/WR	"0"	"1"	/WR	ADD1	单缓冲方式
/WR	"0"	"1"	/WR	"0"	直通方式

表 6.3 中，ADD1、ADD2 分别为不同的 I/O 接口地址，/WR1、/WR2 为单片机写控制信号。ILE 为数据锁存允许控制信号输入线，高电平有效。/CS 为片选信号输入线，低电平有效。/WR1 为输入寄存器的写选通信号。/WR2 为 DAC 寄存器写选通输入线。/XFER 为数据

传递控制信号输入线，低电平有效。

输出线共有 3 条：R_{fb} 为运算放大器反馈线，接到运算放大器输出端。I_{out1} 和 I_{out2} 为两条模拟电流输出线，$I_{out1}+I_{out2}$ 为一常数。I_{out1}、I_{out2} 输出接运算放大器的两输入端。

电源线共有 4 条：V_{CC} 为电源输入线，可在 5～15V 范围内变化；V_{ref} 为参考电压，其值一般在 -10～+10V 范围内，由稳压电源提供，单极性输出时输出电压与 V_{ref} 极性相反。DGND 为数字地；AGND 为模拟地。通常，两条地线接在一起。

3. MCS-51 与 DAC0832 的接口

（1）DAC0832 单极性电压输出。如图 6.28 所示为电路 DAC0832 与 8051 单片机间按单缓冲方式接口，地址为 7F00H。运算放大器单极性电压输出，当单片机输出数字量为全 "0" 时，输出电压 U_o=0V；单片机输出数字量为全 "1" 时，输出电压 U_o=+5V。

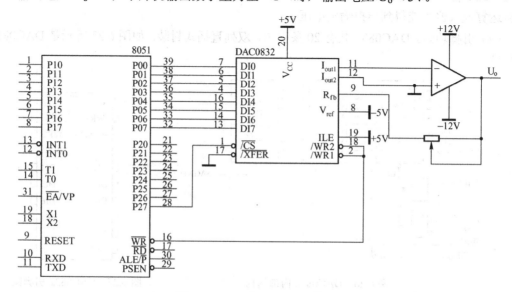

图 6.28　8051 与 DAC0832 接口

（2）DAC0832 双极性电压输出。在被控对象需要用到双极性电压输出时，可以采用如图 6.29 所示的接线方法。若输入数字量最高位为 "0"，则输出模拟电压 U_o 为负；若输入数字量最高位为"1"，则输出模拟电压 U_o 为正；若输入数字量为 80H 时，输出模拟电压 U_o=0V。

4. 输出锯齿波程序

输出锯齿波的程序如下：

```
START: MOV    DPTR, #7F00H
       INC    A
       MOVX   @DPTR, A
       SJMP   START
```

5. MCS-51 与 12 位 DAC 的接口

8 位 DAC 分辨率比较低，为了提高 DAC 的分辨率，可采用 10 位、12 位或更多位数的

DAC。当 DAC 的位数比单片机多时，要考虑分两次输出数据造成的输出模拟量的毛刺。要解决这一问题，可以采用两级缓冲的接法。如图 6.30 所示是 MCS-51 单片机与 12 位 DAC 的接口框图，输出模拟量时，要先送高 4 位，再送低 8 位。ADD1、ADD2 是地址不同的两个片选信号。

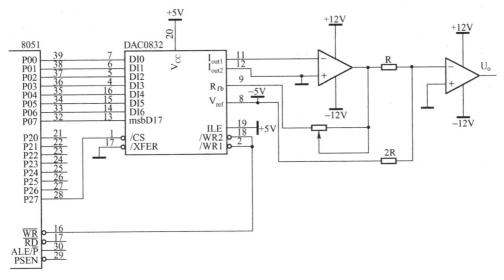

图 6.29　DAC0832 双极性输出

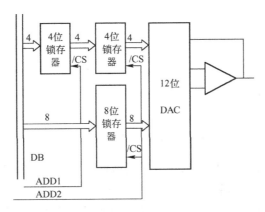

图 6.30　MCS-51 与 12 位 DAC 的接口框图

6.5.2　A/D 转换器接口

A/D 转换器（ADC）是一种能把输入模拟电压变成与它成正比数字量的器件。常用的 ADC 按工作原理分为双积分式 A/D 转换器和逐次逼近式 A/D 转换器，双积分式 A/D 转换器抗干扰能力较强，逐次逼近式 A/D 转换器转换速度较高。

1．A/D 转换器的性能指标

（1）分辨率。分辨率是指引起 ADC 最低一位数字量变化的模拟量幅度变化量，取决于 ADC 输出数字量的二进制位数，用 LSB 表示。

（2）转换速度。转换速度是指完成一次 A/D 转换所需时间的倒数，是一个很重要的指标。ADC 工作原理不同，转换速度差别很大。逐次比较式 ADC 的转换时间多在 100μs 以内；双积分式 A/D 转换器的转换速度为每秒 10 次左右。转换速度应根据现场信号变化速度而定。

（3）转换精度。ADC 的转换精度由模拟误差和数字误差组成。模拟误差是比较器、解码网络中电阻值以及基准电压波动等引起的误差。数字误差主要包括丢失码误差和量化误差，前者属于非固定误差，由器件质量决定，后者和 ADC 输出数字量位数有关，位数越多，误差越小。

（4）输出数字量格式。ADC 输出数字量的格式通常有二进制数和 BCD 码两种。

2．ADC0809

ADC0809 是一种八路模拟电压输入的 8 位逐次逼近式 A/D 转换器，和单片机的接口很方便。

（1）内部结构。ADC0809 由八路模拟开关、地址锁存与译码器、比较器、256R 电阻网络、树状开关、逐次逼近式寄存器（SAR）、控制电路和三态输出锁存器等组成，如图 6.31 所示。

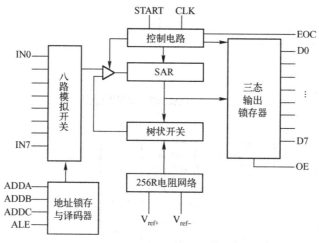

图 6.31　ADC 0809 内部结构框图

八路模拟开关用于输入 IN7～IN0 上八路模拟电压。地址锁存和译码器在 ALE 信号控制下可以锁存 ADDA、ADDB 和 ADDC 上的地址信息，经译码后控制 IN7～IN0 上哪一路模拟电压送入比较器。例如，当 ADDA、ADDB 和 ADDC 上均为低电平 0 以及 ALE 为高电平时，地址锁存和译码器输出使 IN0 上模拟电压送到比较器的输入端。

256R 电阻网络和树状开关在控制电路控制下，实现逐次比较 A/D 转换，在 SAR 中得到 A/D 转换完成后的数字量。

三态输出锁存器用于锁存 A/D 转换完成后的数字量。当 OE 引脚变为高电平，就可以从三态输出锁存器取走 A/D 转换结果。

（2）引脚功能。ADC0809 采用双列直插式封装，共有 28 条引脚，如图 6.32 所示。

IN7～IN0（8 条）：为八路模拟电压输入线，用于输入被转换的模拟电压。

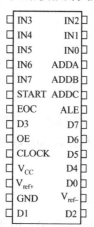

图 6.32　ADC0809 引脚

地址输入和控制（4条）：ALE 为地址锁存允许输入线，高电平有效。当 ALE 线为高电平时，ADDA、ADDB 和 ADDC 三条地址线的地址信号得以锁存，经译码后控制八路模拟开关工作。ADDA、ADDB 和 ADDC 为地址输入线，用于选择 IN7～IN0 上哪一路模拟电压送给比较器进行 A/D 转换。

数字量输出及控制（11条）：START 为启动脉冲输入，由单片机发出正脉冲，上升沿清零 SAR，下降沿启动 ADC 工作。EOC 为转换结束输出，该引脚上高电平表示 A/D 转换已结束。D7～D0 为数字量输出。OE 为输出允许，高电平时能使 D7～D0 脚上输出转换后的数字量。

电源线及其他（5条）：CLOCK 为时钟输入线，用于为 ADC0809 提供逐次比较所需时钟脉冲，CLOCK 的最高频率为 1280kHz，当 f_{CLOCK} 为 640kHz 时，AD 转换时间为 100μs。V_{CC} 为+5V 电源输入线，GND 为地线。V_{ref+} 和 V_{ref-} 为参考电压输入线，用于给电阻阶梯网络供给基准电压。

（3）8051 和 ADC0809 的接口。如图 6.33 所示是 8051 与 ADC0809 的接口电路。

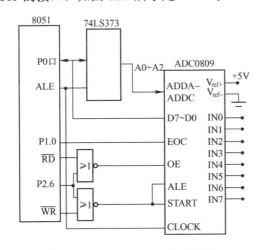

图 6.33　8051 与 ADC0809 的接口

图 6.33 中所示用 P2.6 作为 ADC0809 的线选信号，ADDA、ADDB 和 ADDC 接地址总线的 A0～A2，对应的 IN0～IN7 八路输入模拟电压的地址为 0BF00H～0BF07H，输入模拟电压的范围是 0～5V。

向相应地址输出，启动 A/D 转换开始，用 P1.0 查询 A/D 转换是否结束，当 P1.0 为高电平时，读该地址取出转换结果。8051 时钟频率为 6MHz，f_{ALE}=1MHz，若时钟频率为 12MHz，应增加 2 分频电路。

（4）巡回检测子程序。为图 6.33 编制程序，顺序检测 IN0～IN7 输入的八路模拟电压信号，读入数字量存入内部 RAM 30H～37H 单元。

子程序如下：

```
ADC:    MOV    DPTR, #0BF00H    ; DPTR 指向 IN0
        MOV    R1, #30H         ; R1 指向数据缓冲区
        MOV    R2, #8           ; R2 为模拟通道数
LOOP:   MOVX   @DPTR, A         ; 启动 A/D 转换
        JNB    P1.0, $          ; 等待 A/D 转换结束
        MOVX   A, @DPTR         ; 读入 A/D 转换结果
```

```
        MOV     @R1，A                    ；送数据缓冲区
        INC     DPTR                     ；调整模拟通道地址
        INC     R1                       ；调整数据缓冲区地址
        DJNZ    R2，LOOP                  ；循环检测
        RET                              ；返回
```

3. 双积分式 AD 转换器 ICL7135

ICL7135 是 $4\frac{1}{2}$ 双积分式 AD 转换器，具有精度高，抗干扰能力强，高输入阻抗，自动调零，自动判别输入电压极性等特点。

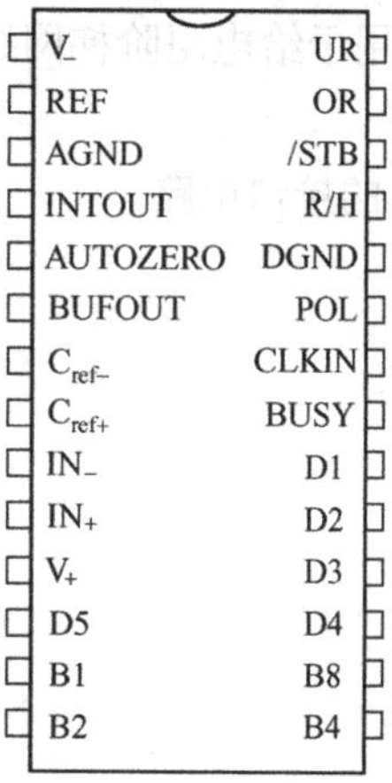

图 6.34 ICL7135 引脚

（1）主要技术参数。主要技术参数如下：

电压量程	0～±1.9999V 差动或单端输入
转换速度	3～5 次/秒
分辨率	0.1mV
输入阻抗	>100MΩ
转换误差	±1 计数值
时钟频率	120kHz（≯200kHz）
电源	±5V
基准电源	1.000 0V
输出编码	多路复用 BCD 码

（2）引脚功能。ICL7135 采用双列直插式封装，共有 28 个引脚，如图 6.34 所示。

IN₊、IN₋	差分输入，IN−与模拟地相连可作单端输入
REF	基准电压
R/H	运行/保持，R/H="1" 时 ICL7135 连续进行转换。R/H="0" 时，转换周期完成后，转换结果一直保持到 "0" 状态结束
/STB	选通脉冲，每一转换周期/STB 出现 5 个负脉冲。负脉冲处于位驱动信号（D5、D4、D3、D2、D1）的中心
D5、D4、D3、D2、D1	依次为从高位到低位的 BCD 码位驱动信号
BUSY	BUSY="1" 表示 ICL7135 正处于积分阶段，当转换周期结束 BUSY="0"
OR	过量程输出，输入电压绝对值>1.9999V，OR="1"
UR	欠量程输出，输入电压小于满量程的 9%，UR="1"
POL	极性输出，POL="1" 输入电压为正，POL="0" 输入电压为负
B8、B4、B2、B1	转换结果 BCD 码输出
C_ref+、C_ref-	基准电压电容，选用 1μF 优质电容
INTOUT	接积分电容，通常选用 0.1～0.47μF
AUTOZERO	接自动调零电容，选用 1μF 优质电容
BUFFOUT	接积分电阻 R_L=满量电压/20μA

CLKIN	时钟输入
V+、V−	±5V 电源
AGND、DGND	模拟地、数字地

（3）ICL7135 与 51 单片机接口。如图 6.35 所示是 ICL7135 与 8051 单片机的接口电路。

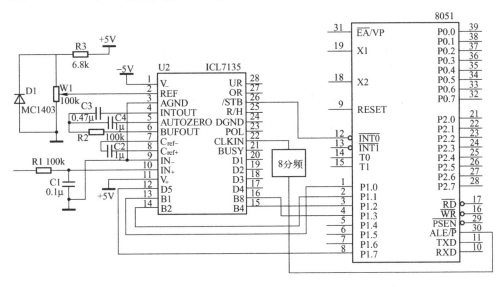

图 6.35　ICL7135 与 8051 单片机的接口电路

/STB 接 8051 单片机的/INT0 引脚，单片机以中断方式读取 A/D 转换结果。B8、B4、B2、B1 依次接 P1.3、P1.2、P1.1、P1.0 读取转换结果。

D5 接 P1.7，因为/STB 脉冲序列与 D5，D4，D3，D2，D1 有严格的对应关系，设置一个计数器，其初值为 5。进入/INT0 引起的中断，从 D5 位读起，每读一位计数器减 1，减到 0 则 5 位 BCD 码读完。这样可以大大节省并口资源。

（4）ICL7135 接口时序，如图 6.36 所示。

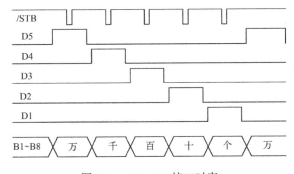

图 6.36　ICL7135 接口时序

（5）AD 转换程序。AD 转换程序如下：

主程序：

```
SETB    IT0             ; 设置 INT0 边沿触发方式
MOV     IE, #81H         ; 开 INT0 中断
MOV     30H, #5          ; 设计数器初值
```

```
LOOP:    MOV     A，30H
         JNZ     LOOP                ；等待读完转换结果
         ......
```

INT0 中断服务程序：

```
AD:      PUSH    ACC                 ；保护现场
         PUSH    PSW
         SETB    RS0
         MOV     R0，#30H            ；R0 指向计数器
         CJNE    @R0，#5，AD1        不是第 1 个/STB 转移
         JNB     P1.7，FH0           ；不是万位返回
         MOV     A，P1               ；读万位
         ANL     A，#0FH
         MOV     31H，A
         SJMP    FH1
AD1:     CJNE    @R0，#4，AD2        ；不是第 2 个/STB 转移
         MOV     A，P1               ；读千位
         ANL     A，#0FH
         SWAP    A
         MOV     31H，A
         SJMP    FH1
AD2:     CJNE    @R0，#3，AD3        ；不是第 3 个/STB 转移
         MOV     A，P1               ；读百位
         ANL     A，#0FH
         ORL     A，32H
         MOV     32H，A
         SJMP    FH1
AD3:     CJNE    @R0，#4，AD4        ；不是第 4 个/STB 转移
         MOV     A，P1               ；读十位
         ANL     A，#0FH
         SWAP    A
         MOV     33H，A
         SJMP    FH1
AD2:     MOV     A，P1               ；读个位
         ANL     A，#0FH
         ORL     A，33H
         MOV     33H，A
FH1:     DEC     30H                 ；计数器减 1
FH0:     POP     PSW                 ；恢复现场
         POP     ACC
         RETI                        ；中断返回
```

最后读出的 AD 转换结果在 31H、32H、33H 中，以压缩 BCD 码形式存放。

6.5.3   串行接口 A/D 转换器

为了减少扩展接口电路对单片机引脚资源的占用，简化系统结构，近年来出现了多种串行控制的接口器件，包括：A/D 转换器、D/A 转换器、实时时钟、LCD 显示驱动器等。串行接口常用的标准有 Philips 公司的 I^2C 总线，MOTOROLA 公司的 SPI 等。由于一般 MCS-51 系列单片机上没有相应接口模块，扩展时要根据接口器件要求，用并行口

线仿真控制时序。现在以国家半导体公司的 ADC0832 串行接口 A/D 转换器为例，介绍串行接口扩展的方法。

1. ADC0832

ADC0832 是逐次逼近式 8 位 ADC，有两个可选择的输入通道，两个通道可用软件配置成两路单端输入或一路差动输入。ADC0832 具有体积小、接口简单、便于隔离等特点。

（1）引脚功能。ADC0832 为双列直插封装，如图 6.37 所示是其引脚图。

图 6.37　ADC0832 引脚图

$\overline{\text{CS}}$——片选信号，$\overline{\text{CS}}$ 为 "0" 时启动 A/D 转换开始。在整个转换过程中，$\overline{\text{CS}}$ 必须保持 "0" 电平。

CH0、CH1——模拟电压输入端，可配置成两路单端输入或一路差动输入。

DI——串行数据输入端，用于输入模拟输入端的配置命令。

DO——串行数据输出端，用于输出 A/D 转换结果。

CLK——时钟信号，时钟频率不高于 600kHz，当时钟频率为 250kHz 时，A/D 转换时间为 32μs。

GND、V_{CC}/REF——地线、电源与基准电压。

（2）工作时序。/CS 变为 "0" 电平后，由 CLK 上升沿从 DI 端输入一个 "1" 电平的起始位和两个通道选择位：SGL/DIF、ODD/EVEN，此后 DI 端与内部控制电路断开，不再起作用。在此期间 DO 端为高阻态。配置完成后，DO 端在 CLK 上升沿输出一个 "0" 电平。以后每一个 CLK 上升沿输出一位转换结果，先从最高位 D7 开始，到 D0 后再从低位到高位重复一遍，共 15 个 CLK 脉冲。加上前面 4 个，启动转换一次共需要 19 个 CLK 脉冲，如图 6.38 所示。

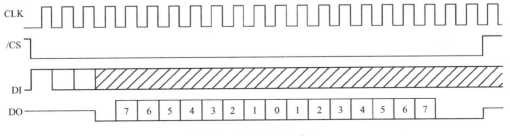

图 6.38　ADC0832 时序图

（3）通道配置控制。通道配置是由开始时 DI 端在 CLK 脉冲作用下移入的 SGL/DIF（在前）、ODD/EVEN 实现的。SGL/DIF 为 "1" 时，CH0、CH1 两个模拟电压输入端配置成单端输入，ODD/EVEN= "0" 启动 CH0，ODD/EVEN = "1" 启动 CH1。SGL/DIF 为 "0" 时，CH0、CH1 两个模拟电压输入端配置成差动输入，ODD/EVEN = "0"，CH0 为 "+"，CH1 为 "−"，ODD/EVEN= "1"，CH0 为 "−"，CH1 为 "+"。

2. ADC0832 与 MCS-51 单片机接口

如图 6.39 所示是 ADC0832 与 MCS-51 单片机的接口电路。由于 DI 与 DO 有效的时间无交叉，为了节省单片机接口资源，将 DI、DO 同时接到 P1.0，P1.1 作为 CLK，P1.2 接 $\overline{\text{CS}}$。

总共占用 P1 口的三位引脚。

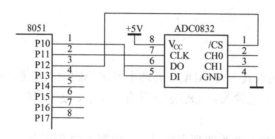

图 6.39　ADC0832 与 MCS-51 单片机的接口电路

3．ADC0832 驱动子程序

程序入口：通道配置控制字在累加器 ACC 中低三位，ACC0＝"1"、ACC1 为 SGL/DIF、ACC2 为 ODD/EVEN，按系统要求设定。

程序出口：A/D 转换结果在累加器 ACC 中。

```
ADC:    CLR     P1.2        ; CS = "0" 启动 A/D 转换
        MOV     R2, #3      ; 串行输出通道配置控制字
ADC1:   CLR     P1.1
        RRC     A
        MOV     P1.0, C     ; 送 DI
        SETB    P1.1
        DJNZ    R2, ADC1
        CLR     P1.1        ; DO 的第 1 位 "0"
        NOP
        SETB    P1.1
        NOP
        CLR     P1.1
        MOV     R2, #8      ; 输入 A/D 转换结果
ADC2:   SETB    P1.1
        MOV     C, P1.0
        RLC     A
        CLR     P1.1
        DJNZ    R2, ADC2
        CLR     P1.2
        RET
```

6.5.4　Watchdog

在工业测控系统中，为提高系统的可靠性和抗干扰性能，需要在单片机中加入 Watchdog，俗称"看门狗"。

1．Watchdog 的工作原理

Watchdog 通常由一个独立运行的定时器组成，其输出端连接到单片机的复位端。同时 Watchdog 受单片机控制，单片机在正常执行程序的过程中，以小于定时器定时时间的间隔，不断使定时器清零，只要单片机的程序正常运行，定时器就永远不会溢出。如果由于干扰使得单片机程序发生混乱，在限定时间内没有对定时器清零，定时器的溢出将造成单片机复位，

使系统重新初始化，回到正确的程序中。

2．IMP813 带有看门狗的单片机监控电路

IMP813 与 MAX813 兼容，该器件在上电、掉电期间及在电压降低（小于 4.65V）的情况下可产生一个 200ms 的高电平复位信号，此外 IMP813 还带有一个 1.6s 的看门狗定时器。

（1）IMP813 引脚。IMP813 引脚图如图 6.40 所示。

$\overline{\text{WR}}$——手动复位，输入低电平有效。

PFI——电源故障电压监控输入，不用时接地或接+5V。

$\overline{\text{PFO}}$——电源故障输出。

RESET——复位输出，接单片机复位端。

WDI——看门狗输入，检测到一个上升沿或下降沿使内部看门狗定时器清零。

$\overline{\text{WDO}}$——看门狗输出，当内部看门狗定时器超时 1.6s 时，WDO 输出低电平。

（2）MP813 与 8051 单片机的接口。如图 6.41 所示是 IMP813 与单片机的接口电路。IMP 带有上电复位功能，RESET 直接接单片机复位端。WDI 接 P1.3，程序中需要在 1.6s 以内使 P1.3 电平变化一次，若在 1.6 秒时 P1.3 电平无变化，$\overline{\text{WDO}}$ 输出低电平，经二极管将 $\overline{\text{WR}}$ 拉成低电平，从而使单片机复位。

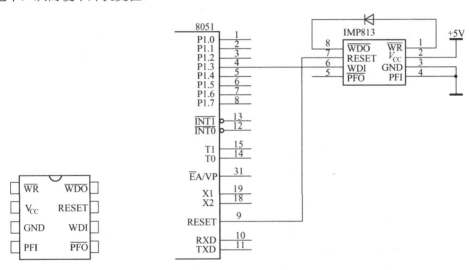

图 6.40 IMP813 引脚图   图 6.41   IMP813 与 8051 单片机的接口电路

6.6 任务式教学

6.6.1 输入/输出编程-功率输出

采用 89C2051 和功率接口驱动鸿运扇，可产生柔和的仿自然的阵风，该电路对于鸿运扇之类的轻质扇叶电扇，效果很好，配合单片机其他功能，增加功能后还有商业开发价值，这里用 P3.4 或 P3.5 来驱动电扇，实际上只用一个口就行，用两个不同功率驱动电路，其作用相同，这里希望大家能比较其电路变化，并在实际工作中灵活使用，本练习程序只用 P3.4 口输出，MG2(MG1) 是电扇，Q1 是双向可控硅，U2 是光电耦合器，用于电隔离控制部分和功率部分，工作原理是：自然界的风是不定时，和不同强度的阵风，这里让 P3.4 不定时通过不同时间长度的脉冲开关电扇，可以产生自然风的效果，如果再加上自动换挡（考虑到程序长度略去）效果会更好，用按键 S2 和 S3 可调节风的大小，如图 6.42 所示。

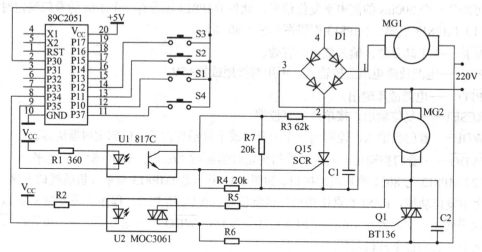

图 6.42　电扇自然风控制

其程序如下：

```
          ORG   0000H
START:    LJMP L0030
          ORG   001BH
INTT01：   LJMP INTT1
          ORG   0030H
L0030:    MOV   60H，#00H        ；主程序，初始化部分
          MOV   P1，#0FFH
          MOV   P3，#0FFH
          MOV   SP，#66H         ；堆栈
          MOV   56H，#00H        ；寄存器初始化
          MOV   57H，#00H        ；计时计数单元初始化
          MOV   58H，#10H
          MOV   59H，#00H
          MOV   5AH，#02H        ；风大小地址
          MOV   TMOD，#11H       ；定时方式 1
          MOV   8AH，#38H        ；T0 和 T1 初值
          MOV   8CH，#0F8H
          MOV   8BH，#38H
          MOV   8DH，#38H
          SETB  PT1             ；T1 高优先级
          SETB  ET1             ；开中断
          SETB  EA
          SETB  TR1             ；启动 T1
          CLR   TR0             ；T0 暂不使用
L01:      LCALL KJP1            ；调键处理
          SJMP  L01
          ORG   0100H
INTT1:    PUSH  ACC             ；中断子程序
```

```
              PUSH      PSW                    ；保护现场
              PUSH      DPH
              PUSH      DPL
              MOV       A，B
              PUSH      ACC
              CLR       TR1                    ；定时器重新赋值
              MOV       TH1，#0FCH
              MOV       TL1，#08H
              SETB      TR1
              LCALL     DSZ1                   ；调输出子程序
LOOPRET：POP            ACC                    ；恢复现场，与入栈顺序相反
              MOV       B，A
              POP       DPL
              POP       DPH
              POP       PSW
              POP       ACC
              RETI                             ；中断返回
DSZ1：       MOV       A，56H                  ；软件计时单元计时
              INC       A
              MOV       56H，A
              CJNE      A，#26H,DSZE1           ；计满约 0.1 秒
              MOV       56H，#00H
              MOV       A，57H                  ；软件计时单元 2
              INC       A
              MOV       57H，A
              CLR       C
              CJNE      A，5AH，LOOP1           ；计时到给定值否？
LOOP1：      JC        DSZE1
              MOV       57H，A
              DJNZ      58H，DSZE1              ；通电随机数
              CPL       P3.4                   ；输出
              INC       59H                    ；随机数偏移量
              MOV       A，59H
              CJNE      A，#48H，LOOP2          ；表中共 48H 个数、可增加到 FFH
              MOV       59H，00H
LOOP2：      MOV       DPTR，#DATA3            ；查随机数表
              MOVC      A，@A+DPTR
              MOV       58H，A                  ；装下一个数
DSZE1：      RET
KJP1：       ORL       P1，#07H                ；键处理
              SETB      P3.0
              CLR       P1.1                   ；S2 按下？
              JB        P3.0，KJP2
              NOP                              ；按下
              NOP
KJPK1：      JNB       P3.0，KJPK1             ；放松后才处理
              INC       5AH
KJP2：       ORL       P1，#07H                ；S3 按下？
              SETB      P3.0
              CLR       P1.2
              JB        P3.0，KJPE
              NOP                              ；有键按下
```

```
              NOP
KJPK2:   JNB      P3.0，KJPK2          ；放松按键否？
         DEC      5AH                   ；修改参数
KJPE:    RET
DATA3:   DB 0FH，80H，40H，0C0H，20H，0A0H，60H，0E0H，10H，
         DB 90H，50H，0D0H，030H，0B0H，070H，0F0H，0F0H，
         DB 02FH，30H，40H，02H，20H，0A0H，60H，060H，10H，
         DB 90H，50H，0D0H，030H，0B0H，07H，0F0H，0F0H，
         DB 08H，80H，30H，0C0H，10H，0A0H，60H，0E0H，10H，
         DB 90H，50H，0D0H，030H，0B0H，070H，03H，0F0H，
         END
```

分析上面程序可知输出只有几条指令，但为了完成数据处理和按键功能、程序初始化、模块化等功能，程序就变长了，每一段程序完成一种功能，各段程序间由存储器传递参数。另外这里用到单片机 2051 将在下一章讲解，可把它看成是 8031 使用，这个程序只作参考，可以用于实验，还要根据现场条件修改，由于用到 220V 市电，所以要注意安全。这里我们顺便采用中断子程序和子程序编程，构建一个应用程序框架，写出的程序相对较长，初次学习要花一些时间仔细分析。绘制流程图，修改程序在这一阶段要落实。本程序的键处理程序相对简单，其他有些程序段也做了简化。

6.6.2　D/A 转换——驱动小直流电机

（1）利用 DAC0832 编程输出一串脉冲，经功率放大后驱动小直流电机，改变脉冲电平和脉冲宽度，达到使电机正转、反转、加速、减速之目的，利用 P1 口接 8 个开关 K1～K8 来控制电机的正反转，8 个开关中实现正转 4 种转速，反转 4 种转速，电机采用 OCL 双管正负电源驱动，NPN 管导通时正转，PNP 管导通时反转，改变正负脉冲宽度比来控制转速，当数字量为 80H 时模拟量输出为 0V，这时不转，当数字量大于 80H 时输出为正，否则输出为负，本实验选择了三个数字量，通过延时完成实验，如图 6.43 所示，其中单片机 P1 口接 8 个开关，数据口 P0 接 D0～D7、P3.6 接 WR，片选 CS3 由单片机地址经译码得到，A0 为地址，LM324 为前置放大，二个三极管作功放，MG 为小电机。

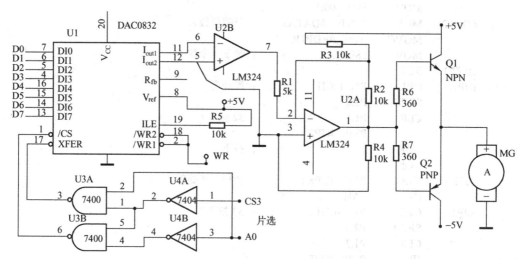

图 6.43　D/A 转换驱动小直流电机

其程序如下：ORG　0000H

```
MAIN:  MOV    DPTR, #PORT2        ; 0832 地址
       MOV    A, 80H
       MOVX   @DPTR, A
       INC    DPTR
       MOVX   @DPTR, A            ; 启动 D/A 转换
       MOV    P1, #FFH
       MOV    A, P1               ; 读入开关状态
       JB     ACC.0, Z1           ; 正向 4 个，Z1/Z2/Z3/Z4
       JB     ACC.1, Z2
       JB     ACC.2, Z3
       JB     ACC.3, Z4
       JB     ACC.4, F1           ; 反向 4 个 F1～F4
       JB     ACC.5, F2
       JB     ACC.6, F3
       JB     ACC.7, F4
       SJMP   MAIN
ZZ4:   MOV    R3, #80H            ; 80H 对应 0V
       MOV    A, #30H             ; 脉宽
       MOV    R2, A
Z42:   DJNZ   R3, Z42             ; 这期间输出 0V
       MOV    A, #0FFH            ; 对应+5V 电平
       MOV    DPTR, PORT2         ; 送 0832 地址
       MOVX   @DPTR, A
       INC    DPTR
       MOVX   @DPTR, A            ; 启动 D/A
Z43:   DJNZ   R2, Z43             ; 延时期间输出正 5V 脉冲
       SJMP   MAIN
Z3:    MOV    R3, #80H
       MOV    A, #40H             ; 不同的脉宽
       MOV    R2, A
       SJMP   Z42
Z2:    MOV    R3, #80H            ; 注意 R2 和 R3 对应得输出
       MOV    A, #60H
       MOV    R2, A
       SJMP   Z42
Z1:    MOV    R3, #80H
       MOV    A, #80H
       MOV    R2, A
       SJMP   Z42
F1:    MOV    R3, #80H
       MOV    A, #20H
       MOV    R2, A
F11:   DJNZ   R2, F11             ; 延时，输出 0V
       MOV    A, #00H
       MOV    DPTR, #PORT2
       MOVX   @DPTR, A            ; 输出-5V
```

```
        INC      DPTR
        MOVX     @DPTR，A              ；启动 D/A
F12:    DJNZ     R3，F12               ；这期间输出–5V
        LJMP     MAIN
F2:     MOV      R3，#60H              ；这一段是装反转参数共 4 种
        MOV      A，#80H
        MOV      R2，A
        SJMP     F11
F3:     MOV      R3，#40H
        MOV      A，#80H
        MOV      R2，A
        SJMP     F11
F2:     MOV      R3，#30H              ；这里用 R2、R3 传递参数
        MOV      A，#80H
        MOV      R2，A
        SJMP     F11                   ；装参数后转处理
        END                           ；结束
```

（2）步进电机控制，步进电机在控制领域有着广泛的应用，对运动长度要求精确控制的
场合极为有用，常见的步进电机有三相电机和四相电机，其驱动方式是按一定顺序和间隔给
其绕组轮流通电，对四相电机来说其驱动方式有多种，4 个绕组 ABCD 通电顺序表示为：当
每次一个绕组通电时 0001-0010-0100-1000 或每次两个绕组通电时 1100-0110-0011-1001，还
可 0001-0011-0010-0110-0100-1100-1000-1001-0001 这种驱动为四相八拍，每次通电可控制其
步数（转动的角度）、也可控制其通电的频率（转动速度）。本练习要完成这两个任务，在转
速慢的实验时可数出步数和改变运动速度。电路中用 74LS273 扩展一个 8 位输出口，地址为
PORT1。用 74LS244 扩展一个 8 位输入口，地址是 PORT2，地址的片选信号（CS）由单片
机地址线译码得到，驱动电路如图 6.44 所示，图 6.44 中 L1/L2/L3/L4 是步进电机 4 个绕组
ABCD，用两片 75452 做功率驱动。4 个二极管是 75452 的保护二极管。电机采用共阳驱动，
程序开始时注意初始化各参数。

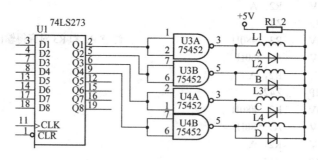

图 6.44　步进电机驱动电路

其程序如下：

```
ORG     0000H
START:  MOV      DPTR，#PORT1          ；指向 74LS273 地址口 PORT1
        MOV      A，#33H               ；输出 0011 0011 低 4 位有效
        MOV      R1，A                 ；R1 暂存控制信息
```

BJ1:	MOVX	@DPTR，A	; 从 74LS273 输出
	MOV	DPTR，#PORT2	; 从 74LS244 地址口 PORT2 读入开关量
	MOVX	A，@DPTR	; 读入送 A 中
	JB	ACC.0，A0	; 根据不同的开关转不同的速度控制
	JB	ACC.0，A0	
	JB	ACC.1，A1	
	JB	ACC.2，A2	
	JB	ACC.3，A3	
	JB	ACC.4，A4	
	JB	ACC.5，A5	
STOP:	MOV	DPTR，#PORT1	; 输出口 74LS273
	MOV	A，#0FFH	; 暂停转动
	SJMP	BJ1	
A0:	MOV	R2，#0AH	; R2 装延时常数，值越小延时短，转速快
SAM:	JB	ACC.6，ZX0	; ACC.6=1 转正转 ZX0
	JB	ACC.7，NX0	; ACC.7=1 转反转 NX0
	SJMP	BJ1	
A1:	MOV	R2，#10H	; 下面分别向 R2 装不同的延时常数
	SJMP	SAM	; 对应不同的转速
A2:	MOV	R2，#18H	
	SJMP	SAM	
A3:	MOV	R2，#20H	
	SJMP	SAM	
A4:	MOV	R2，#50H	
	SJMP	SAM	
A5:	MOV	R2，#0A0H	
	SJMP	SAM	
ZX0:	LCALL	DELAY	; 正转
	MOV	A，R1	
	RR	A	; 修改驱动信息如 0011→1001
	MOV	R1，A	; 存储备下次使用
	MOV	DPTR，#PORT1	; 指向输出口 74LS273
	LJMP	BJ1	
NX0:	LCALL	DELAY	; 反转
	MOV	A，R1	
	RL	A	; 修改驱动信息如 0011→ 0110
	MOV	R1，A	
	MOV	DPTR，#PORT1	; 指向输出口
	LJMP	BJ1	
DELAY:	MOV	R6，#50H	; 延时子程序
DEL:	DJNZ	R6，DEL	
	DJNZ	R2，DELAY	
	RET		
	END		; 结束

程序结果：运行程序后，用开关调节步进电机的速度和正反转。分析程序时可对程序中的常数进行一定的修改，达到控制电机速度和转动角度的目的。读者可根据程序画出程序流

程图。在练习时可根据实验设备对以上内容做必要的修改。

6.6.3 A/D 转换

前面编程完成了 A/D 转换，这里对转换结果还做进一步处理，首先设计如图 6.45 所示的电路。图 6.45 中存储器和复位等常见电路略去了，程序通过查寻方式启动 A/D 转换，可选择不同的输入端，这里用了 3 个电位器 R1～R3 做取样输入，实际可用 8 个，本处从略，用两个数码管做输出显示，数码管字驱动用 P1 口，负逻辑、共阳极数码管，P3.4 和 P3.5 及三极管做位驱动，有些引线没有连接，但标了名称，名称相同的连在一起，如 A0 连 A0，WR 连 WR，CS 连地址译码器，确定 0809 的地址 PORT。执行程序后调节电位器时数码管有规律地发生变化。

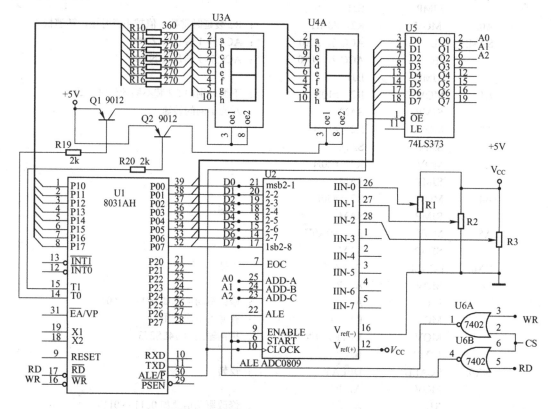

图 6.45 模数转换电路

其程序如下：

```
              ORG      0000H
              LJMP     MAIN
              ORG      001BH
              LJMP     INT1
              ORG      4200H
    MAIN:     MOV      60H, #00H        ；显示缓冲清零
              MOV      61H, #00H
              MOV      2FH, #00H        ；转换结果
```

	MOV	50H，#00H	；软件计时单元清 0
	MOV	51H，#00H	
	MOV	P1，#0FFH	；输出口初始化
	MOV	P3，#0FFH	
	MOV	SP，#66H	；堆栈
	MOV	TMOD，#11H	；定时器初始化
	MOV	TL1，#00H	
	MOV	TH1，#FDH	
	SETB	PT1	
	SETB	ET1	；开中断，启动定时器
	SETB	TR1	
	SETB	EA	
L01:	MOV	DPTR，#PORT	；开始 A/D 转换
LOOP:	MOVX	@DPTR，A	；启动 A/D 转换
	MOV	R2，#20H	；延时等待转换结束
DELAY:	NOP		
	NOP		
	DJNZ	R2，DELAY	
	MOVX	A，@DPTR	；读取转换结果
	MOV	2FH，A	；存入 2FH 单元
	SJMP	L01	；循环
INTT1:	PUSH	ACC	；定时器中断子程序、保护现场
	PUSH	PSW	
	PUSH	DPH	
	PUSH	DPL	
	CLR	TR1	
	MOV	TH1，#0FCH	；重置初值
	MOV	TL1，#38H	
	SETB	TR1	
LOOP2:	CPL	10H	；显示处理分两个数码管
	JNB	10H，LOOPA1	；不为 1 显示下一个
	MOV	A，60H	；为 1 显示个位
	MOV	DPTR，#DATA1	；查显示字码
	MOVC	A，@A+DPTR	
	MOV	P1，A	；输出字码
	CLR	T1	；输出位码
	SETB	T0	
	SJMP	LOOPA	
LOOPA1：	MOV	A，61H	；显示高位
	MOV	DPTR，#DATA1	；查显示字码
	MOVC	A，@A+DPTR	
	MOV	P1，A	
	CLR	T0	；输出高位位码
	SETB	T1	
	SJMP	LOOPA	
LOOPA:	MOV	A，50H	；显示数据约 1 秒钟刷新 1 次
	INC	A	
	DA	A	

```
        MOV      50H, A          ; 50、51 为软件计时单元
        CJNE     A, #3FH, LOOPE  ; 调节#3F 和#06 大小使显示刷新速度合理
        MOV      50H, #00H
        MOV      A, 51H
        INC      A
        DA       A
        MOV      51H, A
        CJNE     A, #06H, LOOPE  ; 约 1 秒到
        MOV      51H, #00H
        MOV      A 2FH           ; 取转换结果送显示
        MOV      R3, A
        ANL      A, #0FH
        MOV      60H, A          ; 低位送 60
        MOV      A, R3
        SWAP     A
        ANL      A, #0FH
        MOV      61H, A          ; 高位送 61
LOOPE:  POP      DPL             ; 恢复现场
        POP      DPH
        POP      PSW
        POP      ACC
        RETI                     ; 中断程序结束
TAB:    DB 0C0H, 0F9H, 0A4H, 0B0H, 99H  ; 共阳极驱动码分别显示 0~F
        DB 92H, 82H, 0F8H, 80H, 90H
        DB 88H, 83H, 0D6H, 0A1H, 86H, 8EH
```

实验结果 0~5V 对应 00H~FFH 共 256 个数（8 位）。

6.6.4 点阵汉字显示

LED 点阵在车站和交通路口都有较多应用，平常我们所用的灯具都是一个光源连接一条导线，16 个灯最少要用 17 条导线控制，采用电子扫描技术实际上只用 8 条线，即 A3A2A1A0 和 B3B2B1B0，如图 6.46 所示。电子扫描实际上在某一时刻只有一行灯发光，图 6.46 中输入为 0110 和 1110，只有 D2D3 发光，下一时刻让另外一行发光，当所有的行轮流以较高的刷新率发光，在人看来它相当于都可单独同时发光。由于 A 线决定发光的二极管，故称为控制字，B 线决定发光行，所以称控制位。本次采用 16×16 共计 256 个发光二极管组成的点阵，用于显示汉字，这里只用 16 行和 16 列组成控制线，如图 6.47 所示。用并行扩展口 8255 的 PA 和 PC 作字控制，其 PB 和锁存器 74LS373 作位控制，并用 7407 作功率驱动，地址译码确定：8255 地址是 8000H，74LS373 的地址是 A000H，当需要显示"职"时，每次显示一行，每行有 2 字节，分别送到 8255 的字口 PA 和 PC 口，决定该行哪几个点发光，一个汉字分成 16 行，总共 32 字节，如图 6.48 和图 6.49 所示，空白点表示不亮为 0，黑点表示

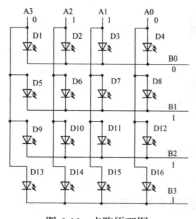

图 6.46 点阵原理图

发光，用 1 表示，一行有 16 个格点，用 16 个二进制点表示，在程序中用两个字节的十六进

制数表示，由于读数从左右读取得到的数值不相同，每一行对应有两种可能的十六进制数，使用时根据需要和可能选取，要显示 8 个汉字，需要 256 字节，本程序需要显示 12 个汉字，采用 R0 计数一次只能计 8 位最大 256 字节数，所以程序由两部分组成，结构差不多，采用 8031 通过 8255 和 373 控制其发光。程序如下：

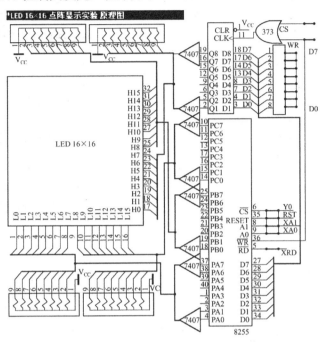

图 6.47　点阵 16×16 驱动图

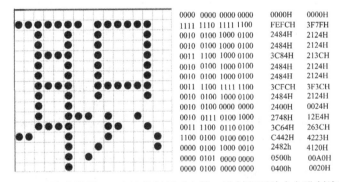

图 6.48　汉字点阵图 1，右边是每行对应的二进制和两种十六进制编码

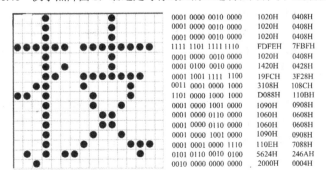

图 6.49　汉字点阵图 2，右边是每行对应的二进制和两种十六进制编码

```
                ORG    1000H
        XPA     EQU    8000H              ; 定义 8255 芯片 A 口地址
        XPB     EQU    8001H              ; 定义 8255 芯片 B 口地址
        X273    EQU    0A00H              ; 定义锁存器 373 芯片地址
        XPC     EQU    8002H              ; 定义 8255 芯片 C 口地址
        XPCTL   EQU    8003H              ; 定义 8255 芯片控制寄存器地址
START:  MOV     DPTR, #XPCTL              ; 8255 控制寄存器地址
        MOV     A,     #80H
        MOVX    @DPTR, A                  ; 写控制字
        LCALL   OFFLED                    ; 关"显示"子程序
        CLR     00H                       ; 标志位地址清 0
        MOV     R6,    #01H
        MOV     R7,    #80H               ; 8255A 的 XPB 口地址 8001H
        ; --------------------------------------
X0:     MOV     R0, #00H                  ; 取 TAB 表数据
X1:     LCALL   DEL1                      ; 调"显示一行"子程序
        INC     R0                        ; 下一次把下一行升到第 1 行
        INC     R0
        CJNE    R0, #0E0H, X1             ; 数据表 1 显示完否，可显示 16×16 汉字 8 个
X2:     MOV     R0, #00H                  ; R0 作数据读取计数器
X3:     LCALL   DEL5                      ; 取 TAB1 表数据
        INC     R0                        ; 数据表中的数据上升 1 行
        INC     R0                        ; 对应 1 行点阵，2 字节
        CJNE    R0, #80H, X3             ; 数据表 2 显示完否，可是 16×16 汉字 4 个
        SJMP    X0

        ; -----------------------------------------------------------
DISPW:  PUSH    00H                       ; 显示 1 个汉字
        MOV     R1, #80H                  ; L-NUM   R1 作为显数据寄存器
        CLR     C
DISP1:  MOV     A, R0                     ; BH1, 取子数据序号
        MOV     DPTR, #TAB                ; 指向数据总地址
        MOVC    A, @A+DPTR                ; 取地址
        MOV     DPTR, #XPC                ; 指向点阵字驱动 XPC 口
        MOVX    @DPTR, A                  ; 输出显示字节
        ; -----------------------------------------------------------
        INC     R0                        ; BH2   读行第 2 字节
        MOV     A, R0                     ; 取偏移量
        MOV     DPTR, #TAB                ; 表地址 TAB，显示码表
        MOVC    A, @A+DPTR                ; 查表
        MOV     DPTR, #XPA                ; A 口——373 指向 8255A 输出 XPA 口上
        MOVX    @DPTR, A                  ; 输出显示第 2 字节
        ; -----------------------------------------------------------
        MOV     DPL, R6                   ; X373/XPB   指向点阵驱动口
        MOV     DPH, R7
        MOV     A, R1                     ; L0~L7   位控制数
        CPL     A                         ; 计算输出 B 口
        MOVX    @DPTR, A                  ; 位驱动
```

```
        MOV     R3，#80H
        DJNZ    R3，$                    ；延时
        LCALL   OFFLED
        INC     R0
        MOV     A，R1
        RRC     A
        MOV     R1，A
        JNC     DISP1                   ；如果上半部分没显示完回去继续
        JB      00H，EXIT
;   -----------------------------------------------------------------
        SETB    00H                     ；显完设立标志
        CLR     C
        MOV     R1，#80H                 ；位显初值
        MOV     R6，#00H
        MOV     R7，#0A0H                ；下半部分由373负责位显示
        AJMP    DISP1
EXIT:   MOV     R6，#01H
        MOV     R7，#80H                 ；位显*PB口
        CLR     00H
        POP     00H                     ；上半部分标志位
        RET
DISPW1: PUSH    00H                     ；同DISPW部分，查表TAB1
        MOV     R1，#80H                 ；
        CLR     C
DISP2:  MOV     A，R0                    ；
        MOV     DPTR，#TAB1
        MOVC    A，@A+DPTR
        MOV     DPTR，#XPC
        MOVX    @DPTR，A
;   -----------------------------------------------------------------
        INC     R0                      ；
        MOV     A，R0
        MOV     DPTR，#TAB1
        MOVC    A，@A+DPTR
        MOV     DPTR，#XPA
        MOVX    @DPTR，A
;   -----------------------------------------------------------------
        MOV     DPL，R6
        MOV     DPH，R7
        MOV     A，R1
        CPL     A
        MOVX    @DPTR，A
        MOV     R3，#80H
        DJNZ    R3，$
        LCALL   OFFLED
```

```asm
        INC     R0
        MOV     A，R1
        RRC     A
        MOV     R1，A
        JNC     DISP2
        JB      00H，EXIT1
;   ------------------------------------------------------------------
        SETB    00H
        CLR     C
        MOV     R1，#80H
        MOV     R6，#00H
        MOV     R7，#0A0H
        AJMP    DISP2
EXIT1:  MOV     R6，#01H
        MOV     R7，#80H
        CLR     00H
        POP     00H
        RET
;   ------------------------------------------------------------------
OFFLED: MOV     DPTR，#XPB       ；关显示，前8行地址
        MOV     A，#0FFH         ；只需在每个发光二极管阴极输入高电平1
        MOVX    @DPTR，A         ；关前8行
        MOV     DPTR，#X273      ；后8行地址
        MOVX    @DPTR，A         ；关后8行
        RET
```

TAB:DB 00H，40H，09H，43H，6BH，72H，2EH，0F6H，0FFH，0D4H，0FFH，58H，2EH，78H，6FH，6EH
DB 4BH，0AH，1FH，06H，7FH，0ECH，58H，78H，18H，0FCH，1FH，0C6H，18H，06H，18H，00H；数
DB 00H，40H，0CH，62H，4CH，0C2H，7FH，0FEH，0CH，80H，0DH，86H，1DH，26H，1FH，66H
DB 16H，66H，54H，66H，70H，7EH，14H，66H，16H，66H，13H，66H，1DH，06H，1CH，02H；控
DB 00H，00H，00H，00H，3FH，0FEH，30H，08H，30H，68H，31H，0C8H，3FH，88H，30H
DB 08H，30H，08H，3FH，0C8H，30H，68H，30H，68H，30H，08H，3FH，0FEH，00H，00H，00H，00H；四
DB 00H，00H，31H，84H，31H，8CH，3FH，0FCH，31H，88H，31H，1AH，0FH，86H，00H
DB 3CH，7FH，0F0H，7FH，86H，31H，86H，31H，86H，3FH，0FEH，31H，86H，31H，86H，20H，06H；班
DB 00H，00H，01H，04H，01H，0EH，09H，0CH，09H，38H，09H，0F0H，49H，0C6H，68H，06H
DB 6FH，0FEH，33H，0C0H，20H，0E0H，01H，0B0H，03H，18H，06H，0CH，02H，0CH，00H，00H；永
DB 00H，00H，03H，06H，33H，0CH，3BH，0FCH，03H，0FCH，04H，14H，24H，3CH，25H，0F6H，27H
DB 0C6H，24H，06H，27H，0F6H，27H，0FEH，24H，1EH，24H，1EH，04H，36H，00H，04H；远
DB 00H，00H，01H，82H，00H，86H，7EH，0BCH，7EH，0B8H，7EH，88H，7EH，8CH，7EH，0FCH
DB7EH，0FEH，7EH，0B6H，7EH，0B6H，7EH，0B6H，7EH，0B6H，00H，0A6H，01H，86H，00H，04H；是
TAB1: DB 00H，00H，03H，04H，03H，0FCH，7FH，0FCH，7FH，0FCH，5FH，0FCH，5FH，0FEH，5FH，0FEH
DB 5FH，0CAH，5FH，0F6H，5FH，0DCH，7FH，0DCH，7FH，0F4H，03H，0C6H，03H，06H，00H，00H；最
DB 08H，40H，08H，0E0H，0FH，80H，0FFH，0FEH，09H，00H，09H，0A0H，33H，68H，3FH，0C8H，3FH
DB0A8H，0FFH，0FEH，0FFH，0FFH，3FH，0A8H，3FH，0E8H，3FH，0C8H，13H，68H，01H，40H；棒
DB 00H，00H，00H，00H，1FH，0FEH，79H，98H，79H，98H，59H，98H，1FH，0FCH，1FH，0FCH
DB 06H，00H，3EH，80H，79H，0E0H，48H，66H，08H，06H，0FH，0FEH，0FH，0E0H，00H，00H；的
DB 00H，00H，00H，00H，00H，00H，00H，00H，00H，00H，00H，00H，00H，00H，00H，00H

DB 00H, 00H, 00H, 00H, 00H, 00H, 00H, 00H, 00H, 00H, 00H, 00H, 00H, 00H, 00H, 00H

END

本 章 小 结

1. 本章重点讲解单片机接口，单片机接口芯片很多，这里只能对部分典型芯片作简要介绍，希望大家通过学习，举一反三，根据资料能研究并能使用其他接口芯片。

2. 可编程接口芯片在计算机、电子技术方面有广泛应用，本书以 8255A 为例介绍可编程接口的使用方法。这类芯片有 8279、8155、8253、8250 等。

3. 键盘和显示是单片机应用系统不可少的部分，这里介绍了键盘和显示有关的基本器件、常用电路和其程序设计方法。

4. 计算机或单片机处理的是二进制数字，而日常生活中常见的是模拟量，A/D 和 D/A 之间转换是单片机通过处理数字量来处理模拟量的基本方法，这里介绍了 DAC0832 和 ADC0809、ICL7135、ADC0832 等。

5. 功率接口和看门狗电路，通过功率接口实现单片机驱动和隔离的方案，介绍常用的功率接口方法。

6. 单片机电路有其内在的规律性，了解单片机常用电路和针对其接口电路进行编程是我们要逐步掌握的内容。

习 题 6

6.1 用线选法扩充 TTL 电路 74LS244 两片作输入口，片选端分别接 P2.4 和 P2.2，写出对应的接口地址。

6.2 电路可参考图 6.1，编程使相邻发光二极管以 0.5s 为周期交替闪烁。

6.3 电路可参考图 6.4，编写 8255A 初始化程序。PA 口、PB 口为基本输入方式，PC 口为基本输出方式。

6.4 在图 6.4 中，要求 PC4、PC3 输出高电平，PC2、PC1 输出低电平，其他各位保持不变，编写输出程序。

6.5 按图 6.13 电路，写出字母"P"、"H"和空格的字型代码。

6.6 设计光电隔离电路，使按钮开关闭合，单片机输入高电平。

6.7 用图 6.28 电路输出周期为 100ms 的锯齿波信号。

6.8 在图 6.33 电路中，用 MOVX@DPTR，A 启动 A/D 转换开始时，累加器 A 中数据起什么作用？

6.9 在图 6.33 电路中，连续对 IN0 采样 8 次，求算术平均值。

第 7 章　MCS-51 单片机相关产品简介

主要内容

1. 本章主要介绍应用较广的其他单片机: 51 家族中的 89 系列, 简介其他系列单片机: Intel 的十六位高性能 MCS-96 系列单片机和 MOTOROLA 公司的高档 8 位单片机系列。

2. 简介编程器、实验设备、仿真器等单片机开发过程中遇到的实验开发设备的基本使用方法。12864 液晶 C51 应用任务。

7.1　AT 系列单片机简介

ATMEL89 系列单片机 (简称 89 系列单片机) 是 ATMEL 公司的 8 位 Flash 单片机系列。这个系列单片机的最大特点就是在片内含有闪速程序存储器, 因其是电可擦只读存储器, 有着十分广泛的用途, 特别是在省电、便携式和特殊信息保存的仪器和系统中应用广泛。

7.1.1　AT89 系列单片机简述

89 系列单片机是以 8031 为内核构成的, 所以, 它和 8051 系列单片机是兼容的系列。这个系列相对于 8051 为基础的系统来说, 是十分容易进行取代和升级的。故对于熟悉 8051 的用户来说, 用 ATMEL 公司的 89 系列单片机取代 8051 进行系统设计是轻而易举的事。

1. 89 系列单片机的特点

89 系列单片机对于一般客户来说, 存在下列很明显的优点。

(1) 内部含 Flash 存储器。由于内部含 Flash 存储器, 因此在系统的开发过程中可以十分容易地进行程序的修改。这就大大缩短了系统的开发周期。同时, 在系统工作过程中, 能有效地保存一些数据信息。AT80C51 和 8051 插座兼容, 89 系列单片机的引脚和 80C51 是一样的, 所以, 当用 89 系列单片机取代 80C51 时, 可以直接进行代换。这时, 不管采用 40 引脚还是 44 引脚的产品, 只要用相同引脚的 89 系列单片机取代 80C51 的单片机即可。

(2) 静态时钟方式。89 系列单片机采用静态时钟方式, 所以可以节省电能。这对于降低便携式产品的功耗十分有用。

(3) 错误编程亦无废品产生。一般的 OTP 产品, 一旦错误编程就成废品。而 89 系列单片机内部采用了 Flash 存储器, 所以, 错误编程之后仍可以重新编程, 直到正确为止, 故不存在废品, 可反复进行系统试运行和试验。

2. 89 系列单片机结构简况

89 系列单片机的内部结构和 80C51 相近, 主要含有如下一些部件:

（1）8031 CPU 内核，总线控制部件，中断控制部件，片内 RAM，定时器，串行 I/O 接口。

（2）片内 Flash 存储器，含加密位。

（3）并行 I/O 接口，15 条 I/O 接口线。部分有 32 条 I/O 接口线。

（4）一个模拟比较器。

（5）振荡电路，静态时钟方式。

（6）引脚可直接驱动 LED。

在 89 系列单片机中，AT89C1051 的 Flash 存储容量最小，只有 1KB；而 AT89C52，AT89LV52，AT89S8252 的 Flash 存储容量有 8KB。最新的型号内部存储容量可达 32KB 以上。这个系列中，结构最简单的是 AT89C1051，内部也不含串行接口；最复杂的是 AT89S8252，它内部不但含标准的串行接口，还含一个串行外围接口 SPI、Watchdog 定时器、双数据指针、电源下降的中断恢复等功能和部件。

89 系列单片机一共有 7 种型号，分别为 AT89C51，AT89LV51，AT89C52，AT89LV52，AT89C2051，AT89C1051，AT89S8252。其中 AT89LV51 和 AT89LV52 分别是 AT89C51 和 AT89C52 的低电压产品，最低电压可以低至 2.7V。而 AT89C1051 和 AT89C2051 则是低档型低电压产品，它们只有 20 条引脚，最低电压也为 2.7V。

3．89 系列单片机的型号说明

89 系列单片机的型号编码由 3 个部分组成，分别是前缀、型号、后缀。它们的格式如下：

AT89CXXXXXXXX

其中，AT 是前缀；89CXXXX 是型号；XXXX 是后缀。

下面分别对这 3 个部分进行说明，并且对其中有关参数的表示和含义做出相应的解释。

（1）前缀。前缀由字母"AT"组成，表示该器件是 ATMEL 公司的产品。

（2）型号。型号由"89CXXXX"或"89LVXXXX"或"89SXXXX"等表示。

"89CXXXX"中，9 表示内部含 Flash 存储器；C 表示是 CMOS 产品。

"89LVXXXX"中，LV 表示低压产品。

"89SXXXX"中，S 表示含可下载 Flash 存储器。

这个部分的 XXXX 表示器件型号数，例如，51，1051，8252 等。

（3）后缀。后缀由"XXXX"4 个参数组成，每个参数的表示和含义不同。在型号与后缀部分有"–"号隔开。

后缀中的第一个参数 X 用于表示速度。它的含义如下：

X=12，表示速度为 12MHz；

X=16，表示速度为 16MHz；

X=20，表示速度为 20MHz；

X=25，表示速度为 25MHz。

后缀中的第二个参数 X 用于表示封装。它的含义如下：

X=J，表示塑料 J 引线芯片载体；

X=L，表示无引线芯片载体；

X=P，表示塑料双列直插 DIP 封装；

X=S，表示 SOIC 封装；

X=Q，表示 PQFP 封装；

X=A，表示 TOFP 封装；

X=W，表示裸芯片。

后缀中第三个参数 X 用于表示温度范围。它的含义如下：

X=C，表示商业产品，温度范围为 0℃～+70℃；

X=I，表示工业产品，温度范围为−40℃～+85℃；

X=A，表示汽车产品，温度范围为−40℃～+125℃；

X=M，表示军用产品，温度范围为−55℃～+150℃。

后缀中的第四个参数 X 用于说明产品的处理情况。它的含义如下：

X 为空，表示处理工艺是标准工艺；

X=/883，表示处理工艺采用 MIL-STD-883 标准。

例如，有一个单片机型号为"AT89C51-12PI"，则表示含义为：该单片机是 ATMEL 公司的 Flash 单片机，内部是 C51 结构，速度为 12MHz，封装为 DIP，是工业用产品，按标准处理工艺生产。

7.1.2　89 系列单片机的分档

89 系列单片机可分成标准型号、低档型号和高档型号三类。

89 系列单片机的标准型号有 AT89C51 等 4 种型号。它们的基本结构和 AT89C51 是类同的，是 80C51 的兼容产品。89 系列单片机的低档型有 AT89C1051、AT89C2051 两种型号。它们的 CPU 核心和 AT89C51 是相同的，但是并行 I/O 较少；高档的有 AT89S8252，是一种可下载的 Flash 单片机。它和 PC 可在线通信，并且下载应用程序是十分方便的。

1. 标准型

89 系列单片机中，标准单片机有 AT89C51，AT89LV51，AT89C52，AT89LV52 这 4 种型号。

标准型的 89 系列单片机是和 MCS-51 系列兼容的。内部含有 4KB 或 8KB 可重复编程的 Flash 存储器，可进行 1000 次擦写操作。全静态工作频率为 0～24MHz；有 3 级程序存储器加密锁定；内部含 128～256 字节的 RAM；有 32 条可编程的 I/O 线；有 2～3 个 16 位定时器/计数器；有 6～8 级中断；有通用串行接口；有低电压空闲及电源下降中断掉电工作方式。

在这 4 种型号中，AT89C51 是一种基本型号，而 AT89LV51 是一种能在低电压范围工作的改进型，可在 2.7～6V 电压范围工作；其他功能和 AT89C51 相同。

AT89C52 是在 AT89C51 的基础上，对存储器容量、定时器和中断能力等得到改进的型号。AT89C52 的 Flash 存储器容量为 8KB，16 位定时器/计数器有 3 个，中断有 8 级。而 AT89C51 的 Flash 存储器容量为 4KB，16 位定时器/计数器有 2 个，中断只有 6 级。AT89LV52 是 AT89C52 的低电压型号，可在 2.7～6V 电压范围内工作。

标准单片机的主要性能如下：4KB 或 8KB 的 Flash 存储器；128 或 256 字节内部 RAM；32 条可编程 I/O 线；2~3 个 16 位定时器/计数器；6~8 个中断源；3 级程序存储器保密；可编程串行接口；片内时钟振荡器。

2．低档型

在 89 系列单片机中，除了并行 I/O 端口较少之外，其他部件结构基本和 AT89C51 差不多。之所以被称为低档型，主要是因为它的引脚只有 20 条，比标准的 40 条引脚少得多。低档型的单片机有 AT89C1051 和 AT89C2051 两种型号。

AT89C1051 的 Flash 存储器只有 1KB；RAM 只有 64 字节；内部不含串行接口；内部的中断响应只有 3 种；保密锁定位只有 2 位。这些也是和标准型的 AT89C51 有区别的地方。

AT89C2051 的 Flash 存储器只有 2KB；RAM 只有 128 字节；保密锁定位有 2 位。这当然和 AT89C51 不同。如图 7.1 所示为 AT89C2051 引脚图。

正因为有上述的不同，AT89C1051、AT89C2051 的功能比标准型 AT89C51 要弱，所以它们处于低档位置。但其性价比较为突出。由于引脚少在有些地方使用更方便。

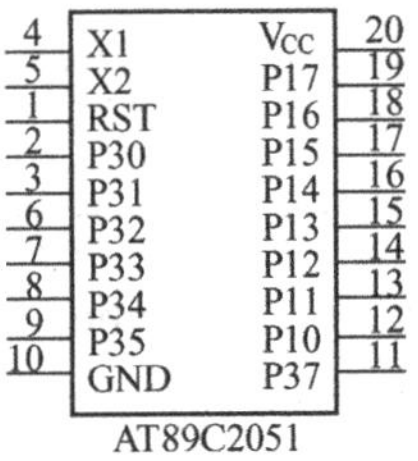

图 7.1　AT89C2051 引脚图

低档型单片机的主要性能如下：1KB 或 2KB 的 Flash 存储器；64 或 128 字节片内 RAM；15 条可编程 I/O 线；1~2 个 16 位定时器/计数器；3~6 个中断源；2 级存储器加密；可编程串行接口；片内振荡器。

3．高档型

在 89 系列单片机中，高档型只有一种型号 AT89S8252。它是在标准的基础上增加了一些功能所形成的。其增加的功能主要有如下几点：

（1）8KB Flash 存储器有可下载功能。下载功能是由 IBM 微机通过 AT89S8252 的串行外围接口 SPI 执行的。

（2）除了 8KB Flash 存储器之外，AT89S8252 还含有一个 2KB 的 EEPROM，从而提高了存储容量。

（3）含有 9 个中断响应的能力。

（4）含标准型和低档型所不具有的 SPI 接口。

（5）含有 Watchdog 定时器。

（6）含有双数据指针。

（7）含有从电源下降的中断恢复。

上述增加的功能使得 AT89S8252 成为 ATMEL 公司 89 系列单片机的高档型号。

如表 7.1 所示给出了 89 系列单片机各种型号的性能比较。从中可以看出：AT89C1051 是这个系列中功能最弱的型号。由于其内部的 Flash 存储器只有 1KB，所以，其程序容量不大，只能用于功能较弱的用途。而 AT89C52 是功能较强的型号，可以用于较复杂的用途。功能最强的要数 AT89S8252。它的特别之处在于多了一个 2KB 的 EEPROM，故用于较复杂的控制目标。

表 7.1   89 系列单片机各种型号的性能比较

型号 AT89	C51	C52	C1051	C2051	S8252
Flash（KB）	4	8	1	2	8
片内 RAM/字节	128	256	64	128	256
I/O（条）	32	32	15	15	32
定时器（个）	2	3	1	2	3
中断源（个）	6	8	3	6	9
串行接口（个）	1	1	1	1	1
M 加密（个）	3	3	2	2	3
片内振荡器	有	有	有	有	有
EEPROM/ROM	无	无	无	无	2

7.2   其他系列单片机简介

迄今为止，单片机制造商很多，主要有美国的 Intel、MOTOROLA 和 Zilog 三家公司，以及荷兰的 Philips 公司、德国的 Siemens 公司、日本的 NEC 公司等。为给读者一个总体印象，现分别对 Intel、Philips 和 MOTOROLA 三家公司的系列产品进行介绍。

1．八位低档系列机

MCS-48 系列单片机是 Intel 公司 1976 年推出的，典型产品为 Intel 8048。8048 内部主要包括：一个字节八位的 CPU、1KB 的 ROM、64 字节的 RAM 和一个定时器/计数器电路。芯片共有 40 条引脚，双列直插式封装。

Philips 公司的 8 位系列单片机和 Intel 公司 MCS-48 系列在结构上兼容，故在此从略。MOTOROLA 公司生产的单片机共有 5 个系列，其中 MC6805 系列属于八位低档机。MC6805 系列单片机的指令系统是 MC6800 的子集，适用于家电、仪器仪表和计算机外设中使用。这个系列的其产品如表 7.2 所示。

表 7.2   MC8605 系列单片机特性

型号	引脚	ROM	EPROM	RAM	I/O	定时器	A/D	串口	备注
6805 R$_2$	40/44	2408	—	64	32	1×8	4×8	—	
6805 R$_3$	40/44	3776	—	112	32	1×8	4×8	—	
68705R$_2$/R$_5$	40	—	3776	112	32	1×8	4×8		R5 保密功能
6805 S$_3$	28	2720	—	104	21	2×8+16	5×8	SPI	
68705 S$_3$	28	—	3752	104	21	2×8+16	5×8	SPI	有保密功能

2．八位高档系列机

MCS-51 系列单片机是 Intel 公司 1980 年推出的 8 位高档机。和 MCS-48 系列相比，MCS-51 无论在 CPU 功能还是存储容量以及特殊功能部件性能上都要高出一筹。典型产品为 8051，其内部资源分配和性能如下：八位 CPU，程序和数据存储器的寻址能力达 2×64K；4KB 的片内 ROM/RAM，128 字节 RAM；4 个八位 I/O 接口电路；一个串行全双工异步接口；5 个中断源和两个中断优先级。

Philips 公司的 51 系列单片机和 MCS-51 几乎一样，只是在某些功能上比 Intel 公司的更强一些，在此不再述及。

MOTOROLA 公司的高档八位单片机系列采用 HCMOS 工艺制成，指令系列功能比 MC6805 系列强，大部分产品不能在外部扩展存储器和 I/O 接口，只有极少数产品可以通过串行口 SPI 进行系统扩展。MC68HC05 系列中有很多产品，目前还在不断增加，如表 7.3 所示列出了一些主要的产品。如图 7.2 所示是其中两个芯片的引脚功能图。

表 7.3　MOTOROLA 公司的单片机

型号	片内 ROM		片内 RAM	I/O 接口			定时监视器	输入捕捉	输出比较	A/D	引脚系数
	ROM	EEPROM		并行 I/O	计数器	串行 I/O					
68HC05B6	6KB	256	176	32	16 位	SCI	√	2	2	√	48/52
68HC05C5	5KB	—	176	32	16 位	SIOP	√	1	1	—	40/44
68HC05C8	8KB	—	176	21	16 位	SPI SCI	—	1	1	—	40/44
68HC05C9	16KB	256	352	31	16 位	SPI SCI	√	1	1	—	40/44
68HC05D9	16KB	—	352	31	16 位	SCI		1	1	—	40/44
68HC05E0	—	—	480	36	2 个	SPI I2C	√	—	—		68
68HC05E1	4KB	—	368	20	15 位+RTC	—	√	—	—		28
68HC05J1	1KB	—	64	14	15 位	—	√	—	—		20
68HC05L6	6KB	—	176	24	16 位	SPI	—	1	1		68
68HC05L7	6KB	—	176	27	16 位+RTC	SCI	—	—	1		128
68HC05L9	6KB	—	176	27	16 位+RTC	SCI	—	1	1		128
68HC05P8	2KB	32	112	20	15 位	—	√	—	—	√	28
68HC05P9	2KB	—	128	21	16 位	SIOP	√	—	—	√	28
68HC05T1	8KB	—	320	30	16 位	SIOP	√	1	1	√	40

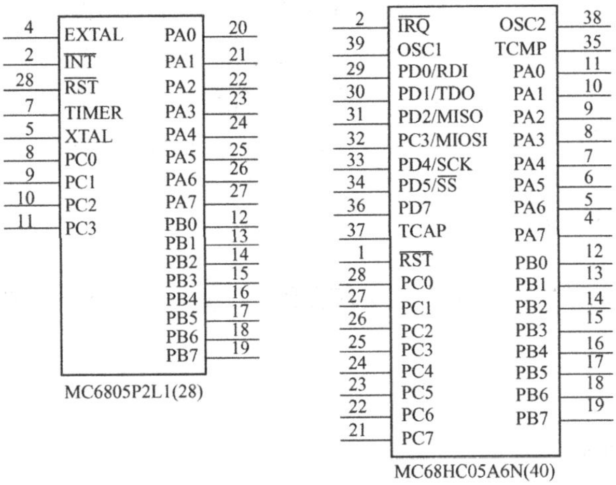

图 7.2　芯片引脚图

3. 十六位高性能 MCS-96 系列单片机

Intel 公司于 1984 年推出十六位高性能 MCS-96 系列单片机。该系列机采用"多累加器"和"流水线作业"的系统结构，运算速度快，精度高。典型产品为 8394BH，主要功能为：十六位 CPU，232 字节寄存器文件；具有采样保持的 10 位 A/D 转换器；20 个中断源，5 个八位 I/O 口；8KB 的 ROM 存储器；一个全双工串行口，一个专用串行口；波特率发生器；两个 16 位定时器/计数器和一个 16 位监视定时器；4 个 16 位软件定时器；十六位乘法和 32/16 除法操作速度为 6.25μs。

4．其他单片机产品

MCS-96 系列中其他单片机产品如表 7.4 所示。

表 7.4　MCS-96 系列单片机特性

型　　号		片内 ROM	A/D	封装
8094-90	8094BH	—	—	48
8394-90	8394BH	8KB ROM	—	48
	8794BH	8KB EPROM	—	48
8095-90	8095BH	—	4 路	48
8395-90	8395BH	8KB ROM	4 路	48
	8795BH	8KB EPROM	4 路	48
8096-90	8096BH	—	—	64
8396-90	8396BH	8KB ROM	—	64
	8796BH	8KB EPROM	—	64
8097-90	8097BH	—	8 路	64
8397-90	8397BH	8KB ROM	8 路	64
	8797BH	8KB EPROM	8 路	64
	8098BH	—	4 路	48
	8398BH	8KB ROM	8 路	48
	80C196KB	—	4 路	64
	87C196KB	8KB ROM	8 路	64

　　Philip 公司的十六位单片机以 MC68000 作为 CPU，其品种性能从略。

　　MC68332 是 MOTOROLA 公司生产的 16/32 位单片机，HCMOS 工艺制造，它由 32 位的 MC68000、队列串行模块、定时处理单元、系统控制模块和 2KB 的静态高速 RAM 等电路组成。MC68332 的主要特点是工作速度快、功耗低和具有出错保护功能。

7.3　单片机常用工具

　　单片机应用系统的开发常用工具主要有仿真器、编程器，下面分别加以介绍。

7.3.1　仿真器

1．仿真系统的功能

单片机在线仿真器必须具有以下基本功能：

（1）能输入和修改用户的应用程序。

（2）能对用户系统硬件电路进行检查与诊断。

（3）能将用户源程序编译成目标码并固化到 EPROM 中去。

（4）能以单步、断点、连续方式运行用户程序，正确反映用户程序执行的中间结果。

　　对于一个完善的在线仿真系统，为了方便用户调试，提高产品的开发效率，还应具备以下特点：

（1）不占用用户单片机的任何资源，包括 8031 内部 RAM、特殊功能寄存器、I/O 口、串行口、中断源等。

（2）提供给用户足够的仿真 RAM 空间作为用户的程序存储器（最好是从零地址开始），并提供用户足够的 RAM 空间作为用户的数据存储器使用。

（3）可以单拍、断点、全速断点、连续方式运行仿真 RAM 或样机 EPROM 内的用户程序（包括中断控制指令和中断服务程序）。

（4）有较齐全的软件开发工具。如配备有交叉汇编软件，将用户用汇编语言编制的应用程序生成可执行的目标文件；具有丰富的子程序库，汇编时连同用户设计的程序一起编译成目标程序，装入仿真 RAM 供调试和固化；具有高级语言编译系统，用户可用 BASIC 语言或 C51 语言进行编程；具有反汇编功能，对目标程序反汇编的结果可以打印或存入磁盘等。

2．开发手段的选择

目前国内用于单片机的开发系统很多，大致可分为以下 4 种：

（1）通用型单片机开发系统。这是目前国内使用最多的一类开发装置。如上海复旦大学的 SICE-Ⅱ、SICE-Ⅳ，中国科技大学的 WJ-51-5、WJ-51-Ⅷ。它采用国际上流行的独立型仿真结构，与任何具有 RS-232C 串行接口的终端或计算机相连，即可构成单片机开发系统。系统中配备有 EPROM 读出/写入器、仿真插头和其他外设，其基本配置如图 7.3 所示。

在图 7.3 中，EPROM 读出/写入器用来将用户的应用程序固化到 EPROM 中，或将 EPROM 中的程序读到仿真 RAM 中。在调试用户系统时，仿真插头必须插入用户系统空出的 CPU 插座中。当仿真器通过串行口与计算机联机后，用户可利用组合软件，先在计算机上编辑、修改源程序，然后通过 MCS-51 交叉汇编软件将其汇编成目标码，传递到仿真器的仿真 RAM 中。这时用户可用单拍、断点、跟踪、全速等方式运行用户程序，系统状态实时地显示在屏幕上。该类仿真器采用模块化结构，配备有不同外设，如外存板、打印机、键盘/显示板可在现场完成仿真调试工作。

调试完毕的用户程序通过 EPROM 读出/固化器固化后，将芯片插入用户系统的程序存储器插座中，即可脱机（脱离仿真器）运行。

（2）实用型开发系统。这类装置的特点是：其硬件按照典型应用系统配置，并配有监控程序，具有自开发能力。如航天部 502 所的 STD 工业控制机就是此类产品，系统结构如图 7.4 所示。

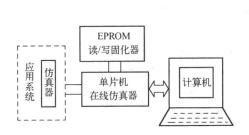

图 7.3　通用型单片机开发系统

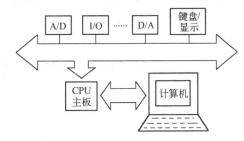

图 7.4　总线式实用型开发系统

这类装置采用模块化结构，用户可根据需要选择适当的功能模块板（如 A/D 板、D/A 板、I/O 板、键盘/显示板等）组合成自己的应用系统。当它通过主板上的 RS-232 口和计算机联机后，如同通用型开发系统一样，可对用户程序进行编辑、修改、调试。调试好的应用程序固化到 EPROM 中。拔去主板上装有监控程序的 EPROM 芯片，换上用户的 EPROM，应用系统即研制完成。

为降低成本和使用方便，国内也常见单板机形式的实用型开发系统。如武汉大学研制的SCB-1型单片单板机，结构上采用键盘/显示内含技术，整机一体化，如图7.5所示。该机设置有A/D、D/A通道及并行I/O口，可直接驱动打印机、开关、继电器等。用户利用它可方便地构成一个数据采集或控制系统。该机的全双工串行口，提供了方便的多机通信能力，易于建网及群控。SCB-1型单片单板机具有较强的自开发能力，带掉电保护的16K RAM为用户提供了足够大的程序调试空间。

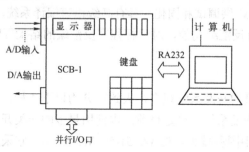

图7.5 单板机式实用型开发系统

SCB-1与计算机联机后，可将目标程序传递到仿真RAM中供用户调试。值得一提的是，在完成调试工作后，将地址切换开关拨向另一端，此时仿真RAM的地址范围成为0000H～1FFFH，即用户程序已完全取代了SCB-1系统监控程序的地址，在系统复位后将自动转入执行用户开发的应用程序。这一点是SCB-1型单片单板机的独特之处。

（3）通用机开发系统。这是一种在通用计算机中加开发模板和软件的开发系统。开发模板既可插在计算机的扩展槽中，也可以总线联接方式放在外部。开发模板的硬件结构包含有计算机不可替代的部分，如EPROM写入、仿真头及CPU仿真所必须的单片机系统等。

这类开发系统的优点是可以充分利用计算机系统的软、硬件资源，开发效率较高。目前国内有一些厂家推出了用于微机开发实验设备，用户只要购置一块开发模块及相应的软件包，即可利用计算机进行单片机应用系统的开发工作。如北京康华科技发展公司和哈尔滨工业大学共同推出的KHK-ICE-51单片机仿真开发系统即是此类开发装置。单片机仿真、编程软件有Medwin界面如图7.6所示。启东计算机厂生产的实验开发系统也自带仿真功能和编程功能。如图7.7所示是其软件界面，从图7.7中可以看出它可完成调试、编辑、软硬件仿真程序等多种功能，是一种较好的实验开发系统。

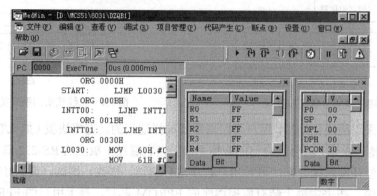

图7.6 Medwin软件界面

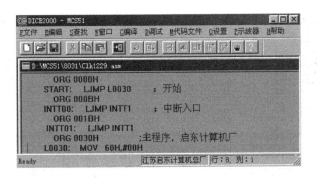

图 7.7　启东计算机厂的 DICE2000 MCS-51 软件界面

启东计算机厂是中国较早生产单片机实验设备的厂家，相关设备很多，DICE-598 具有代表性，实验系统包括硬件（实验箱）和软件。

● 系统组成。

主机板：CPU 卡接口、扩展 RAM、8155、8250、8251、8237、8253、8255、8259、0809、0832 等常用接口芯片，液晶显示实验接口、扩展实验接 89C52 管理 PC 示波器。

外设接口有键盘、显示、串行接口、打印机接口、8279 键盘显示接口、PC 示波器、继电器、小直流电机和步进电机、电子音响接口等。

上位软件：598H 三合一实验系统配有 51/196/8088 三种 Windows 版调试软件及 PC 示波器软件。所有软件均可与各档次通用微机相连，并具有模拟调试功能。

● 主要特点。该实验仪实行一体化设计，系统资源共享，使整机结构紧凑、合理，使用时只须更换不同的 CPU 卡，即可支持 51/96/8088 三大系列的多种 CPU 的实验开发。

实验电路采用模块化设计，电路新颖、实用，工程性强，实验内容完整丰富，并与教学大纲紧密结合，除完成基本实验外，如再选配多功能实验盒，实验卡还可完成温度、压力、步进电机液晶显示、点阵块显示、IC 卡实验、语言控制实验等复杂系统的实验和各种应用控制类应用。

系统除实验功能外，还具有仿真开发功能，可仿真的芯片有：8031/32，87/89/51/52，89C1051/2051，80C97/196KB 等 CPU，外部仿真空间达 64KB。系统提供 3 种仿真模式。

DICE2000 MCS-51 仿真调试界面如图 7.8 所示。从图 7.8 中可以看到几个窗口分别指示：OBJ 文件、寄存器状态、PSW 状态、HEX 文件即程序存储器中的数据、堆栈状态等，根据配套说明书很容易完成实验操作和软件调试任务。

（4）模拟开发系统。这是一种完全依靠软件手段进行开发的系统，该系统由计算机加模拟开发软件构成。如 Cybernetic Microsystem Inc 推出的 SIM 8051，就是在 IBM PC 上运行的 MCS-51 单片机模拟/调试软件。

模拟开发系统的工作原理是利用模拟开发软件在计算机上实现对单片机的硬件模拟、指令模拟、运行状态模拟，从而完成应用软件开发全过程，其间不需要任何在线仿真器目标机。SIM8051 软件的模拟调试功能很强，基本上包括了在线仿真器的单步、跟踪、检查和修改功能，并且还能模拟产生各种中断和 I/O 应答过程。因此，用户只要配备了模拟/调试软件，就可使 IBM PC 成为一台通用的模拟开发系统，如图 7.9 所示。其模拟开发系统效率高，成本低，不足之处是不能进行硬件系统的诊断与实时仿真。

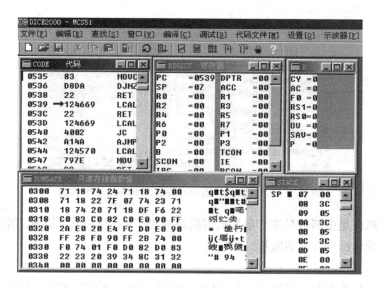

图 7.8　DICE2000MCS-51 仿真调试界面

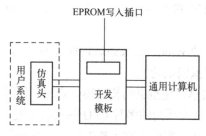

图 7.9　通用机模拟开发系统

以上仿真设备和仿真软件各有千秋，具体使用方法请翻阅有关手册。

通过前面的学习我们已知道开发一个单片机应用系统可分为硬件开发和软件开发两个部分。软件部分是指程序，当前大多数程序还是采用汇编语言编写，本书中多数程序都是这种汇编语言编写的程序。在计算机中汇编语言的扩展名用 ASM 表示，而写入程序存储器芯片中时只能用机器码，机器码文件在计算机中的文件扩展名是 BCD 或 HEX 文件，在软件调试时也要用到列表文件和目标文件，扩展名分别是 LST 和 OBJ。用 EDIT 显示 LST 文件，单片机列表文件如图 7.10 所示，编程器界面中显示的是 BCD 文件如图 7.11 所示，它显示了程序地址和对应地址中的机器码。程序开发的难点是源文件（ASM）的编写和调试，其他的工作可在计算机上较易完成。

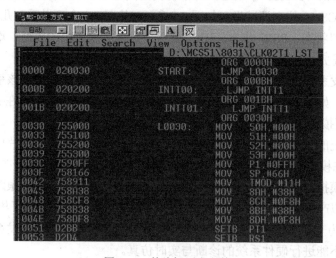

图 7.10　单片机列表文件

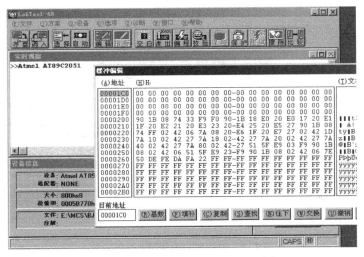

图 7.11　LabTool-48 编程器界面：编辑

7.3.2　编程器

编程器的作用是将已经经过仿真调试的程序（目标代码）写入到 EPROM 或 Flash 中。编程器主要分为专用型和通用型两种，专用型只能用于某个系列的单片机及其存储器，价格也相对便宜，通用型一般可用于多个系列单片机及其存储器，同时可以对多种类型的芯片进行编程、测试，其价格也相对偏高。但不管哪种类型的编程器一般都具有以下功能：

（1）能调入多种类型的目标代码（二进制、十六进制等格式）。

（2）能将目标代码写入单片机 MCPU 或存储器 EPROM、EEPROM 等。

（3）能将写入 MCPU 或 EPROM 的目标代码与原目标代码文件进行比较。

（4）能从 MCPU 或 EPROM 中读出目标代码。

（5）能直接修改目标代码并以文件形式存入计算机（通用微机）。

（6）能对 MCPU 的加密位进行编程。

目前国内编程器主要有台湾河洛万用编程器 ALL-11P、南京西尔特 SUPERPRO-GX SUPERPRO/L+、北京炜煌 WH 系列编程器、北京比高 Pstar V6 PIC 专用编程器。最新编程器采用 USB 接口和微机相连，使用很方便。其具体使用方法请参阅该公司的使用手册。如图 7.11 所示是 LabTool-48 编程器操作界面。其操作方法简介如下：

当我们要把一个程序写入 89C2051 芯片时，其操作过程是：在微机上安装编程器软件，连接好编程器，插上 89C2051 芯片，打开微机和编程器电源，单击图标，进入 LabTool-48 编程器操作界面：选择芯片如图 7.12 所示，界面显示其默认芯片是 24C256，编程器连在打印口，单击"选择"按钮，出现对话框，从众多公司和芯片中选择 ATMEL 公司的"AT89C2051"，单击"好"按钮完成指定芯片，单击"调入"按钮，从计算机中调入 BCD 或 HEX 文件，如图 7.13 所示，单击"好"按钮，这时编程器缓冲区中已是要写入的程序，单击"编辑"按钮则出现如图 7.11 所示的界面。

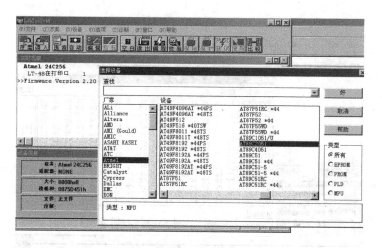

图 7.12　编程器开始界面：选择芯片

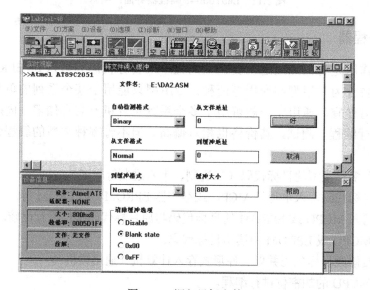

图 7.13　调入目标文件

最后单击"编程"按钮完成芯片写入，如图 7.14 所示，编程器还有加密、读出、擦除、比较等功能，按其操作说明书较易完成，此处略去，其他编程器也一样，在他人指导下或根据说明书也能比较容易学会其操作。

在线下载编程器的操作和普通编程器差不多，其优点是编程器结构简单，设计人员可自制编程器，被编程芯片甚至可以不从应用设备上取下来等等。如图 7.15 所示是一种在线编程器操作界面，其操作功能有：检测器件、文件调入、擦除、写、读、校验。有三个窗口，其一是数据缓冲区，显示文件的地址和机器码。其二是加密设置窗口，可以选择加密方式。其三是状态显示窗口，显示每一步操作的结果。如果要对芯片编程，把芯片所在设备正确连接在计算机上，打开编程器软件 ISPlay，检测器件或选择芯片型号，点击"文件"出现如图 7.16 所示的机器码文件选择窗口，必须选取文件的类型（hex 或 bin），才可以看到窗口中的文件名，打开文件后在缓冲区就能看到加载的机器码，接下来依次操作其他按钮就能完成编程任务，当然也要注意状态窗口显示的结果提示，比较两图的状态窗口。

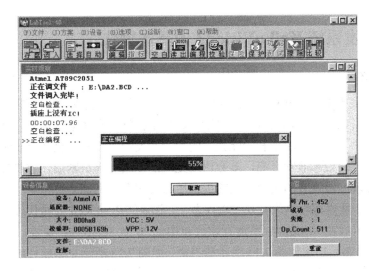

图 7.14　单击"编程"按钮完成芯片写入

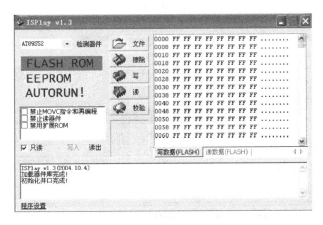

图 7.15　在线下载编程器的界面

图 7.16　在线下载编程器的文件调入窗口

7.4 集成开发系统 Keil uVision2 的基本操作

1．系统概述

Keil C51 是美国 Keil Software 公司出品的 51 系列兼容单片机 C 语言软件开发系统，与汇编相比，C 语言在功能上、结构性、可读性、可维护性上有明显的优势，因而易学易用。Keil C51 软件提供丰富的库函数和功能强大的集成开发调试工具，全为 Windows 界面。Keil C51 生成的目标代码效率非常之高，多数语句生成的汇编代码很紧凑，容易理解。在开发大型软件时更能体现高级语言的优势。当前提倡用 C51 开发单片机。

Keil uVision2 是优秀的单片机开发软件之一，读者可以向 Keil 公司代理周立功网站索取并下载得到，解压后在 Windows 下运行软件包中的 WIN\Setup.exe 安装，在桌面上有 Keil uVision2 图标，单击后出现如图 7.17 所示的界面，如图 7.18 所示是该软件的一个汉化版界面图。该集成软件开发平台，具有汇编语言和 C 语言源代码编辑、编译、仿真于一体，它的人机界面友好，操作方便，是 51 单片机开发者的首选。

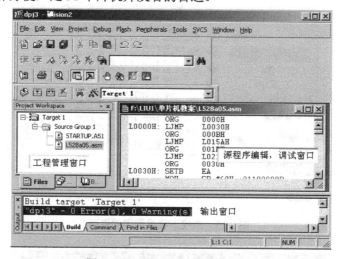

图 7.17　Keil Vision2 软件主界面

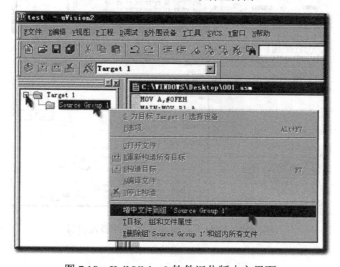

图 7.18　Keil Vision2 软件汉化版本主界面

2. Keil Vision2 软件的运行

双击软件图标进入集成开发系统，如图 7.17 所示，界面由工程管理窗口、源程序编辑调试窗口和输出窗口组成，界面上还有菜单和工具栏。当系统工作时还有内存窗口，变量观察窗口以及外围设备对话框出现，其中工程管理窗口有 3 个选择页面 File、Regs、Books，分别显示当前项目的文件结构、CPU 的寄存器的值、CPU 的附加说明文件。

在软件使用中还会出现下列窗口：

（1）主窗口（Mainframe Window）。可设置其他各种调试窗口，设置断点、观察点，修改地址空间，加载文件等。

（2）调试窗口（DEBUG Window）。支持用户程序的各种显示方式，可连续运行，单步运行用户程序，并可在线汇编。

（3）命令窗口（Command Window）。可支持命令行的输入。

（4）观察窗口（Watch Window）。可设置所要观察的变量、表达式等。

（5）寄存器窗口（Registe Window）。用于显示内部寄存器的内容，程序运行次数等。

（6）串口窗口（Serical Windows）。用于显示串口接收和发送的数据。

（7）性能分析窗口。用于显示所要观察的各程序段占用 CPU 的空间。

（8）内存窗口（Memory Window）。用于显示所选择的内存中的数据。

（9）符号浏览窗口（Symbol Browser Window）。用于显示各种符号名称，包括专有符号，用户自定义符号（函数名、变量、标号）等。

（10）调用线窗口（Call-Stack Window）。可动态显示当前执行的程序段的函数调用关系。

（11）代码覆盖窗口。可提供当前模块内各程序段中被执行代码的比率。

（12）外围设备窗口（peripherals）。可显示 I/O 口，定时器，中断，串口等外围设备状态。

3. 菜单和工具栏

Keil uVision2 软件菜单有：File 文件和命令菜单，Edit 是编辑和编辑命令菜单，View 是视图菜单，Project 是项目和项目命令菜单，Debug 是调试和调试命令菜单，Flash 是存储器下载设置菜单，Peripherals 是外围器件菜单，Tools 是工具菜单，SVCS 是软件版本控制系统菜单，Window 是视窗设置菜单，Help 是帮助菜单。

除 Window 常用工具外，软件还有一些专门工具，视图菜单 View 和调试菜单 Debug 等的一些功能有专门的工具栏。如：Options for Target 用于设置对象或文件工具选项，Build Target 用于编译修改过的文件并生成应用文件，Rebuild all Target 用于重新编译所有文件并生成应用，Translate Current 用于编译当前文件，Stop Build 用于停止生成应用，GO 用于运行程序直到一个断点，STEP 用于单步运行程序，遇到子程序进入，Start/Stop 用于开始/停止调试模式，Kill All 用于取消所有断点，Insert/Remove 用于设置/取消当前行的断点等。

4. 软件调试与使用操过程

该软件在使用过程中会用到大量菜单或工具栏，会出现很多对话框，由于篇幅关系，本文选取软件中有代表性的界面介绍，下面用文字简单说明一下主要任务的操作过程。

（1）单击软件图标开机，运行 Keil uVision2。

（2）创建工程。

① 鼠标左键单击主菜单"Project"→项目命令菜单。

② 鼠标左键单击子菜单"New Project"→创建新项目，弹出"Creat New Project"对话框→创建 Window 格式文件对话框，用鼠标在"保存在"下拉框选择你要保存的文件夹（比如"我的文档"）→在"文件名"文本框处用键盘输入你给这个工程起的工程名（如"test1"）→鼠标左键单击"保存"按钮→弹出"Select Device for Target 'Target1'"对话框→进行公司和 CPU 型号选择。

③ 用鼠标在左边列表框"Data Base"区双击 ATMEL 或单击 ATMEL 前的"+"号→ATMEL 子选项展开→选择公司 ATMEL，用鼠标左键单击"89C52"→选择项目所用 CPU，用鼠标左键单击"确定"按钮→完成项目创建，出现如图 7.17 所示的窗口。

（3）建立源程序。

① 建立汇编程序源程序并编译程序的过程如下：

a. 鼠标左键单击菜单"File"→主菜单中的文件菜单。

b. 鼠标左键单击菜单"New"→新建文件，在出现的文本窗口（Text1）中用键盘输入你的汇编程序。

例如，使 P1.0 输出高低电平的源程序如下：

```
ORG 8000H
LOOP:     SETB      P1.0
          LCALL     DELAY
          CLR       P1.0
          LCALL     DELAY
          AJMP      LOOP
DELAY:    MOV       R7, #0F0H
LOD1:     MOV       R6, #0F0H
LOD2:     DJNZ      R6, LOD2
          DJNZ      R7, LOD1
          RET
          END
```

c. 鼠标左键单击菜单 File→Save as→在新建的文档中输入你的汇编程序名称，弹出 Save As 对话框→用鼠标在"保存在"下拉框中选择你要保存的文件夹（比如"我的文档"）→在"文件名"文本框处用键盘输入你给这个工程起的工程名（如"test1.asm"）→注意同时输入扩展名，并且是认可的扩展名。

d. 鼠标左键单击"保存"按钮→在左边资源管理器用鼠标左键双击"Target 1"或单击"Target 1"前的"+"号→鼠标右键单击 Source Group→弹出"Add file to Group 'Source Group 1'"→把新建文件加入到项目组中，如图 7.18 所示。

e. "文件类型"选"asm source file (*.a*)"→选择文件类型 C 语言或汇编等，找到"test1.asm"文件，鼠标左键单击该文件→找到刚才输入的文件，鼠标左键单击"Add"按钮→加入工程项目中，鼠标左键单击"Close"按钮→关闭对话框。

② 编译修改过的程序方法如下：

a. 鼠标左键单击主菜单"Project"→鼠标左键单击子下拉菜单中的"Built target"→编译文件、生成应用文件。

b. 输出窗口显示"'test1'-0 Errors(s)，0 Warning(s)"→完成编译，没有错误。

c. 如有错误，双击输出窗口中的提示行，光标会跳到源程序所在窗口中的错误处，再根据提示修改源程序，然后再编译。用上述方法也可打开已有的汇编程序进行修改和编译。

③ 建立 C51 语言源程序并编译过程如下：

a. 鼠标左键单击菜单"File"→鼠标左键单击菜单"New"→在新建的文本窗口"Text 1"中用键盘输入你的 C51 源程序，设程序如下：

```
/*HELLO.C--------------------------------     */
#include <REG52.H>                           /* special function register declarations */
#include <stdio.h>                           /* prototype declarations for I/O functions */
#ifdef MONITOR51                             /* Debugging with Monitor-51 needs */
char code reserve [3] _at_ 0x23;             /* space for serial interrupt if     */
#endif                                       /* Stop Exection with Serial Intr.      */
void main (void) {
#ifndef MONITOR51
    SCON  = 0x50;                            /* SCON:  mode 1, 8-bit UART, enable rcvr   */
    TMOD |= 0x20;                            /* TMOD: timer 1, mode 2, 8-bit reload      */
    TH1   = 221;                             /* TH1:  reload value for 1200 baud @ 16MHz */
    TR1   = 1;                               /* TR1:   timer 1 run                  */
    TI    = 1;                               /* TI:    set TI to send first char of UART  */
#endif
  while (1) {
    P1 ^= 0x01;                              /* Toggle P1.0 each time we print */
    printf ("Hello World\n");                /* Print "Hello World" */
  }
}
```

b. 鼠标左键单击菜单 file→save as→在新建的文档中输入你的 C51 源程序→弹出 Save as 对话框→用鼠标在"保存在"下拉框选择你要保存的文件夹（例如"我的文档"）。

c. 在"文件名"文本框处用键盘输入你给这个文件起的文件名（如"text51.c"）→只能使用默认的扩展名如 a 和 c。

d. 鼠标左键单击左边列表框 Target1→鼠标右键单击 Source Group→选择源文件组，弹出 Add file to Group 'Source Group 1'→文件加入源文件 1 组，文件类型选 c source file (*.c)→找到"text51.c"鼠标左键单击该文件→找到所输入文件，鼠标左键单击"add"→加入组中鼠标左键单击"close"→修改源程序，最后鼠标左键单击菜单"Project"→项目管理与命令，鼠标左键单击子菜单"Built target"→编译命令。如图 7.19 所示的 C51 语言编译窗口中显示"text51.c -0 Errors(s)，0 Warning(s)"。

如有错误则根据输出窗口中的提示行修改源程序，双击提示行光标能自动跳转到调试窗口程序错误处，然后再编译，直到没有错误，则完成了编译。

（4）设置参数。

① 用鼠标左键单击主菜单"Project"→项目和项目命令菜单。

② 用鼠标左键单击子菜单"Options for Target 'Target1'"→设置对象或文件工具选项窗口，如图 7.20 和图 7.21 所示。弹出"Options for Target 'Target1'"对话框→在"Target"标签下修改"Xtal(Mhz)"为"11.0592"→在"Output"标签下，如图 7.22 所示，选中"Create HEX file"（如果你要生成 hex 文件用编程器写到目标板的 89C52 单片机中）→在"C51"标签下修改"Interrupt vectors at address"为"0x8000"→在"BL51 Locate"标签"Code"中填

入"0x8000"→在"debug"标签选中"Use keil monitor-51 driver",如图 7.23 所示。

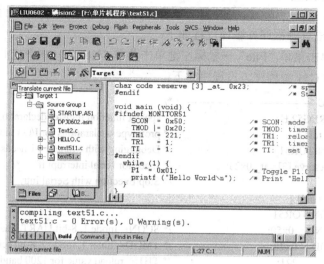

图 7.19　C51 语言编译窗口

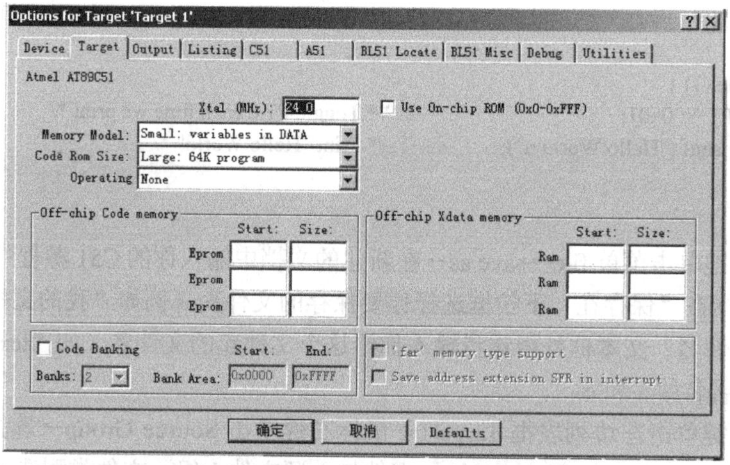

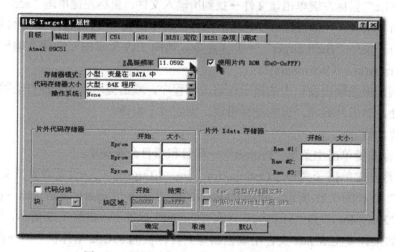

图 7.20　设置对象或文件工具选项窗口

图 7.21　设置对象或文件工具选项汉化版窗口

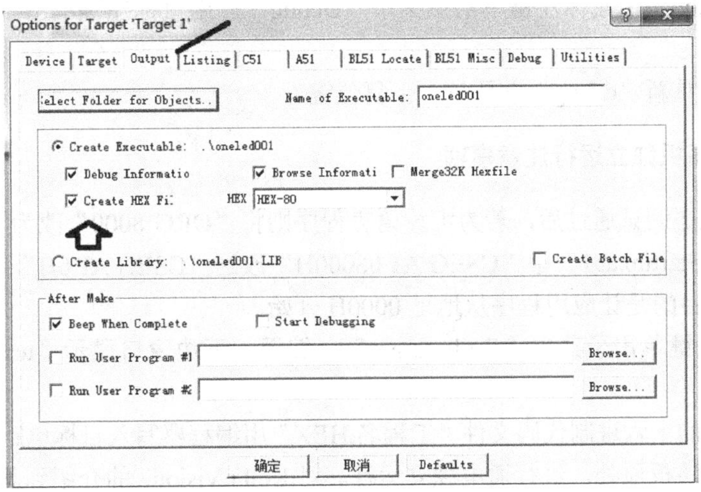

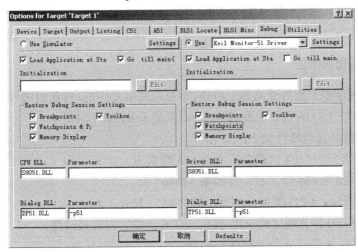

图 7.22　在"Output"标签下，选中"Create HEX file"

图 7.23　设置对象中"debug"标签选项对话框窗口

③ 用鼠标左键单击"Setting"按钮→根据你用的串口用鼠标选择 Port→左键单击"ok"按钮→选中"Load Application at Start"→选中"Go till main()"→用鼠标左键单击"确认"按钮→其余为默认状态。

（5）仿真调试。

① 用鼠标左键单击主菜单"Debug"→调试和调试命令菜单。

② 用鼠标左键单击子菜单"Start/Stop Debug Session"→开始调试/停止调试，用鼠标左键单击主菜单"Peripheral"→用鼠标移到子菜单"I/O-Ports"→用鼠标左键单击子菜单"Port1"→用鼠标左键单击子菜单"View"→用鼠标左键单击子菜单"Periodic Window Update"→切换到你的源程序窗口→将光标移到开头的一条可执行语句上→用鼠标左键单击主菜单"Debug"→用鼠标左键单击子菜单"Run to Cursor line"→用鼠标左键单击子菜单"Step"→或用鼠标左键单击子菜单"Insert/Remove break point"→用鼠标左键单击子菜单"Go"→重复"Step"或"Insert/Remove break point""Go"。

③ 用万用表测 AT89C52 的 P1.0 脚的电压是否和程序? quot;parallel port 1 窗口一致。

④ 停止 debug 用鼠标左键单击主菜单"Debug"→用鼠标左键单击子菜单"Start/Stop Debug Session"。

注意：每次重新"debug"前要按一下复位键。

5．目标电路板独立运行注意事项

（1）确认程序调试通过后，若为汇编语言程序则将"ORG 8000"改为"ORG 0"，若为 C51 程序则将"Startup.a51"中"CSEG AT 08000H"改回"CSEG AT 0H"，鼠标左键单击菜单"Project"→目的是让应用程序从地址 0000H 开始。

（2）鼠标左键单击子菜单"Built target"→编译，下边窗口显示"test1-0 Errors(s)，0 Warning(s)"。

（3）将生成的十六进制代码文件"工程名.HEX"用编程器写入目标电路板的 51 单片机，将其插到目标电路板原处，进行通电独立运行。对 Keil uVision2 的介绍到此为止。

7.5 液晶 LCD 显示器 12864 应用

1．液晶显示模块概述

LCD12864 汉字图形点阵液晶显示模块，可显示汉字及图形，内置 8192 个中文汉字（16×16 点阵）、128 个字符（8×16 点阵）及 64×256 点阵显示 RAM（GDRAM）。

主要技术参数和显示特性如下：

电源：V_{DD} +3.3～+5V（内置升压电路，无须负压）

显示内容：128 列×64 行，显示分辨率 128×64 点

显示颜色：黄绿，LCD 类型：STN，配置 LED 背光

显示角度：6：00 钟直视（约 90° 视角，从 6 点钟方向看最清楚）

与 MCU 接口：8 位或 4 位并行/3 位串行

多种软件功能：光标显示、画面移位、自定义字符、睡眠模式等

2．模块引脚说明

LCD12864 引脚说明见表 7.5。

表 7.5　LCD12864 模块引脚

引　脚　号	引　脚　名　称	方　　向	功　能　说　明
1	V_{SS}	—	模块的电源地
2	V_{DD}	—	模块的电源正端
3	V_0	—	LCD 驱动电压输入端
4	RS(CS)	H/L	并行的指令/数据选择信号；串行的片选信号
5	R/W(SID)	H/L	并行的读写选择信号；串行的数据口
6	E(CLK)	H/L	并行的使能信号；串行的同步时钟
7	DB0	H/L	数据 0
8	DB1	H/L	数据 1

引 脚 号	引 脚 名 称	方　　向	功 能 说 明
9	DB2	H/L	数据 2
10	DB3	H/L	数据 3
11	DB4	H/L	数据 4
12	DB5	H/L	数据 5
13	DB6	H/L	数据 6
14	DB7	H/L	数据 7
15	PSB	H/L	并/串行接口选择：H—并行；L—串行
16	NC		空脚
17	/RET	H/L	复位，低电平有效
18	NC		空脚
19	LED_A	—	背光源正极（LED +5V）
20	LED_K	—	背光源负极（LED 0V）

逻辑工作电压（V_{DD}）：4.5～5.5V

电源地（GND）：0V

工作温度（T_a）：0℃～60℃（常温）/ -20℃～75℃（宽温）

串行数据传递共分三个字节完成具体如下：

第一字节：串口控制，格式 11111ABC

A 为数据传递方向控制：H 表示数据从 LCD 到 MCU，L 表示数据从 MCU 到 LCD

B 为数据类型选择：H 表示数据是显示数据，L 表示数据是控制指令，C 固定为 0

第二字节：（并行）8 位数据的高 4 位，格式 DDDD0000

第三字节：（并行）8 位数据的低 4 位，格式 0000DDDD

3．LCD12864（控制芯片 ST7920A）用户指令表

LCD12864（控制芯片 ST7920A）指令表 1（RE=0 基本指令）见表 7.6 所示。

表 7.6　LCD12864（控制芯片 ST7920A）指令表 1

指令	指令码（由 8 位 DB7～DB0 二进制组成）										指 令 说 明
	RS	RW	DB7	DB6	DB5	DB4	DB3	DB2	DB1	DB0	
清除显示	0	0	0	0	0	0	0	0	0	1	将 DDRAM 填满"20H"，并且设定 DDRAM 的地址计数器（AC）到"00H"
地址归位	0	0	0	0	0	0	0	0	1	X	设定 DDRAM 的地址计数器（AC）到"00H"，并且将游标移到开头原点位置；这个指令并不改变 DDRAM 的内容
进入点设定	0	0	0	0	0	0	0	1	I/D	S	指定在资料的读取与写入时，设定游标移动方向及指定显示的移位
显示状态开/关	0	0	0	0	0	0	1	D	C	B	D=1：整体显示 ON C=1：游标 ON B=1：游标位置 ON
游标或显示移位控制	0	0	0	0	0	1	S/C	R/L	X	X	设定游标的移动与显示的移位控制位元；这个指令并不改变 DDRAM 的内容

指令	指令码（由8位DB7~DB0二进制组成）										指令说明
	RS	RW	DB7	DB6	DB5	DB4	DB3	DB2	DB1	DB0	
功能设定	0	0	0	0	1	DL	X	0RE	X	X	DL=1（必须设为1） RE=1：扩充指令集动作 RE=0：基本指令集动作
定CGRAM地址	0	0	0	1	AC5	AC4	AC3	AC2	AC1	AC0	设定CGRAM地址到地址计数器（AC）
定DDRAM地址	0	0	1	AC6	AC5	AC4	AC3	AC2	AC1	AC0	设定DDRAM地址到地址计数器（AC）
读取忙碌标志（BF）和地址	0	1	BF	AC6	AC5	AC4	AC3	AC2	AC1	AC0	读取忙碌标志（BF）可以确认内部动作是否完成，同时可以读出地址计数器（AC）的值
写资料到RAM	1	0	D7	D6	D5	D4	D3	D2	D1	D0	写入资料到内部的RAM（DDRAM/CGRAM/IRAM/GDRAM）
读出RAM的值	1	1	D7	D6	D5	D4	D3	D2	D1	D0	从内部RAM读取资料（DDRAM/CGRAM/IRAM/GDRAM）

LCD12864（控制芯片ST7920A）指令表2见表7.7。

表7.7　LED12864（控制芯片ST7920A）指令表2

指令	指令码										指令说明
	RS	RW	DB7	DB6	DB5	DB4	DB3	DB2	DB1	DB0	
待命模式	0	0	0	0	0	0	0	0	0	1	将DDRAM填满"20H"，并且设定DDRAM的地址计数器（AC）到"00H"
卷动地址或IRAM地址选择	0	0	0	0	0	0	0	0	1	SR	SR=1：允许输入垂直卷动地址 SR=0：允许输入IRAM地址
反白选择	0	0	0	0	0	0	0	1	R1	R0	选择4行中的任一行反白显示，并可决定反白与否
睡眠模式	0	0	0	0	0	0	1	SL	X	X	SL=1：脱离睡眠模式 SL=0：进入睡眠模式
扩充功能设定	0	0	0	0	1	1	X	1 RE	G	0	RE=1：扩充指令集动作 RE=0：基本指令集动作 G=1：绘图显示ON G=0：绘图显示OFF
设定IRAM地址或卷动地址	0	0	0	1	AC5	AC4	AC3	AC2	AC1	AC0	SR=1：AC5~AC0为垂直卷动地址 SR=0：AC3~AC0为ICON IRAM地址
设定绘图RAM地址	0	0	1	AC6	AC5	AC4	AC3	AC2	AC1	AC0	设定CGRAM地址到地址计数器（AC）

备注：

（1）当模块在接收指令前，微处理顺必须先确认模块内部处于非忙碌状态，即读取BF标志时BF需为0，方可接收新的指令；如果在送出一个指令前并不检查BF标志，那么在前一个指令和这个指令中间必须延迟一段较长的时间，即是等待前一个指令确实执行完成，指令执行的时间请参考指令表中的个别指令说明。

（2）"RE"为基本指令集与扩充指令集的选择控制位元，当变更"RE"位元后，往后的指令集将维持在最后的状态，除非再次变更"RE"位元，否则使用相同指令集时，不需要每次重设"RE"位元。

汉字显示坐标：共显示8×4个汉字（文本及X坐标），见表7.8所示。

表 7.8　汉字显示坐标

	X 坐标							
Line1	80H	81H	82H	83H	84H	85H	86H	87H
Line2	90H	91H	92H	93H	94H	95H	96H	97H
Line3	88H	89H	8AH	8BH	8CH	8DH	8EH	8FH
Line4	98H	99H	9AH	9BH	9CH	9DH	9EH	9FH

（3）字符表（见表 7.9 所示）。

表 7.9　字符表

代码（02H～7FH）、中文字符表：略。

4．显示 RAM

（1）文本显示 RAM（DDRAM）。文本显示 RAM 提供 8 个 ×4 行的汉字空间，当写入文本显示 RAM 时，可以分别显示 CGROM、HCGROM 与 CGRAM 的字型；控制芯片 ST7920A 可以显示三种字型，分别是半宽的 HCGROM 字型、CGRAM 字型及中文 CGROM 字型。三种字型的选择，由在 DDRAM 中写入的编码选择，各种字型详细编码如下：

显示半宽字型：将一位字节写入 DDRAM 中，范围为 02H～7FH 的编码。

显示 CGRAM 字型：将两字节编码写入 DDRAM 中，总共有 0000H，0002H，0004H，0006H 四种编码

显示中文字形：将两字节编码写入 DDRAMK，范围为 A1A0H～F7FFH（GB 码）或 A140H～D75FH（BIG5 码）的编码。

（2）绘图 RAM（GDRAM）。绘图显示 RAM 提供 128×8 个字节的记忆空间，在更改绘图 RAM 时，先连续写入水平与垂直的坐标值，再写入两个字节的数据到绘图 RAM，而地址计数器（AC）会自动加 1；在写入绘图 RAM 的期间，绘图显示必须关闭，整个写入绘图 RAM 的步骤如下：

① 关闭绘图显示功能。

② 先将水平的位元组坐标（X）写入绘图 RAM 地址。

③ 再将垂直的坐标（Y）写入绘图 RAM 地址。

④ 将 D15～D8 写入到 RAM 中。

⑤ 将 D7～D0 写入到 RAM 中。

⑥ 打开绘图显示功能。

绘图显示的缓冲区对应分布请参考"显示坐标"

（3）游标/闪烁控制。ST7920A 提供硬件游标及闪烁控制电路，由地址计数器（address counter）的值来指定 DDRAM 中的游标或闪烁位置。

```
/***********************************************
*   标题：核心板的自检程序
*   说明：该程序是湖北省高校学生比赛程序，内容是在 12864 液晶屏幕上显示"标题、时间、
电压、电流、温度、按键值等"多种内容。
*   1. 通过编译后得到.HEX 文件，再下载到单片机后可以测试组装的效果。
*   2. 自检模块有液晶、按键、时钟、D/A、光声报警电路
*   3. 可以在本自检程序的基础上增加自己的程序代码，实现比赛的要求
    4. 功能：液晶屏幕上显示，如下描述：
```

温度值：25 度
按键值：2
8952 电压值：3.68V
时间：18：26：12

```
//根据按键值为会发生变化：1～4
*   IO 口引脚分配：
        按键接口：P3.0-P3.3
        液晶接口：P3.4-P3.7                          //使用液晶屏串口与单片机通信
        时钟接口：P2.0-P2.2                          //1302 芯片
        AD/DA 接口（PCF8591）：P2.3、P2.4            //AD/DA 转换芯片
        595 接口:P2.5-P2.7
        报警接口:P1.0
        温度接口:P1.1                               //18B20 芯片
        存储接口:P1.2-P1.3
        A/D 采集接口：P1.4-P1.7
*********主程序如下，由于篇幅关系，这里只介绍液晶库函数**********/
#include "12864.h"                                 //液晶库函数
#include "key_scan.h"                               //按键库函数
#include "ds1302.h"                                 //DS1302 库函数
#include "18b20.h"                                  //18B20 库函数
#include "ad_conver.h"                              //PCF8591 库函数
#include "stdlib.h"                                 //标准 C 库函数
void main()
{
 unsigned int result = 0;
 float Vol = 0;
 int ans;
 CLK_DIV = 0X03;
 P10 = 0;
 P1M0 = 0X00;
 P1M1 = 0XFF;
 P2M0 = 0X00;
 P2M1 = 0XFF;
 P3M1 = 0XF0;
```

```
Ini_Lcd();
Init_DS1302();
Send(0,0x01);
Disp_HZ(0x80,"温度值：",4);
Disp_HZ(0x90,"按键值：",4);
Disp_HZ(0x88,"DA 输出：",5);
Disp_HZ(0x98,"时间：",3);
while(1)
{
    key_scan();
    /***当前温度**/
    start_temp_sensor();
    ans=read_temp();
    Disp_SZ1(0x84,ans);
    Disp_HZ(0x85,"度",1);
    /*****D/C 转换输出结果为 3V********/
    DAC(153);                              //输出 3V
    Disp_HZ(0X8D,"3V",1);
    /*****当前时间***/
    Disp_SZ1(0x9b,Read_DS1302(0x85));      //时
    Disp_HZ(0x9c,":",1);
    Disp_SZ1(0x9d,Read_DS1302(0x83));      //分
    Disp_HZ(0x9e,":",1);
    Disp_SZ1(0x9f,Read_DS1302(0x81));      //秒
    delayms(1);
}
}// void main()结束，以下是液晶库函数
/*****如下是液晶库函数，主要对外部模块做显示，方便观察*****/
#define uchar    unsigned char
#define uint     unsigned int
#include <intrins.h>                       //包含 NOP 空指令函数_nop_();
#include<stc12c56.h>
void Ini_Lcd(void);                        //初始化液晶
void delay_Nus(uint n);                    //延时μs 函数
void delay_Nms(uint n);                    //延时 ms 函数
void delay_1ms(void);                      //延时 1ms 函数
void Disp_HZ(uchar addr,const uchar * pt,uchar num);   //显示汉字子函数
void Send(uchar type,uchar transdata);     //发送数据函数
void Clear_GDRAM(void);                    //清屏函数
void Draw_PM(const uchar *ptr);            //在整个屏幕上画一个图片函数
void Draw_TX(uchar Yaddr,uchar Xaddr,const uchar * dp);  //在液晶上描绘一个 16×16 的图形函数
void Disp_SZ(uchar addr,uchar shuzi);      //显示三位数字函数
void Disp_SZ1(uchar addr,uchar shuzi);     //显示两位数字函数
void Disp_V(uint ch,uchar addr,unsigned int shuzi);    //显示 AD 采集电压值函数
void Disp_A(uint ch,uchar addr,unsigned int shuzi);    //显示 AD 采集电流值函数
void Disp_W(uint ch,uchar addr,unsigned int shuzi);    //显示 AD 采集功率值函数
void write_image(unsigned char *p,unsigned char starX,unsigned char starY,unsigned char width,
unsigned char height);                     //显示任意一个大小的图片函数
```

```
sbit cyCS = P3^7;                                    //串行片选，或使能线
sbit cySID = P3^5;                                   //串行数据线
sbit cyCLK = P3^4;                                   //串行时钟线
/*********************************************
函数名称：delay_Nus，功能：延时 N 个 μs 的时间，参数：n—延时长度，返回值：无
*********************************************/
void delay_Nus(uint n)                               //延时μs 函数
{
 uchar i;
 for(i = n;i > 0;i--)
      _nop_();
}

/*********************************************
函数名称：delay_1ms，功能：延时约 1ms 的时间，参数：无，返回值：无
*********************************************/
void delay_1ms(void)                                 //延时 1ms 函数
{
 uchar i;
 for(i = 150;i > 0;i--)        _nop_();
}

/*********************************************
函数名称：delay_Nms，功能：延时 N 个 ms 的时间，参数：无，返回值：无
*********************************************/
void delay_Nms(uint n)                               //延时 ms 函数
{
    uint i = 0;
    for(i = n;i > 0;i--)
        delay_1ms();
}

/*********************************************
函数名称：Ini_Lcd，功能：初始化液晶模块，参数：无，返回值：无
*********************************************/
void Ini_Lcd(void)                                   //初始化液晶模块
{
//cyDDR |= BIT(cyCLK) + BIT(cySID) + BIT(cyCS);      //相应的位端口设置为输出
delay_Nms(100);                                      //延时等待液晶完成复位
Send(0,0x30);   /*功能设置，使用基本指令集:一次送 8 位数据，RE=0 */
delay_Nus(72);          //Send(0,0x30), type 为 0--控制命令，1—显示数据
Send(0,0x02);   /*基本指令 0x02，DDRAM 地址归位*/
delay_Nus(72);
Send(0,0x0c);   /*显示设定:开整体显示，不显示光标，不做位反白闪动*/
delay_Nus(72);
Send(0,0x01);             //基本指令 0x01 清屏，将 DDRAM 位址计数器为 "00H"
delay_Nus(72);
Send(0,0x06);             //进入点设定:显示字符/光标从左到右，DDRAM 地址加delay_Nus(72);
}
/*********************************************
函数名称：Send
```

功　　能：MCU 向液晶模块发送 1 一个字节的数据

参　　数：type--数据类型，0--控制命令，1—显示数据

　　　　transdata--发送的数据，返回值　：无

```c
void Send(uchar type,uchar transdata)
{
 uchar firstbyte = 0xf8;
 uchar temp;                               //发送缓冲器
 uchar i,j = 3;                            //
 if(type) firstbyte |= 0x02;              //逻辑或赋值 0xf8 和 0xfa
 cyCS = 1;//
 cyCLK = 0;                                //串行时钟
 while(j > 0)
  {
      if(j = = 3) temp = firstbyte; //0xfa,   //第 1 字节串口控制 11111ABC
      else if(j = = 2) temp = transdata&0xf0;  //第 2 字节，高 4 位 DDDD0000
      else    temp = (transdata << 4) & 0xf0;  //第 3 字节，低 4 位 0000DDDD
      for(i = 8;i > 0;i--)
      {
      if(temp & 0x80)     cySID = 1;      //cyPORT |= BIT(cySID); 发送位为 1
      else cySID = 0;                      //cyPORT &= ~BIT(cySID); 发送位为 0
cyCLK = 1;                                //串行时钟
          temp <<= 1;                      //数据左移动 1 位，发送缓冲器
          cyCLK = 0;
      }     //三个字节之间一定要有足够的延时，否则易出现时序问题
      if(j = = 3) delay_Nus(600);
      else          delay_Nus(200);
      j--;
  }
 cySID = 0;
 cyCS = 0;
}
```

/***

函数名称：Clear_GDRAM，功能：清除液晶随机数据，参数：无，返回值：无

***/

```c
void Clear_GDRAM(void)
{
    uchar i,j,k;
Send(0,0x34);                             //打开扩展指令集，RE=1；扩充指令集动作
i = 0x80;
for(j = 0;j < 32;j++)
{
      Send(0,i++);
      Send(0,0x80);                       //汉字显示坐标 0x80
      for(k = 0;k < 16;k++)
      {
          Send(1,0x00);                   //发送 0x00 清除液晶
      }
```

```
        }
    i = 0x80;
        for(j = 0;j < 32;j++)
    {
            Send(0,i++);
            Send(0,0x88);                        //显示坐标 0x88
            for(k = 0;k < 16;k++)
            {
                Send(1,0x00);
            }
    }
    Send(0,0x30);                                //回到基本指令集，RE=0：基本指令集动作
}
/******************************************
```
函数名称：Disp_HZ，功能：显示汉字程序，参数：addr—显示位置的首地址
        pt—指向显示数据的指针，num—显示数据的个数，返回值：无
```
********************************************/
void Disp_HZ(uchar addr,const uchar * pt,uchar num)
{
    uchar i;
    Send(0,addr);                                //首地址
    for(i = 0;i < (num*2);i++)                   //计数
    Send(1,*(pt++));                             //发送
}
/******************************************
```
函数名称：Draw_PM，功能：在整个屏幕上画一个图片，
参数：ptr—指向保存图片位置的指针，返回值：无
```
********************************************/
void Draw_PM(const uchar *ptr)
{
    uchar i,j,k;
Send(0,0x34);                                    //打开扩展指令集
i = 0x80;
for(j = 0;j < 32;j++)
{
        Send(0,i++);
        Send(0,0x80);                            //图片显示坐标 0x80
        for(k = 0;k < 16;k++)
        {
            Send(1,*ptr++);                      //指向保存图片位置的指针
        }
}
i = 0x80;
    for(j = 0;j < 32;j++)
{
        Send(0,i++);
        Send(0,0x88);                            //图片显示坐标 0x88
        for(k = 0;k < 16;k++)
```

```
        {
            Send(1,*ptr++);
        }
}
    Send(0,0x36);                          //打开绘图显示
Send(0,0x30);                              //回到基本指令集
}
/*****************************************
函数名称：Draw_TX，功能：在液晶上描绘一个 16*16 的图形
参数：Yaddr--Y 地址，  Xaddr--X 地址，dp--指向保存图形数据的指针，返回值：无
*****************************************/
void Draw_TX(uchar Yaddr,uchar Xaddr,const uchar * dp)
{
    uchar j;
    uchar k = 0;
    Send(0,0x34);                          //使用扩展指令集，关闭绘图显示
    for(j = 0;j < 16;j++)
    {
        Send(0,Yaddr++);                   //Y 地址
        Send(0,Xaddr);                     //X 地址
        Send(1,dp[k++]);                   //送两个字节的显示数据
        Send(1,dp[k++]);
    }
Send(0,0x36);                              //打开绘图显示
Send(0,0x30);                              //回到基本指令集模式
}
/*****************************************
函数名称：Disp_SZ，功能：显示一个两位数字，参数：addr—显示地址
         shuzi—显示的数字，返回值：无，显示带小数点的电压
*****************************************/
void Disp_SZ(uchar addr,uchar shuzi)       //显示三位数字函数
{
    uchar tmp0,tmp1,tmp2;
    tmp0 = shuzi/100;                      //十六进制转十进制
    tmp1 = (shuzi%100)/10;                 //十位
     tmp2 = shuzi%100%10;                  //个位
    Send(0,addr);
    Send(1,0x30+tmp0);
    Send(1,0x30+tmp1);
     Send(1,0x30+tmp2);
}
void Disp_SZ1(uchar addr,uchar shuzi)      //显示两位数字函数
{
    uchar tmp2,tmp3;                       //shuzi 十六进制字节转十进制 tmp

  tmp2 = shuzi/10;                         //十位
    tmp3 = shuzi%10;                       //个位
    Send(0,addr);
```

```c
        Send(1,0x30+tmp2);
Send(1,0x30+tmp3);
}
void Disp_V(uint ch,uchar addr,unsigned int shuzi) //显示 AD 采集电压值函数
{
    uchar tmp1,tmp2,tmp3;

    tmp1= shuzi/100;
    tmp2 = shuzi%100/10;
    tmp3 = shuzi%100%10;
    Send(0,addr);
Send(1,0x30+tmp1);
Send(1,'.');                        //小数点
Send(1,0x30+tmp2);
Send(1,0x30+tmp3);
    switch(ch)
    {
    case 1:Disp_HZ(0x8f,"V",1);break;            //电压符号
    case 2:Disp_HZ(0x8f,"V",1);break;
    case 3:Disp_HZ(0x8f,"V",1);break;
    case 4:Disp_HZ(0x8f,"V",1);break;
    }
}
void Disp_A(uint ch,uchar addr,unsigned int shuzi)
{    //显示 AD 采集电流值函数
    uchar tmp1,tmp2,tmp3;
    if(shuzi >= 100)
    {
            tmp1= shuzi/100;
            tmp2 = shuzi%100/10;
        tmp3 = shuzi%10;
        Send(0,addr);
        Send(1,0x30+tmp1);
        Send(1,'0');
        Send(1,0x30+tmp2);
        Send(1,0x30+tmp3);
    }
    if(shuzi < 100)
        {
            tmp1 = shuzi/10;
                tmp2 = shuzi%10;
        Send(0,addr);
        Send(1,'0');
        Send(1,'.');
        Send(1,0x30+tmp1);
        Send(1,0x30+tmp2);
        }
                if(shuzi <=10)
```

```c
            {
                tmp1 = shuzi%10;
            Send(0,addr);
            Send(1,'0');
            Send(1,'.');
            Send(1,'0');
            Send(1,0x30+tmp1);
            }
        switch(ch)              //电流符号
            {
            case 1: Disp_HZ(0x8f,"mA",1);break;
            case 2: Disp_HZ(0x8f,"mA",1);break;
            case 3: Disp_HZ(0x8f,"mA",1);break;
            case 4: Disp_HZ(0x8f,"mA",1);break;
            }
}
void Disp_W(uint ch,uchar addr,unsigned int shuzi)
{       //显示 AD 采集功率值函数
    uchar tmp1,tmp2,tmp3;
if(shuzi <=50000)
{
tmp1= shuzi/10000;
tmp2 = shuzi%10000/1000;
    tmp3 = shuzi%10000%1000/100;
Send(0,addr);
Send(1,0x30+tmp1);
 Send(1,'.');
Send(1,0x30+tmp2);
Send(1,0x30+tmp3);
}
    switch(ch)
    {
    case 1:Disp_HZ(0x9f,"W",1);break;
    case 2:Disp_HZ(0x9f,"W",1);break;
    case 3:Disp_HZ(0x9f,"W",1);break;
    case 4:Disp_HZ(0x9f,"W",1);break;
    }
}
/**//x:0-127   starX,endX 都必须是 16 的整数倍//y:0-63**/
void  write_image(unsigned char *p,unsigned char starX,unsigned char starY,unsigned char
width,unsigned char height)
{
   unsigned char i,j;
   unsigned endX,endY;
   endX=starX+width;
   endY=starY+height;
   Send(0,0x34);
   for(i=starY;i<endY;i++)                    //行，纵坐标
```

```
        {
            for(j=starX;j<endX;j+=16)                        //横坐标
            {
             Send(0,0x80 + i%32);                            //先写垂直地址 0x80~0x
             Send(0,0x80 + j/16 + 8*(i>=32));
        //水平坐标 .下半屏的水平坐标起始地址为 0x88
             Send(1,*p++);//高位
             Send(1,*p++);//低位
            }
        }
        Send(0,0x36);
        Send(0,0x30);
    }//以上液晶库函数，完成液晶屏多功能显示任务
```

本 章 小 结

本章主要介绍了以下几项内容：

1. 本章重点介绍了 AT89C2051 单片机及其系列，简介了 MC6805 系列、MCS-96 系列和其他系列单片机，希望在设计系统时能相互比较，合理运用。

2. 介绍了单片机系统开发中将要用到的仿真器、编程器，以及其他有关软件和设备的操作使用方法。Keil C51 语言的集成开发系统 Keil uVision2 基本操作使用方法。12864 液晶 C51 应用任务。

习 题 7

7.1 举例说明单片机产品的应用情况，你还了解什么型号的单片机？

7.2 试说明实验室中仿真器或编程器的使用方法。你能实际操作吗？

7.3 89C2051 有哪 20 条引脚，为什么说只有 15 条 I/O 口线？

7.4 试总结一下，一个应用程序从编写到最后写入芯片直到运行，用到哪些知识、软件和调试设备？你能完成其中多少操作？

7.5 判断题（正确的打 √，错误的打 ×）

（1）编译软件 Keil uVision2 中汇编指令用到的符号 "：，；" 必须是英文半角。   （　）

（2）编译软件 Keil uVision2 中汇编程序只能识别英文文件名称。   （　）

（3）编译软件 Keil uVision2 只把项目中的汇编程序文件转换成 hex 文件并放入默认路径。   （　）

（4）有一编程器不能读写多个 AT89S51 芯片其中的一片，则该芯片肯定坏了。   （　）

（5）双击编译软件输出窗口中的错误提示行，光标会跳到源程序所在窗口中的错误行，   （　）